爱上机器人

Robot: making on your time

ADVANCED WAY OF MAKING ROBOT

智能机器人制作进阶

仿生+控制+算法

■ 臧海波 著

- 不满足于简单的电子制作？来挑战这些科技感十足的项目吧
- 从模拟到数字，从易到难，循序渐进提高机器人制作水平
- 完全图解！22 款制作实例，为你揭开人工智能的奥秘

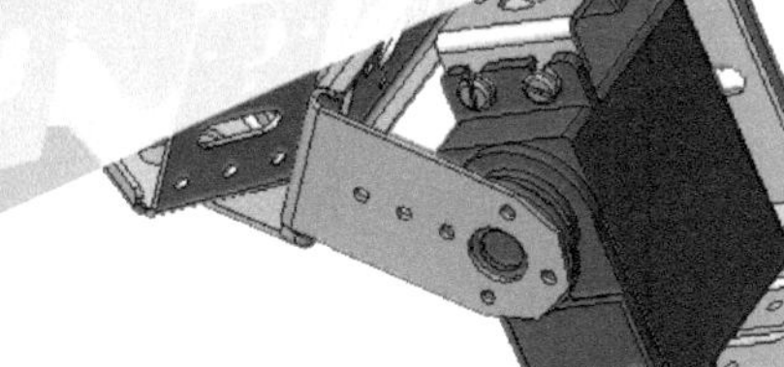

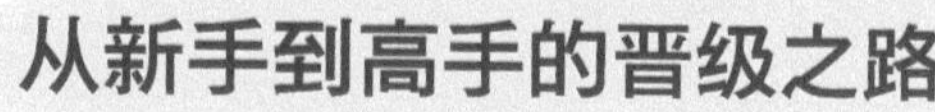

设计 · 选材 · 制作方法 · 知识与技能

人民邮电出版社

北京

图书在版编目（CIP）数据

智能机器人制作进阶 ：仿生＋控制＋算法 / 臧海波著. -- 北京 : 人民邮电出版社, 2020.4
（爱上机器人）
ISBN 978-7-115-52919-0

Ⅰ. ①智… Ⅱ. ①臧… Ⅲ. ①智能机器人－制作 Ⅳ. ①TP242.6

中国版本图书馆CIP数据核字(2020)第018539号

内容提要

欢迎来到机器人技术的精彩世界！这是一本通俗易懂的机器人技术实践参考书。本书以实例形式详细介绍了当今流行的机器人设计、选材和制作方法，意在让读者以很快的速度掌握制作小型智能机器人所需的知识和技能，提高制作水平。

本书收录的 22 个精彩实例涵盖了模拟机器人、神经网络机器人、数字机器人、机器人衍生项目 4 个门类，内容包括机器人的工作原理、设计思路和具体实现方法，可以循序渐进地助你从入门者进阶为高手。不满足于制作简单电路和机械结构的朋友，快来跟随本书的脚步挑战一下自己吧！你会获得知识与乐趣的双重收获。

本书可作为学生开展第二课堂或兴趣爱好的参考指南，也可供业余机器人爱好者及模型爱好者阅读和参考。

◆ 著　　　臧海波
责任编辑　周　明
责任印制　彭志环

◆ 人民邮电出版社出版发行　　北京市丰台区成寿寺路 11 号
邮编　100164　　电子邮件　315@ptpress.com.cn
网址　http://www.ptpress.com.cn
北京虎彩文化传播有限公司印刷

◆ 开本：690×970　1/16
印张：16　　　　2020 年 4 月第 1 版
字数：323 千字　　2024 年 8 月北京第 3 次印刷

定价：89.00 元

读者服务热线：(010)53913866　印装质量热线：(010)81055316
反盗版热线：(010)81055315
广告经营许可证：京东市监广登字 20170147 号

前　言

本书是《机器人制作入门》一书的姊妹篇。与《机器人制作入门》的简单、灵活和易实现相比，本书侧重从工程学角度系统地展开制作。书中包含了18个完整的机器人制作项目，以实例的形式向读者介绍了开展业余机器人制作需要掌握的思路和技术。最后一章由4个和机器人密切相关的机电类DIY项目构成，带你从底层原理入手，用常见材料自制数字式电子计算机、密码机等科技模型。

机器人的世界是需要想象力的，但是只有想象力还不够，想要在这个世界中自由旅行，探索其中的奥秘，还要掌握一些实用技术。与《机器人制作入门》相同，本书介绍的机器人的搭建手法仍然贯彻灵活多变的方针，只是更加强调了系统性和完整性。为了达到这个目的，你除了要熟练掌握测绘、钣金、焊接、装配和编程这些常见技术外，还应该具备系统化的设计思路。如从快速搭建角度考虑，可以采用搭焊结构；从整体性角度考虑，可以采用机架堆砌式结构；从追求完美角度考虑，就要用到CAD和雕刻机；从简化成本角度考虑，又希望选择更容易采购的工具和材料……制作者需要事先考虑好每个细节。

本书不涉及复杂难懂的理论知识，大部分都是手工制作项目，对工具和材料的要求比较低，可以马上对照着开始制作。希望读者可以通过书中的这些项目，快速掌握多种典型的机器人设计和建造流程，开拓思路，并最终创作出自己的作品。

我要感谢网络机器人社区分享的大量有价值的信息，这些信息是本书创作灵感的源泉。特别要感谢DIY-BOT团队、Q_ROBOT对机器龟和6足机器人制作项目提供的软硬件支持。接下来要感谢《无线电》杂志社在本书的写作过程中提出的建议和鼓励，以及为本书的出版所做的工作。最后感谢我的家人牺牲了本就有限的生活空间，为机器人项目提供了装配和测试场地，感谢他们从非技术角度提出的各种意见，这些想法无疑增加了业余机器人项目的趣味性。

臧海波

2019年11月修订

目　录

第1章 模拟机器人

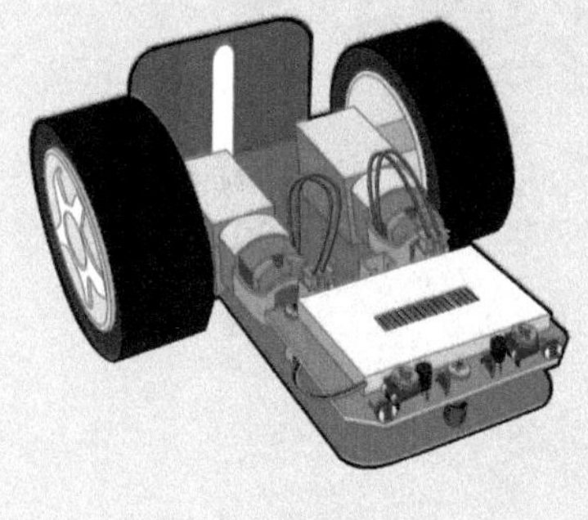

本章介绍由分立晶体管和数字逻辑电路组成的模拟原生动物趋性行为的简易反射式机器人的制作方法，内容包括双轮移动式底盘的制作、光线传感器的选择、自律式机器人的控制原理、在芯片上迅速搭建电路的技巧，以及施密特触发器的特性。

1.1 高熵系统与寻光机器人

随着智能手机、MID等移动互联设备的普及，云计算与我们的距离也越来越近，而隐藏在云计算背后的则是一个异常庞大的承载着海量实时变化信息的高熵系统。高熵系统的海量信息一方面给云计算带来了无尽潜力，另一方面又要求我们对这些信息进行相对有序的管理。如何更好地理解高熵系统所带来的巨大优势？我将试着用一部嵌入了高熵系统的小型桌面式机器人给你带来一些启示。

1.1.1 寻光机器人机械部分的制作

首先你要用人工材料制作这样一部机器人：它可以自由活动，可以感受到光，可以对光做出反应，即制作一部具有寻光功能的小型桌面式机器人。你会发现它非常简单，但是麻雀虽小，五脏俱全，它包含了机器人所必需的3大部件：传感器、控制器和执行器。

寻光机器人是最具代表性的仿生机器人。机器人的寻光特性用生物学术语描述就是“趋光性”。大多数生物，包括动物和植物都具有趋光性，还有一些生物对光具有反向趋性（负趋光性或趋暗性），比如生活在土壤中的无脊椎动物。

生物的趋光性可以追溯到一种从史前就存在的生物——海星。海星每只腕足（运动器官）的末端都有一个红色的眼点（感光器官）。这两种器官都可以用人工材料和现代技术来模拟，并且可以在业余爱好者的工作台上实现。

下面开始制作机器人的身体。身体是一个由两个电机驱动的可以自由活动的

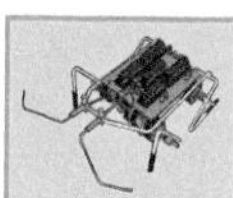

小车式底盘。身体相当于机器人的骨架，机器人的传感器和控制器都搭载在它上面。车轮和电机构成了机器人的运动器官。

材料：
>> 角铁，1块
>> 车轮、电机，2套
>> 盖形螺帽，1个
>> M6螺丝、螺母，1套
>> 尼龙扎带，4根
工具：
>> 台钻
>> 螺丝刀
>> 平口钳
>> 偏口钳

图1-1　机器人车体制作材料

机器人车体制作材料如图1-1所示。对大多数爱好者来说，因为缺少合适的材料和工具，机器人骨架部分的制作一直是一个比较困难的环节。在制作这部机器人时，我也面临同样的情况。因为最近工作室搬家，平时用着顺手的材料都打包封存了，只能使用手边临时搜罗到的一些材料。

电机和车轮是市场上常见的型号，在网上任何一家机器人零件店里都可以找到，几乎是国内机器人模型的标配动力部件。角铁是装修时留下的，不知道最初用在哪里，可能是用来吊装抽油烟机的标准件。盖形螺帽是自行车上的配件。M6螺丝、螺母是从散料堆里挑出来的，正好可以穿过角铁上的槽口，在末端固定盖形螺帽。

车体的装配方法如图1-2~图1-7所示。读者也可以发挥创造力，设计结构更精巧的车体。

图1-2　用台钻在角铁上钻出两个电机的固定孔，用来穿过尼龙扎带固定电机。还要在车头部分钻出控制电路的安装孔

图1-3　车体顶视图，左侧为车头。这是一个典型的双轮差速小车

图1-4　车体侧视图。注意要让车头部分稍低一点，使全车的重心偏向前方，可以防止车体向后翻倒

图1-6　车尾视图。注意在定位轮胎位置时，要让轮胎后缘与尾部对齐，使它们看起来浑然一体

图1-5　车体正前方视图。角铁好像是专门为这个车体设计的一样，可见平时多留意收集身边的材料，会给你带来多么意想不到的惊喜

图1-7　车体底部视图。盖形螺帽安装在机器人前下方，起到支撑作用，它还是机器人的第3个轮子，相当于一个万向轮。调节盖形螺帽拧入M6螺丝的深浅，可以微调车体倾角（重心）

1.1.2　寻光机器人电子部分的制作

接着制作机器人的电子部分，用到的材料如图1-8所示。

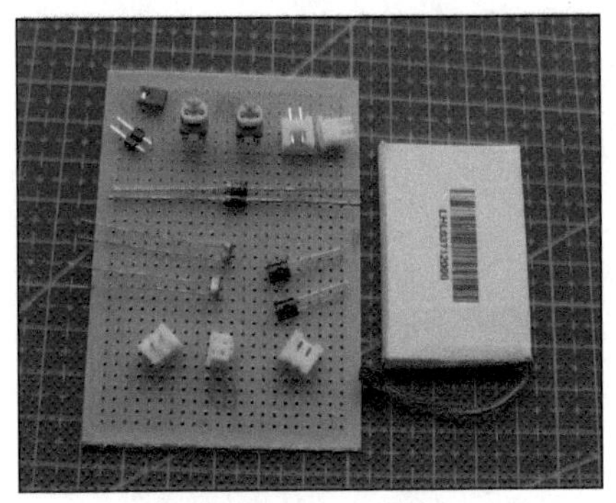

图1-8　机器人电子部分的主要元器件。这里使用的三极管是C1815，可以替换成电流更大的8050，也可以使用其他型号的小功率NPN型三极管。锂电池充电器用一个报废的摩托罗拉手机充电器（标称输出4.4V/1A）改造而成

材料：

- NPN型小功率三极管，2个，
- 光敏电阻或光敏二极管、红外线接收管，2个
- 5kΩ电位器，2个
- 1N4007，2个
- 洞洞板，1小块，
- 插接件，适量
- 3.7V锂电池、充电器，1套
- 电路板立柱，3个

工具：

- 焊台、焊锡
- 镊子

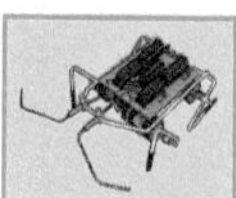

下面简单介绍一下机器人常用的感光器件，如图1-9所示。

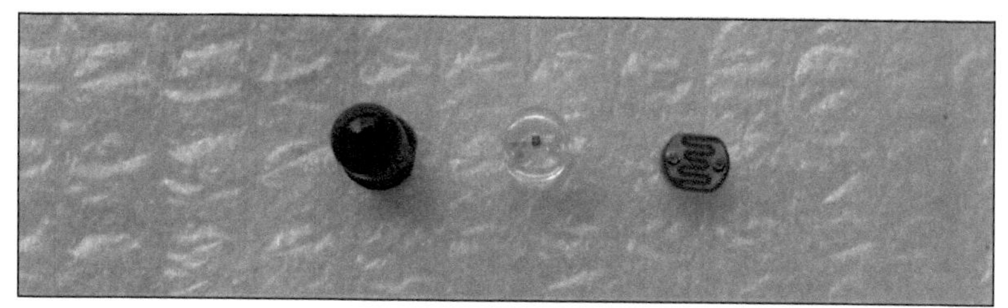

图1-9　3种常见的感光器件，从左往右依次为：5mm红外线接收管、5mm光敏二极管、光敏电阻

红外线接收管的特点是工作范围宽、响应速度快。除了可见光，它还可以感知红外线，这样你就可以在黑暗的环境下用电视遥控器（按下任意键产生一个红外光源）来指挥机器人了。

光敏二极管是专门制造的检测光线的器件，优点是灵敏度好、响应速度快，缺点是价格偏高。

光敏电阻是一种阻值随光线强度的增加而下降的特殊电阻，特点是响应速度慢、造价低。市场上常见的光敏电阻是直径为3mm的3516和3526，推荐使用3526，亮、暗电阻的变化范围比3516大。

机器人的感光元器件建议配对使用，以减少调试环节出现的问题。测试暗电阻时可以把元器件密封在黑色胶卷盒里，盖上盖子，只露出两条引脚进行测量。亮电阻可以在室内自然光条件下测量。

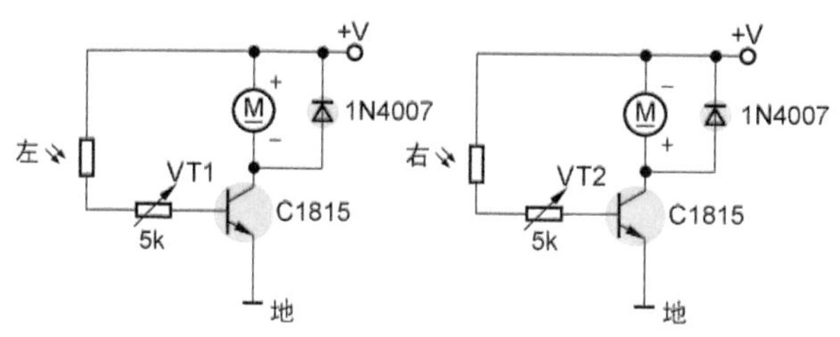

图1-10　机器人电路图

机器人电路图如图1-10所示，这个电路看起来非常简单，加上电机，一共只有10个元器件，从电路角度分析，不过就是一对光电开关控制两个电机，彼此互不干扰。但是把整个电路安装在一个可以活动的底盘上，情况就会大不一样。

电路的实际运行效果是把机器人感知到的光线转换成脉冲，驱动电机运转，电机的运转时间取决于脉冲的持续时间。这是一个名副其实的光-机-电一体化系统，传感器（光敏电阻）和执行器（电机）的物理布局决定了机器人具有寻光特性。

这个系统的另一个特点是两个执行器相对独立。举例来说，机器人左眼感觉到较强光线，会使车体向左转，光源（相对车体）右移，信息流动的顺序是左眼→三

极管VT1→右电机→车体→光源→右眼→三极管VT2→左电机。由此可以看出，两个执行器之间的“间隔”比较“远”，车体和光源成了它们沟通信息的媒介。这种情况造成的效果是机器人的动作比较机械，行驶轨迹呈之字形或螺旋形。

作为一部只有10个元器件的寻光机器人，效果可以说相当不错了。机器人具有朝向光线最强区域移动的特性，用生物学术语描述就是具有“朝向趋性”。大多数昆虫头部都有一对感光器官，可以直接比较两侧光线的强度，进而调整行进方向，从这一点来看，机器人的结构也非常仿生。

注1：不改变电路，只需把机器人的感光器件或电机左、右调换个位置，就可以让它对光呈反向趋性。这样它就成了一部避光机器人。

注2：如果使用光敏二极管或红外接收管，需要把它们反向接入电路，即管子负极连接+V，正极经5kΩ电位器连接三极管基极。使用不同材料的感光器件，机器人的行为模式也会有所不同。

1.1.3 高熵系统

2005年，机器人设计师Tom Jenner提出了把高熵系统引入机器人的设想。他的想法是在系统里加入神经元风格的振荡器。

前面的电路包含两个变量：时间和脉冲。加入振荡器后的系统里出现了一个连续变化的局部变量，加上系统自身包含的全局输入变量（光敏电阻感知到的环境光线）和输出变量（电机脉冲），使控制器产生PWM信号驱动电机。

改进后的电路（见图1-11）通过加入两只0.22μF电容的方法提高了电机控制信号的变数，进而改善了系统性能。这个方法建立了一种电气化的握手机制，拉近了两个电机之间的距离，实现了信息的交互（互相调制）。用Tom Jenner的话说，这是一种“基于线性/脉冲的混合式控制系统，电路里面的每一个元器件都可以传输更多的信息”。制作完成的机器人如图1-12所示。

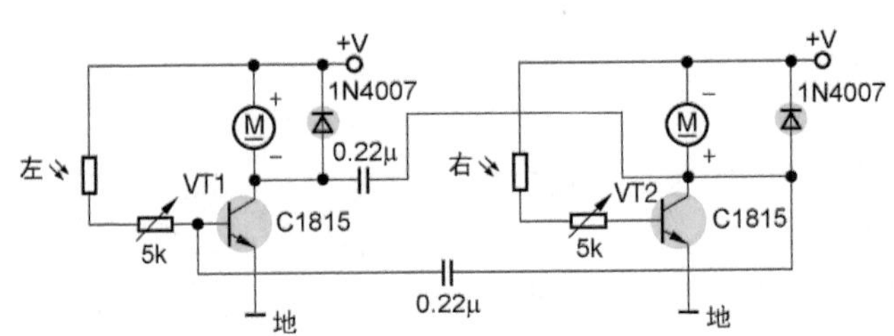

图1-11 改进后的机器人电路图

高熵机器人的运行效果具有超乎寻常的动态特性，对外界信息（光线）极度敏感，呈现出一种既紊乱又相对有序的生物特征。与前面机械化的行为模式相

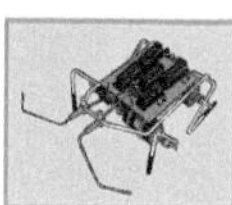

比，这个机器人有了自己的“脾气”。它“大体上”喜欢光线比较亮的环境，而在行驶过程中又会时不时地自我陶醉一下，转个圈、画个八字……机器人仍具有朝向趋性。

Tom Jenner在他的原型机上分别安装了一红一黑两支绘图笔，依次记录下了机器人在光源下的两组运动轨迹，如图1-13所示。

图1-12　最终完成的机器人

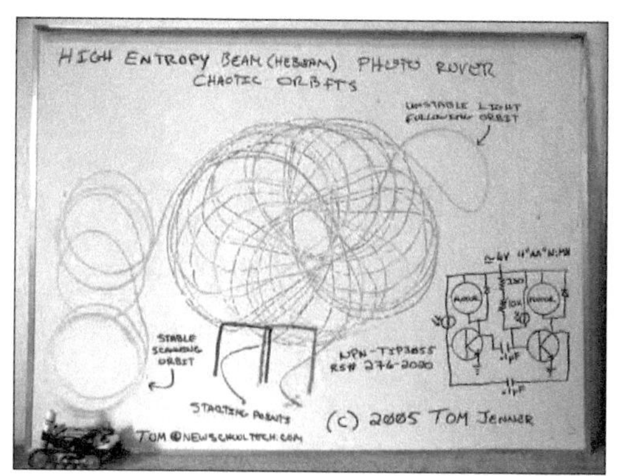

图1-13　Tom Jenner设计的高熵BEAM机器人绘制的运动轨迹（图片来自雅虎BEAM机器人讨论组）

1.1.4　结论

这部机器人的主要设计思路是简化制作。因为机器人设计得越简单，实现起来就越容易，参与制作和讨论的人就越多，新式玩法和创意也越会层出不穷！把简化进行到底，很多机器人制作团队也持同样的观点，比如DIY-BOT团队只用电机和开关就组成了功能不俗的巡边和避障机器人，上海新车间推出的ALF机器人更是仅用几个三极管和阻容元件就实现了循线功能，可谓把模拟技术运用到了极致。

作为本书的第一部机器人，这里要说明的问题是，**即使是看似简单的机器人电路，背后也可能隐藏着复杂的理论和不可思议的效果**。只需几个元器件就能赋予机器人独特的个性，而其中的原理又能够给你带来很多思考与启示，这正是业余机器人制作的奇妙之处吧！本文对高熵系统的讨论只是开了个头，剩下的要靠读者自己在实践中体会了。

和高熵系统一样，机器人技术也具有无穷的潜力，你可以通过它融会贯通各行各业的尖端技术与设计理念，业余爱好者也可以成为平民科学家。

1.2 2D光电跟踪头

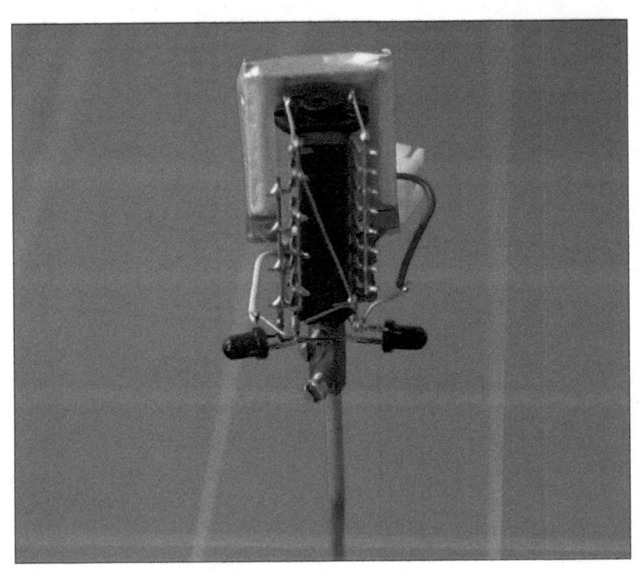

跟踪伺服系统具有捕获瞄准的功能，广泛应用于航天、航空及军事工业。本节将介绍一个结构简单、容易实现的光电跟踪伺服装置的制作，并由此引出一个和仿生学密不可分的器件——施密特触发器。读者可以通过这个小模型的制作，直观地了解施密特触发器的特性和跟踪伺服系统的控制理念。

与机器人技术一样，跟踪伺服技术对于刚入门的电子爱好者来说，同样是一个既爱又恨的话题。一方面，爱好者现在购买材料的渠道变多了，你几乎可以在市场上买到任何所需的工具和元器件；另一方面，国内的专业书籍过于偏重理论，这就造成了非业内人士有兴趣、想学习，但是越是看书越不知从哪里下手的情况，大篇幅的理论和公式对于动手一族来说味同嚼蜡。实际上，即使是自动控制专业的学生，直到毕业实习，接触到的也大都是满眼的方块字和数学公式。

能不能让事情变得有趣一点？先做出一个实际的东西，不管它是否简单，但是可以帮助我们近距离观察一个系统。然后在这个基础上发现不足，寻找改进方案，在此前提下反过来再学习理论，就会觉得目的感更强。这就好比科学家与魔术师，我认为DIY爱好者就是魔术师，魔术的特点是精炼那些再平凡不过的技术，融入创新与娱乐的元素，展现给观众。而越是高明的魔术师，反过来也越会关注自然科学和基础理论。

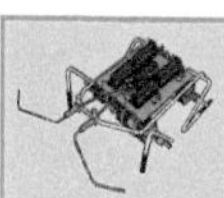

1.2.1 2D光电跟踪头的构造

让我们试着用“低技术”的方式进行思考，一个可以在二维平面上跟踪光线的伺服系统可以有多简单呢？请看图1-14，只需要4个元器件：两个光敏二极管、一片数字逻辑集成电路、一个减速电机。这些元器件都是电子爱好者工作室里常备的材料，它们真的可以制作出一个能够正常工作的自动控制系统吗？答案是肯定的，这个电路可以作为学习自动控制系统的一块敲门砖。

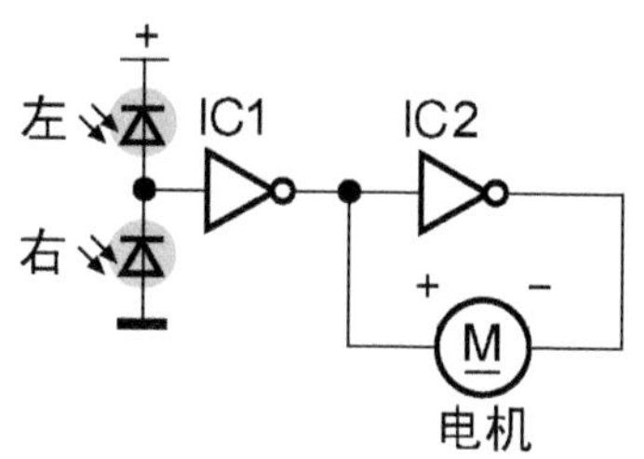

图 1-14　2D 光电跟踪头的电路图

制作所需的材料和部分工具如图1-15所示。

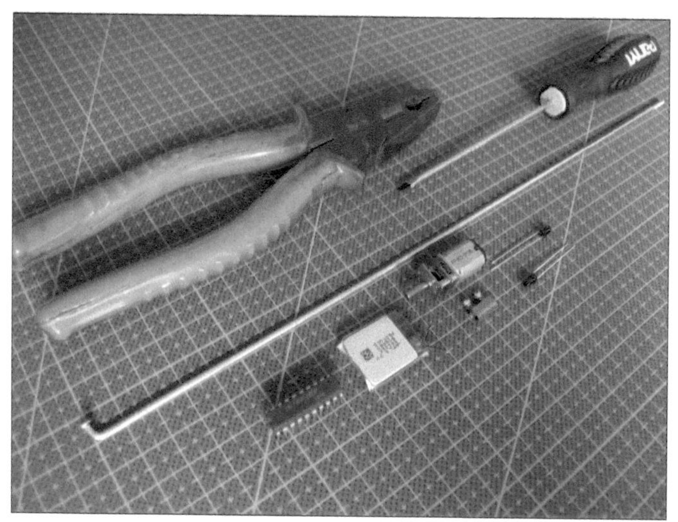

图 1-15　制作所需的材料和部分工具

制作光电跟踪头对感光元器件没有特别的要求，红外线二极管、光敏二极管、光敏电阻都可以使用。感光元器件串联在电源两端，为了降低强光下的能量消耗，可以采取适当的遮光措施，使感光元器件在强光下的阻抗不会太低。

74HC240是一片带有施密特触发输入特性的3态8路反相缓冲器，每个反相器的最大输出电流为±35mA。为了能够良好地驱动减速电机双向转动，需要每4个反相器为一组（图1-14中的IC1和IC2为两组）并联驱动电机的一相。芯片的第1/19脚为使能端，实际使用中要接低电平（电源地）。

电机为机器人制作中常用的N20微型减速电机，标称电压为6V。要求电机转速低于30r/min。这个电路的实际工作电压是3.7V。

端子芯取自工业连接器里面的接线排座。一个排座里可以拆出很多铜质端子芯，它的结构是一根内径4mm的小铜管，两侧有两个螺丝。用它可以很方便地将电机主轴与随动机构连接在一起。

锂电池充电器由废手机充电器改制而成，两位镀金排针、排座作为充电接口。

材料：

- >> 74HC240，1片
- >> 红外线接收二极管，2个
- >> 锂电池，1块
- >> 减速电机，1个
- >> 车条，1根
- >> 端子芯（轴连器），1个
- >> 手机充电器，1个
- >> 导线，适量
- >> 排针、排座，2位

工具：

- >> 烙铁
- >> 焊锡
- >> 止血钳
- >> 放大镜架子
- >> 螺丝刀
- >> 平口钳

1.2.2 制作过程

1 用车条弯制一个架子。对这个架子没有特殊要求，你可以发挥创意使用更有趣的材料，设计出更好看的外形。

2 减速电机安装在这个架子顶端。在顶端锉出一个平面，这样可以更牢靠地固定轴连器与减速电机，使它们不会松脱、打滑。

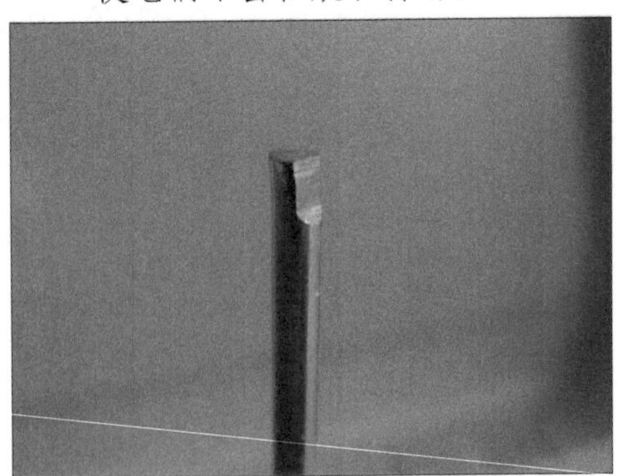

3 用端子芯作为轴连器，将电机固定在架子顶端。光电跟踪头运转时，下面的架子是不动的。电机的主体可以水平360° 自由转动，所有电子部分都将固定在电机上。

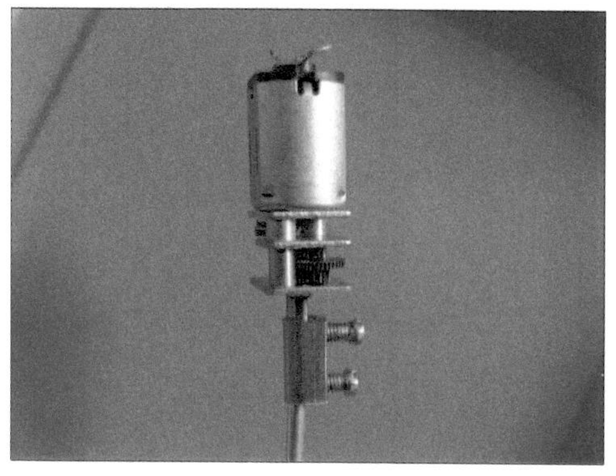

4 最有趣的环节是搭建电子部分。这里采用芯片引脚搭棚的方式焊接，芯片背面不走线，贴在电机上固定。虽然只有3个元器件，引脚跳线也需要事先好好规划一番。跳线的美观与否，将决定你的最终作品是一个电路，还是一个电子艺术品。

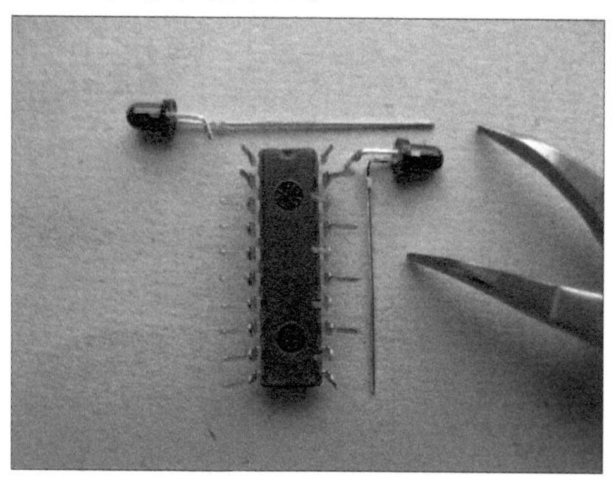

5 用放大镜架子和止血钳辅助进行焊接。引脚上的跳线可以用电阻引脚替代。

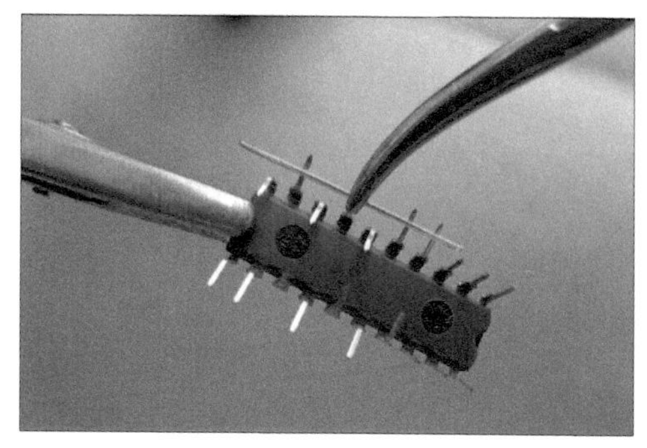

6 焊接完成的电子部分，注意将光敏二极管的引脚留长，方便调整跟踪头感光视野的夹角。

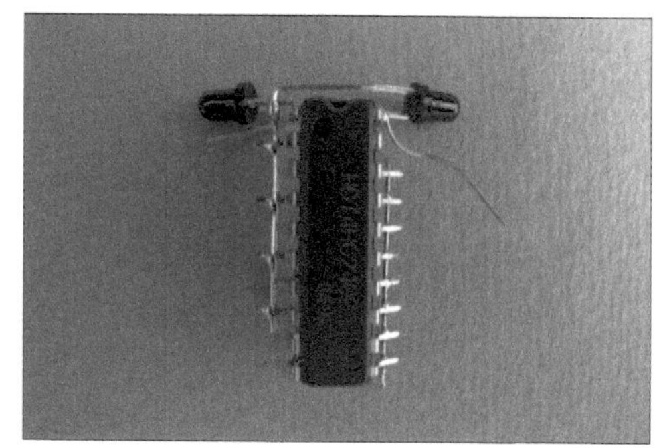

7 芯片底部的样子，注意那根连通第1脚、第19脚至第10脚（电源地）的使能跳线。

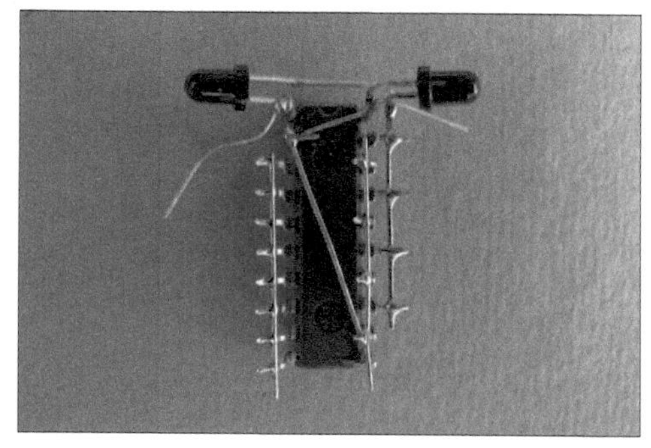

8 光电跟踪头制作完成的样子。可以用双面胶或棉线将电子部分固定在电机上，电机夹在芯片与电池之间。可以用一小块薄塑料（如包装材料、透明胶带等）将电机的金属外壳包起来，以防短路。

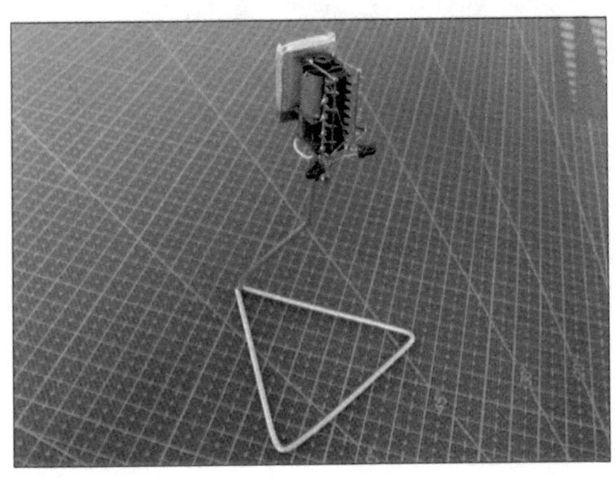

9 最后，给光电跟踪头制作一个充电器。手机充电器的电压一般为4.4~5V，为了安全，可以串一只1N4007二极管。此举还可以降低充电电压并起到反接保护的作用。多引出几组电源抽头，安上不同的插头，可以给不同的机器人充电。

10 光电跟踪头比较微小，锂电池的充电口使用的是2位镀金排座。我制作了一个排针转接器，方便给锂电池充电。

11 这是光电跟踪头的电源接口，没有设置电源开关，直接用导线和排座的连接作为开关。排座也是锂电池的充电接口。

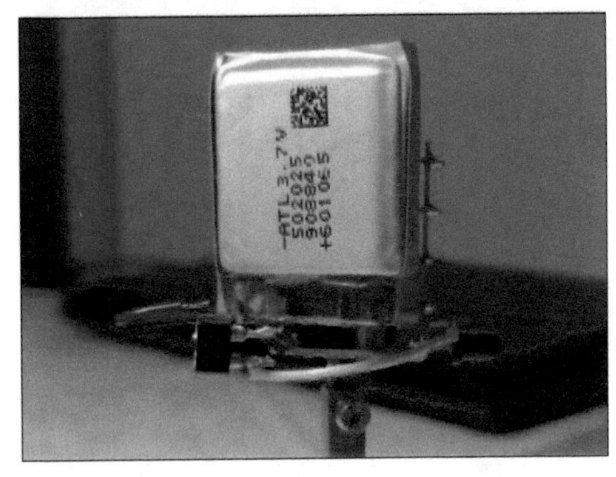

1.2.3　调试与思考

这个光电跟踪头可以灵敏动作，在水平360° 上跟踪光线。如果把它放在阳台上，它的两只眼睛（红外线二极管）会一直看着太阳的方向。在屋里人造光源的环境下，光电跟踪头会一直追着较强的光线旋转。

仔细观察光电跟踪头的运动，会发现它存在一个明显的缺陷：可以发现目标，但是无法锁定目标，跟踪头会在目标区往复振荡。为了深入分析其中的原

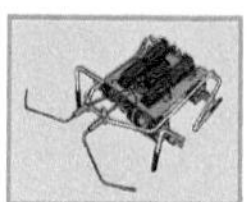

因，我给这个系统画了一个框图（见图1-16）。

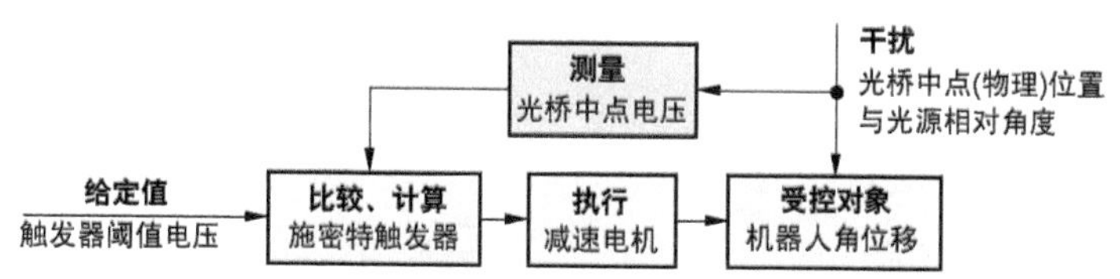

图 1-16　2D光电跟踪头的系统框图

此时，理论的作用就凸显出来了。对照自动控制理论方面的书籍可以看出，这个光电跟踪头是一个典型的开式控制系统，按干扰进行补偿，即需要控制的是受控对象的被控量（光电跟踪头的角位移），而测量的是破坏系统正常运行的干扰（光线造成的感光元器件中点电压的变化）。这个光电跟踪头的原理，其实远没有电路图看起来那么简单。这可谓是一个麻雀虽小、五脏俱全的自动控制系统模型。为了使它可以更好地锁定目标，可以建立数学模型，进行系统校正，比如加入阻容元件组成的滞后-超前网络进行串联校正或PID校正。因为简单的无源阻容网络接入系统会受到负载效应的削弱，实际应用中还要借助运算放大器构成有源校正部件。跟着这个思路往下进行，真的需要好好啃啃书本上面的理论知识了。

当然，作为玩家，我们也可以暂时不考虑这些过于专业的理论问题，试着用常识和经验改善这个系统。锁不死目标的原因之一是电机减速齿轮间隙造成的误差，这个问题直接造成了感光元器件走不到位，或者走过了位。这相当于干扰总是存在的，系统因为反复修正干扰造成振荡。解决的办法是增加系统的惯性，比如降低电机转速、减小感光元器件夹角。从框图可以看出，当比较、计算环节输出的信号为零时，电机是不会产生角位移的。为了达到这个效果，需要让感光元器件组成的光桥的中点电压的变化尽可能小，使其总是低于施密特输入端的门限电压。你可以试着减小感光元器件的夹角，光电跟踪头的视野越窄，齿轮转动造成的光电桥中点的电压变化范围越小。通过仔细调整，可以使“电气中点”和“机械中点”达到一种平衡，从而减小振荡。

其实，施密特触发器本身就具有滞后特性，这是由它的双输入阈值电压实现的。单输入阈值电路，比如普通三极管开关，由于只有一个输入阈值，阈值附近的干扰输入信号必然会导致输出因微小的干扰来回快速翻转。但是对于具有双输入阈值的施密特触发器来说，阈值附近的噪声输入信号只会导致输出翻转一次，若输出要再次翻转，噪声输入信号必须达到另一个阈值才能实现。对这个光电跟踪头来说，控制器（74HC240）对传感器（光敏二极管）采集到的信息不是没选择地照单全收，相当于给了执行器（电机）一个动作时间，这就利用了施密特触发器的回差电压提高了系统的稳定性。

注：虽然施密特触发器在电子行业中得到了广泛应用，但是可能很多人都不知道它的发明得益于生物科学。施密特触发器的概念是1934年美国生物物理学家Otto

Herbert Schmitt在研究鱿鱼神经脉冲的传导时提出的，同时他也是Biomimetics（仿生学）一词的创造者。

1.2.4 换个玩法

很多读者会觉得光电跟踪头只能固定不动地旋转，效果还不够酷。其实，只要再增加一个电机，并配上一个移动底盘，就可以让它摇身一变，成为一个满屋子跑动的寻光机器人。

从图1-17中可以看出，改进后的电路仍然贯彻简单、低技术的风格，只不过多了一个电机。注意，制作这个机器人时，需要使用两片74HC240并联，即8个缓冲器一组，以使电机获得足够的驱动电流。

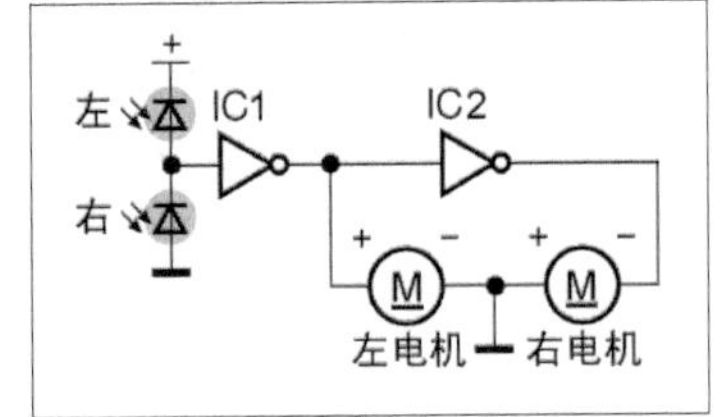

图1-17　改进后的寻光机器人的电路图

不要小看这个电路简单的机器人（见图1-18、图1-19），它的动作非常灵敏。最神奇的是，机器人的两只“眼睛”甚至可以对物体（障碍物、墙壁）表面的反光做出反应，形成一种避障机制。这个机器人可以灵活地寻着光线从客厅跑到阳台，并在阳台自由活动，当它快要撞到墙壁时，有90%的概率会自己拐弯绕开！别忘了它的整个电路只是几个成本数元的电子元器件。

喜欢动手制作机械结构的爱好者，请关注本文的后续部分。在下一节，我将制作一个外观超酷、结构复杂的3D光电跟踪头，并用神经元电路驱动它进行横、纵双向的跟踪锁定。

图1-18　制作完毕的寻光机器人的顶视图。这次车体使用的是一片覆铜板，铜箔面朝上作为大面积地线，芯片直接贴着铜皮焊接

图1-19　寻光机器人的底视图。注意两个电机和万向轮的布局，要使它们互不影响

第2章

神经网络机器人

用人造神经网络模拟多细胞生物的肌肉和神经系统，可以制作出能对环境做出简单判断的高级仿生机器人。本章内容包括机器人骨架的制作、神经元和神经网络的特性、自制触须传感器、自制中枢模式发生器和随意动作的实现。

2.1 3D光电跟踪头

本节紧跟前一节的内容，向读者介绍一个可以锁定目标的3D光电跟踪头的制作方法。与前一个2D光电跟踪头相比，这个跟踪头的扫描范围更大（纵向可以比拟人类视野，横向可以360° 旋转），结构更加复杂，效果也更酷。

作为一个FPS游戏玩家，这个跟踪头的结构设计深受《使命召唤：现代战争2》中自动机枪的启发，采用了比较复杂的连杆机构。这样的结构使这个机器人的动作效果颇具科幻色彩。想象一下在自己家的桌子上摆这么一个东西，那些游戏发烧友看到它时的表情吧！

3D光电跟踪头的整体制作仍然贯彻以往的制作方针，即：低成本、高趣味性和艺术性。跟踪头的核心部分由两个分别以独立的神经元电路控制的电机组成，因为采用了更高级的模拟神经元控制电路，相对于前一个数字逻辑控制的跟踪头来说，它的动作变得更加“聪明”。

跟踪头由两个电机驱动，使这个机器人在结构的制作上增加了不小的难度。但是对于喜欢动手制作的“魔术师”来说，有难度才有激情！

下面开始正式制作这个3D光电跟踪头，所需材料如图2-1、图2-2所示。

2.1.1 材料的选择

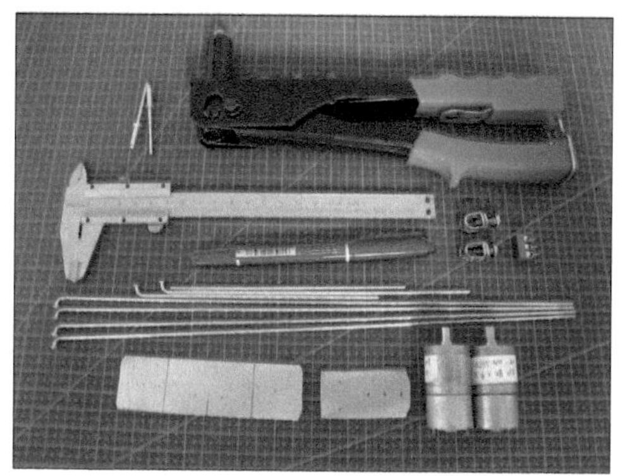

图 2-1 制作3D光电跟踪头机械结构部分所需的材料和工具

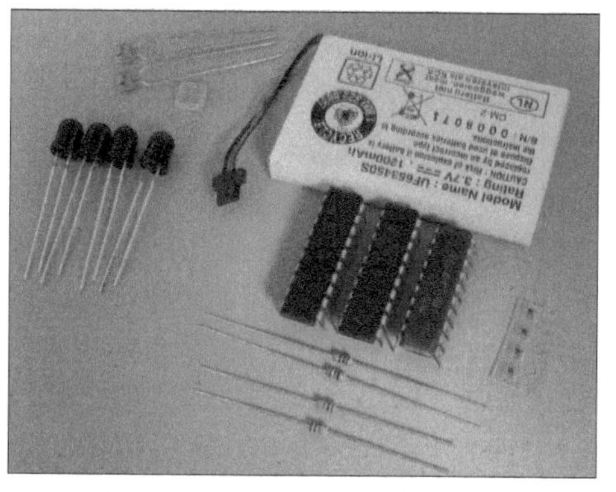

图 2-2 制作3D光电跟踪头电子部分所需的元器件

材料：

>> 74HC240，1片
>> 74HC245，2片（也可以使用74HC240、H桥或其他专用的电机驱动IC）
>> 红外线接收二极管，4个
>> 0.22μF无极电容，4个
>> 2.2MΩ电阻，2个
>> 3.3kΩ电阻，2个
>> 锂电池，1块
>> 减速电机，2个
>> 车条，5~6根
>> 端子芯（连杆机构），4个
>> 空开开关端子（电机轴连器），2个
>> 曲别针，2~3个
>> 铝板或铁板，边角料2小块
>> M3螺丝、锁紧螺母、垫片，适量
>> 手机充电器，1个
>> 导线，适量
>> 排针、排座，2位
>> 2×2孔洞洞板，1块
>> 黑色胶卷盒或其他遮光材料
>> M4 拉铆钉，2根
>> 0.1μF无极电容（可选），2个

光电跟踪头的感光元器件可以使用任何规格的光敏二极管或红外线接收二极管。

74HC240在这里作为两组神经元电路使用，为了使神经元可以驱动减速电机，还需要配备双向电机驱动电路。这里使用的是74HC245三态总线收发器，你也可以使用74HC240、分立元器件构成的H桥或其他专用的电机驱动IC。

74HC245是小型BEAM机器人常用的双向电机驱动芯片。和74HC240一样，它里面的每个缓冲器输出电流也是±35mA，为了驱动电机，同样需要多组缓冲器并联使用。它的优点是芯片引脚的排列方式非常方便走线（相对于74HC240），只需要少量的跳线就可以把它改装成一块不错的双向电机驱动模块。

74HC245的跳线方式如图2-3所示。因为是双向收发器，电路在两个方向上有不同的接法，使得芯片上的缠绕焊接方法变得非常灵活，你可以选择让芯片的正面还是背面露在外面（从美观和艺术的角度考虑）。

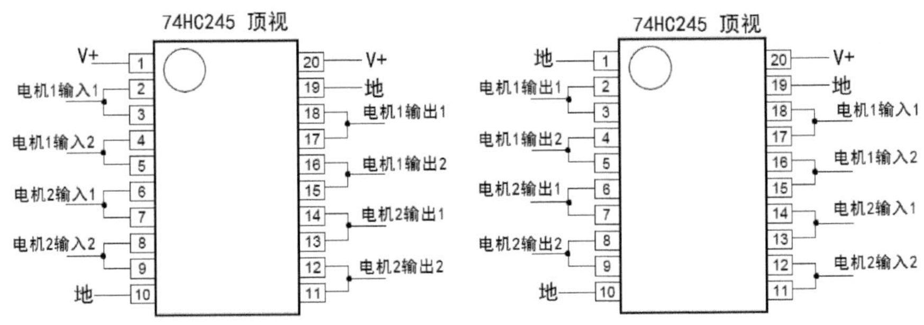

图2-3　74HC245作为小型双向电机驱动芯片的接线图

图2-3左侧所示是我常用的接法。第10、19脚的接地线可以在芯片背面做一根跳线。第1、20脚电源正极的跳线可以做在芯片侧面。两个电机的4路输入/输出布局很清晰，将对应引脚就近短接在一起就可以了。单个芯片连接，电机每相的最大电流是±70mA，稍显不足，一般要将两片74HC245并联起来使用。

注：74HC245内部集成了16个缓冲器，由第1、19脚的使能端进行选通控制。如果你想进一步了解这个芯片，可以参考芯片手册中的真值表和逻辑框图。

电机为机器人常用的中型减速电机，标称电压6V，要求电机的转速低于30r/min。这次使用中型电机是从整体设计考虑的，你也可以用小型N20电机制作一个缩小版。电路使用一块3.7V的锂电池供电，电机实际工作时的转速还会更低。

端子芯取自工业连接器里面的接线排座。端子芯的结构和使用方法参见前面的文章。从常见的蓝色接线端子里拆出的铜芯如图2-4所示。

电机轴连器的替代材料取自空气开关，这次使用的电机输出轴颈高达5mm，只有空气开关这样的大电流器件里面的端子芯才能保证有足够的安装空间。

锂电池和充电器的介绍参见前文。机器人使用两位镀金排针、排座作为充电接口。

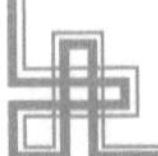

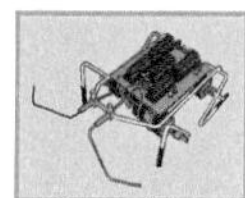

图 2-4　从常见的蓝色接线端子里拆出的铜芯

工具：
- >> 焊台
- >> 焊锡
- >> 止血钳
- >> 放大镜架子
- >> 75W外热烙铁
- >> 台钻或手枪钻、M4.3钻头
- >> 台钳、平口钳
- >> 什锦锉
- >> 橡皮锤
- >> 拉铆枪
- >> 记号笔
- >> 卡尺

2.1.2　机械结构的制作过程

首先制作跟踪头的结构部分。结构部分简单说就是一个固定不动的2自由度云台。这种云台在监控设备中很常见，主要零件是两个舵机和两个结构件。为了获得更艺术的效果，我采取了化简为繁的设计，加入了一组连杆，使它看起来机械味道更浓一些。

1 用铝板制作电机和电子设备的固定架。这是一个类似T字形的结构，使用两片废弃的边角料拼接而成。卷曲的铝板可以放在木板上，用橡皮锤敲平，打孔和细部加工需要使用电钻和什锦锉，在我的前一本书《机器人制作入门》中已经对这些工具作过介绍。

2 材料比较小，可以直接用平口钳折弯。如果你追求完美，还是按照惯例在台钳上进行操作吧。图中折弯的U形框架是纵向电机的固定架，靠近读者的是输出轴的一侧，另一侧的孔是电机的虚轴。

3 将两个零件用铆钉固定在一起。在构思这个跟踪头的结构时，正好赶上泰坦尼克失事100周年。一觉醒来，收音机的《早间新闻》里正在八卦沉船原因，其中一个说法是船体使用的铆钉规格缩水。这条新闻正好提醒了我，于是就有了这个铆接结构的固定架，上面的两个M4铆钉可以称得上是我的开铆纪念了。

注：拉铆钉的正确操作方法应该是将铆钉的尾巴持续拉出，直到拉断。因为我使用的铝板比较薄，怕力度过大造成材料开裂，就采取了拉到一定程度后剪尾的做法。

4 用3根车条弯制光电跟踪头支架的3条腿。为了使架子更稳定，接触地面的部位可以套上热缩管。为了好看，最好使用透明热缩管。

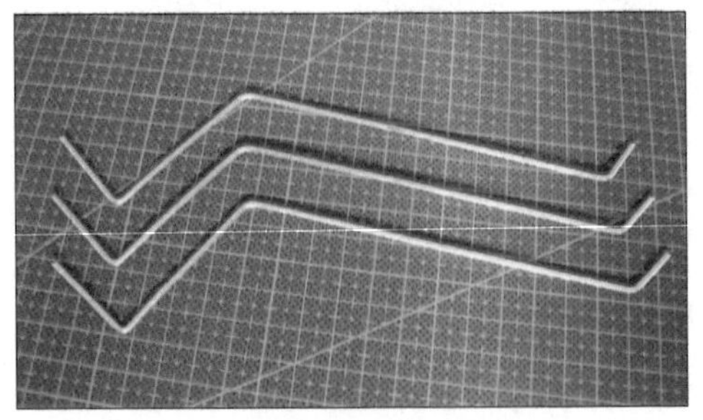

5 将3条腿用曲别针绑在一起，用75W烙铁进行焊接。因为材料比较大，这个步骤有一定难度。用大功率烙铁将结合部位均匀加热，再使焊锡慢慢渗入里面，烧焦的松香可以轻轻敲掉，以保持外表的美观。焊接过程中架子比较热，要小心烫伤！

6 用车条、曲别针和端子芯制作跟踪头的连杆部分。两个倒L形结构件分别是纵轴电机输出轴和虚轴的连杆。

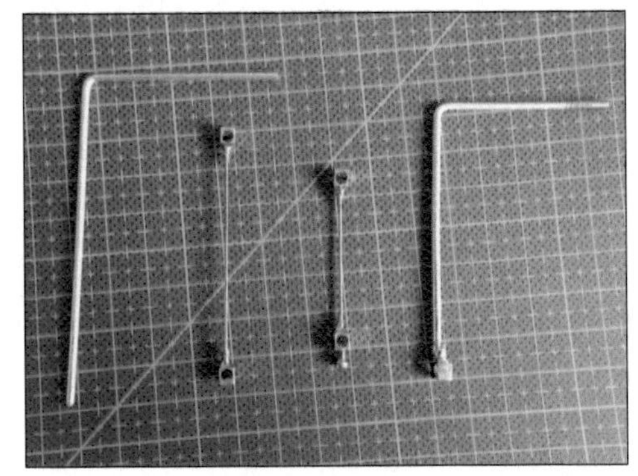

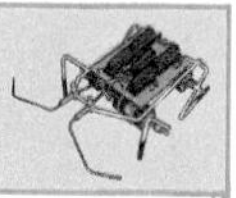

7 将结构部分组合在一起，图示为跟踪头的“平视”姿态。

8 跟踪头的仰视姿态。

9 跟踪头的俯视姿态。

10 跟踪头顶视图。从图中可以看到这几个连杆之间互相配合的细节。这套连杆中，纵轴电机虚轴的倒L形结构件是固定在架子上的，其他3个结构件可以跟随纵轴电机动作。连杆结合部位的“轴承”用端子芯代替，用锁紧螺母固定好并留出一定余量，使它们可以灵活转动。这个结构的俯仰角范围大概为150° 。

2.1.3 电子部分的制作过程

接下来制作电子部分。3D光电跟踪头的电子部分由两个相对独立（电路部分独立，机械部分关联）的神经元电路构成。

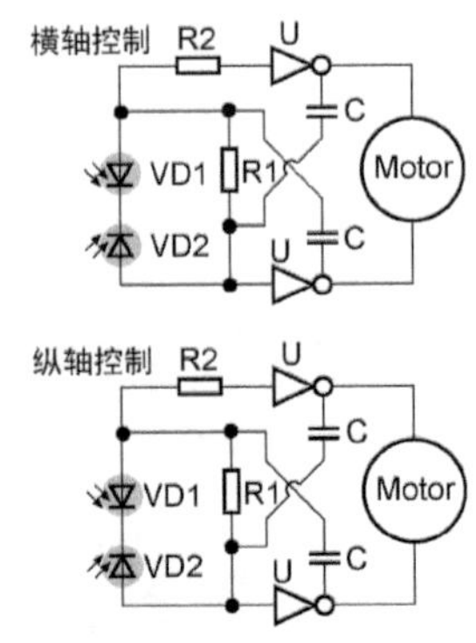

图2-5　3D光电跟踪头的电路

注:反相器为74HC240,电机需要独立的双向驱动电路。

神经元电路可以看成一个有4个端子的模块，有两个输入端、两个输出端。图2-5中的IC（74HC240）和C（0.22μF电容）构成了神经元模块。

简单理解，神经元模块在工作时会从正、反两个方向扫描输入设备，在这个跟踪头里，输入设备就是两只红外线接收二极管VD1和VD2。因为扫描是双向进行的，二极管可以负极对负极接入电路，也可以正极对正极接入电路。

输出端连接的是电机（需要配双向驱动电路），电机也是正、反两个方向交替旋转的。电机转动的幅度受输入设备控制。假设VD1方向的光线强度大于VD2，模块在这个方向上扫描到的阻值就会降低，由此造成电机在VD1方向上转动幅度的增加，极限情况是模块因振荡频率过高而“停摆”，电机停转，系统锁死。当VD1上面的光线强度降低时，模块又会恢复到常态，持续双向振荡。VD1和VD2的位置和电机的极性是关联的，需要根据实际情况调整。

电阻R1和R2是输入补偿元件，用来调节神经元在极暗的环境或极亮的光线下的振荡频率，防止模块意外锁死。在材料表中给出的数值是典型值，还需要根据机械部分的实际动作效果进行微调。

另外值得一提的是，Mark Tilden曾经提出将神经元技术应用在卫星后备系统中的设想，由此也可以看出这个简单电路所具有的潜力。按我的制作体会，这种控制方法在可靠性和适应性上都超过目前的单片机。此外，神经元模块的输入端可以连接任何东西——电阻、逻辑电路、传感器，甚至另一个或多个神经元，还可以组成复杂的网络。在以后的制作中，我将尝试用神经元组成神经网络，控制更复杂的机器人。

1 焊接核心模块这个步骤比较符合焊接狂人的口味：由3个芯片、4个电容、几根跳线构成的模块，足够杀死*N*多脑细胞，并使你的焊接技术面临严峻的考验！为了使模块看起来更简练，我使用了0805封装的电容，把电容卡在芯片引脚根部焊接，这个搭配堪称完美！

注：不用太纠结书本上经常提到的CMOS集成电路容易被静电击穿的问题。我焊接了不下20个这种形式的控制核心，没出现任何问题。只要注意拿芯片之前，先用手摸一下铁机箱、水管这类比较大的金属物体就可以了。如果还不放心，可以使用ESD（抗静电）焊台进行焊接。

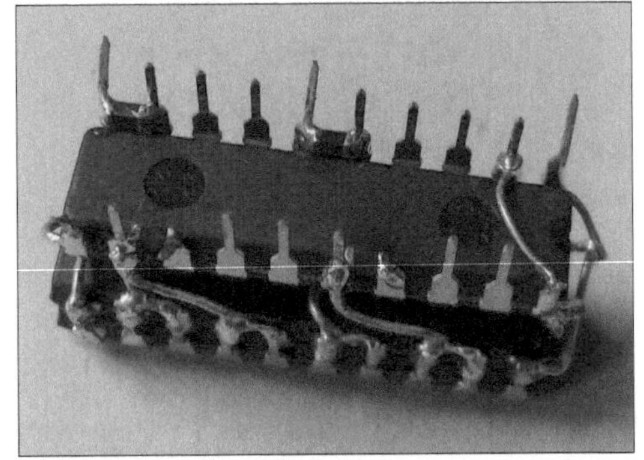

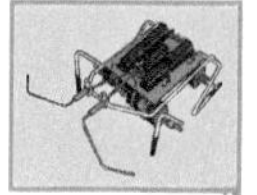

2 从这个角度可以看出3个芯片的关系：上面是74HC240构成的神经元，下面是两个叠加在一起的74HC245电机驱动模块。还可以看到74HC245芯片上面两两短接在一起，一共4组的电机驱动输出引脚。

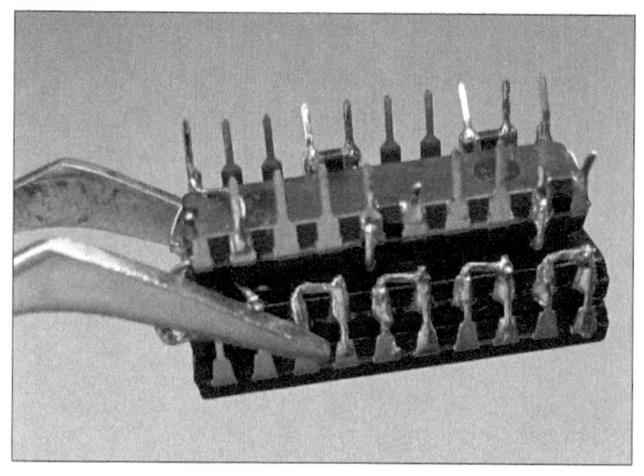

3 将4只红外线接收二极管焊接在2孔×2孔的洞洞板上，洞洞板起到定位作用。神经元的补偿电阻R1可以跨接在引脚之间，起到加固结构的作用。

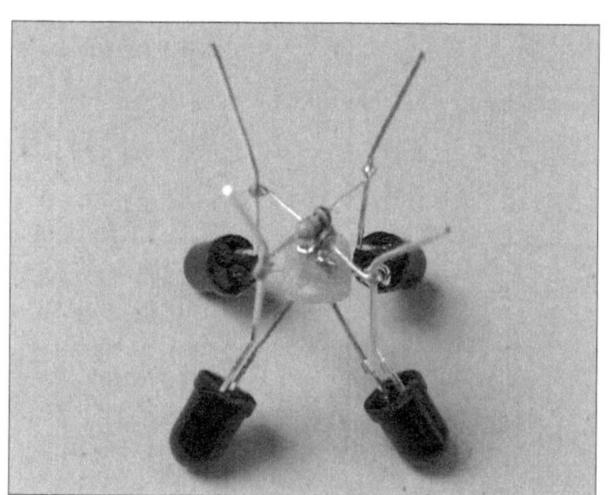

4 为了降低杂散光线的干扰，将感光组件安装在一个黑色的胶卷盒里。注意4个红外线接收二极管呈上下、左右排列，分别检测横轴和纵轴的光线。

5 最后进行电子部分的总装。用硬塑料板，比如电子产品的塑料包装外壳，制作一个卡子，骑在纵向电机的背部。锂电池借助这个卡子驮在纵向电机的后面。塑料卡子还起到绝缘电子部分和电机外壳的作用。

6 控制核心放在塑料卡子弯出的凹槽里。机器人的配线使用的是废USB鼠标里面的导线，颜色漂亮，材质也很好。松散的导线可以用棉线捆扎固定。

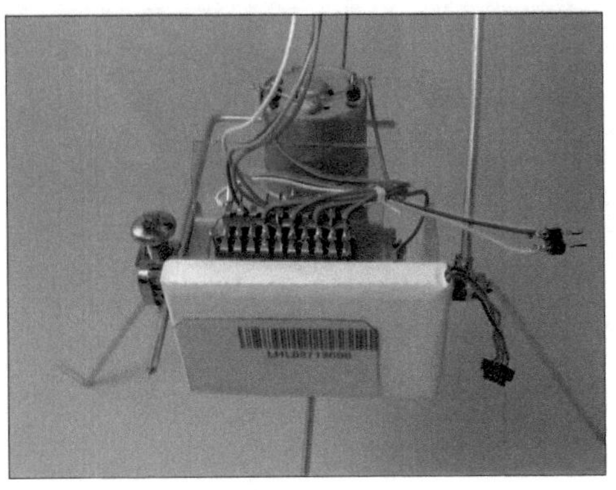

7 这是整体组装完毕的样子。装有感光组件的胶卷盒固定在跟踪头的头部。

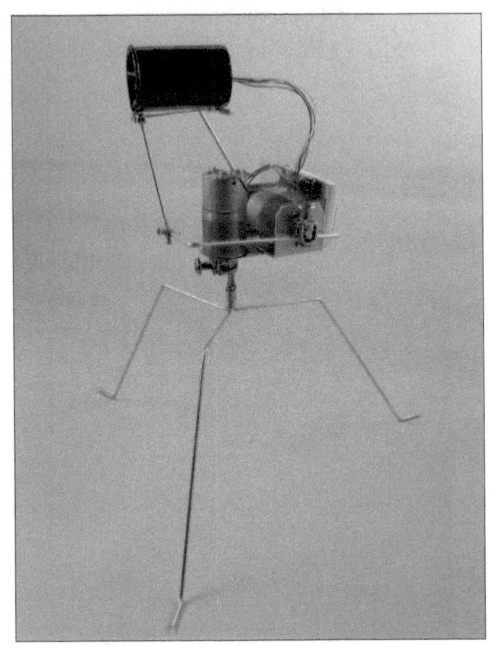

2.1.4 效果

和前一节介绍的2D光电跟踪头相比，这个3D光电跟踪头的跟踪范围就比较大了。上电以后，感光组件构成的“眼睛”可以像自动机枪一样在水平和垂直方向不停地扫描前方的目标。遇到比较亮的发光物体时，“眼睛”可以在连杆机构的驱动下跟随着光源动作，并可以锁定光源，实际观赏效果非常酷。

这是一个被动式光电跟踪头，如果给它加上发光源（如一束定向发射的红外线），那么它将具备跟踪附近移动物体的能力。

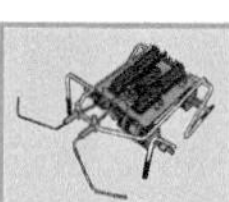

2.2 机器蚂蚁

蚂蚁机器人有很多种，常见的是由一组舵机驱动的模仿蚂蚁外形和动作的多自由度机器人，高级一点的则是由若干个独立机器人组成的蚁群，成员之间共享信息，协同工作。本节介绍的是一种相对较易实现，造价也比较低的蚂蚁机器人，研究的是如何利用电路构造简单的神经网络，指挥机器人的运动。

2.2.1 制作机器蚂蚁

我第一次接触到“神经网络”一词，是阅读刘慈欣写的科幻小说《三体》。大刘在书中所描述的神经网络和神经计算机引发了我极大的兴趣，尽管当时认为这不过是个梦幻般的东西，但还是压抑不住好奇，抱着试试看的心情上网搜索了一番，于是就诞生了下文要介绍的两个小机器人。

本文所说的“神经网络”指的是Mark Tilden提出的Neural Network和由此派生出来的BEAM机器人，虽然很可能此“神经”非彼“神经”，但是考虑到神经网络本身就是处于研究阶段的一门科学，而BEAM机器人的神经网络又是业余条件下少数可以实现的方案之一，也就没什么好抱怨的了。

基于上述神经网络的机器人，最经典的要数BEAMant，从字面上翻译过来就是机器蚂蚁。机器蚂蚁先后有过很多个版本，因为时间久远，一些早期的设计在网上已经找不到了。现在beam-wiki（比较权威的BEAM机器人网站）上面提供的官方版本是Mark Tilden在1999年设计的BEAMant 6.0，如图2-6、图2-7所示，图2-8所示为制作机器蚂蚁所需的材料实物。

下面是两只机器蚂蚁的制作过程。

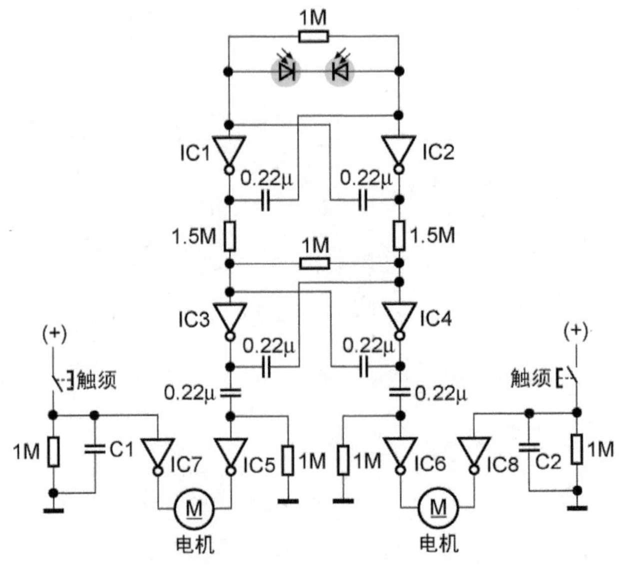

图 2-6　BEAMant 6.0 机器蚂蚁的官方线路图（来自 beam-wiki 网站）

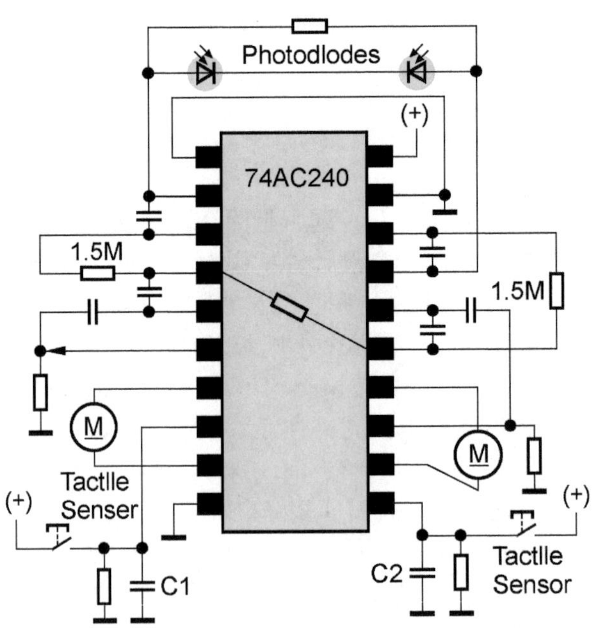

图 2-7　BEAMant 6.0 机器蚂蚁的官方配线图（芯片顶视，来自 beam-wiki 网站）

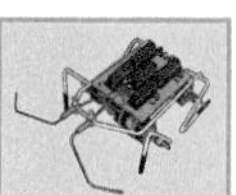

材料：

- >> 74HC240，4个
- >> 光敏二极管，2个
- >> 0.22 μ F无极电容，6个
- >> 微型电机，2个
- >> 1M Ω 电阻，6个
- >> 1.5M Ω 电阻，2个
- >> PC电源端子（母，拆芯），2位
- >> 小型压线端子（拆芯），2位
- >> 3mm黄铜管（可选），1小段
- >> RCA插头尾簧，1个
- >> 尼龙扎带，2根
- >> 4 × AA电池仓，1个
- >> 热缩管，1小段
- >> 洞洞板（实际使用4孔 × 7孔），1小块
- >> 通孔珠子，1颗
- >> 0.1 μ F无极电容（电机消噪声，可选），2个
- >> PC机箱板卡挡片（或其他替代材料），2片
- >> 双面胶带、螺母、螺丝、导线，适量

工具：

- >> 烙铁、焊锡
- >> 弯头镊子
- >> 止血钳
- >> 偏口钳
- >> 电钻、M3.2钻头
- >> 电吹风
- >> 台钳
- >> 管子割刀
- >> 锉刀（可选）

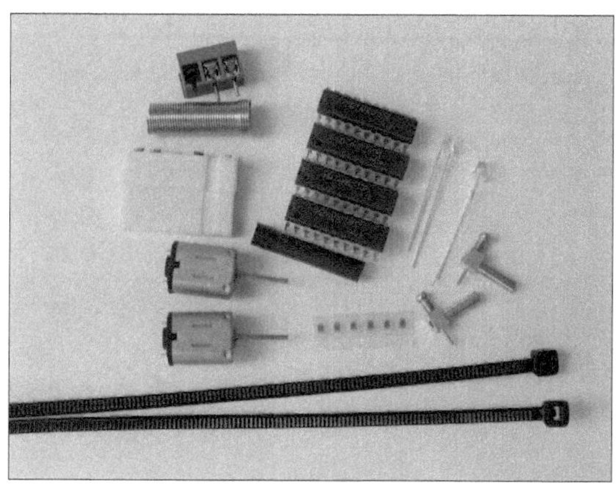

图 2-8　制作机器蚂蚁所需的材料

2.2.2 测试版蚂蚁的制作

在正式开始制作BEAMant6.0之前，我对线路进行了一些简化，制作了一只测试版的低等级机器蚂蚁。

1 简化后的机器蚂蚁电路图。

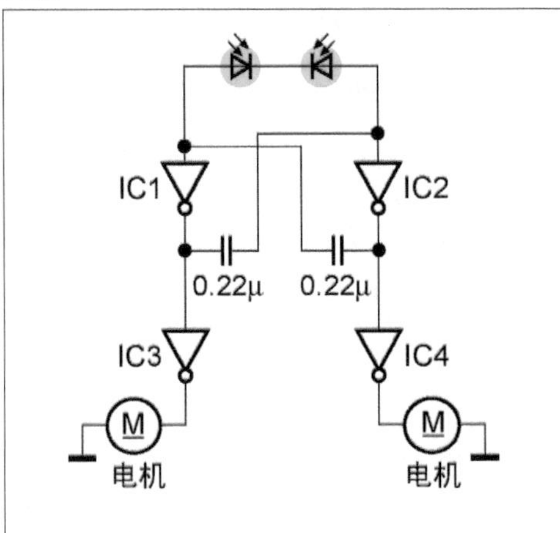

2 测试版蚂蚁电子脑的顶视图。74HC240的引脚结构非常有趣，善加利用可以焊接出极富艺术感的结构。

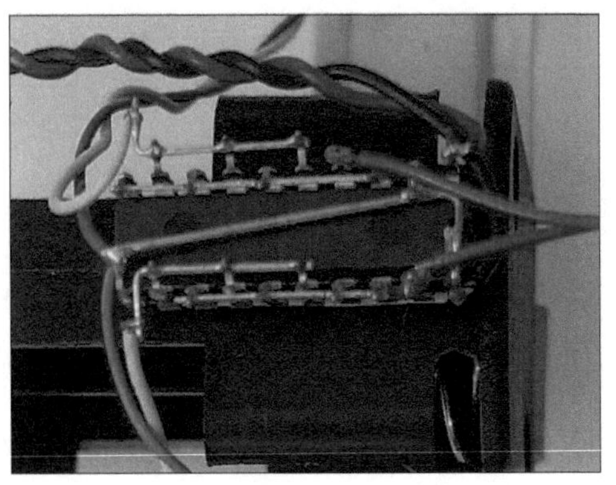

3 这是74HC240芯片的内部结构。这种交叉错位的结构搭配上Dead Bug（死虫子）焊接手法，可以制作出观感非常独特的电路模块。

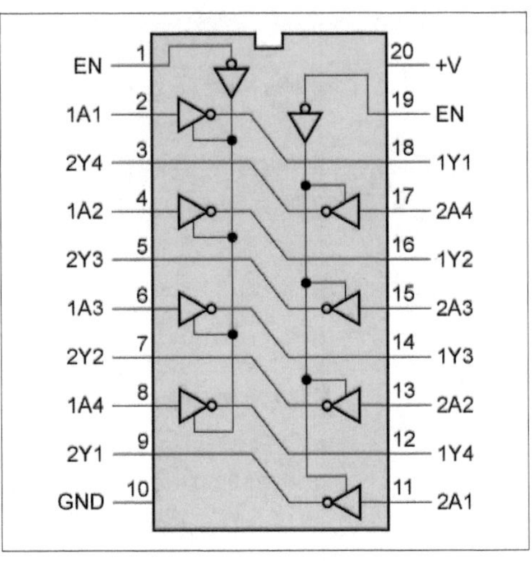

4 测试版蚂蚁电子脑的侧视图。从这个角度可以看到芯片18脚和19脚之间的一个0.22μF贴片电容。使用贴片电容虽然增加了焊接难度，但是完成后的电路看起来非常简洁。

注：神经元电路对电容没有特殊要求，可以使用任何种类的无极性电容（如瓷片、独石等电容）。

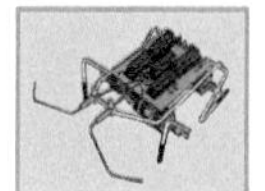

5 测试版机器蚂蚁的前视图。蚂蚁的骨架由两根从PC机箱上拆下来的板卡挡板连接成T字形构成。蚂蚁的电子脑、电池仓和T字形骨架是借助双面胶带黏合在一起的。电机直接用尼龙扎带绑在T字形骨架的两侧。

6 制作完成的测试版机器蚂蚁的顶视图。每只电机的两极按照习惯焊接了0.1μF的消噪声瓷片电容，实际上这个电容不是必需的，这种模拟电路可以无视电源噪声。

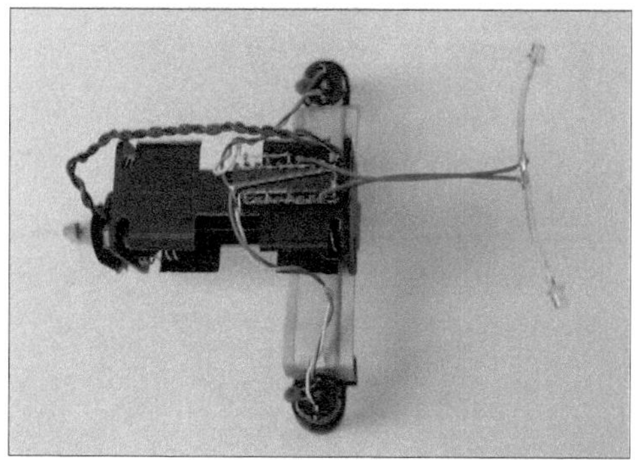

7 虽然这只测试版机器蚂蚁的电路看似异乎寻常的简单，但是它的行为模式已经足够令我惊叹一番了。比如，虽然这只机器蚂蚁的传感器只有两个光敏二极管，在设计上也只考虑了机器人的趋光特性，但是经过实际观察，它具有一定的规避障碍和自动导航机制（绕过障碍以后返回原来的路线）。下图所示为测试版蚂蚁的运动轨迹之一，见演示视频里面的3号行为。请在优酷搜索digi01上传的“神经元控制的机器蚂蚁”观看演示视频。

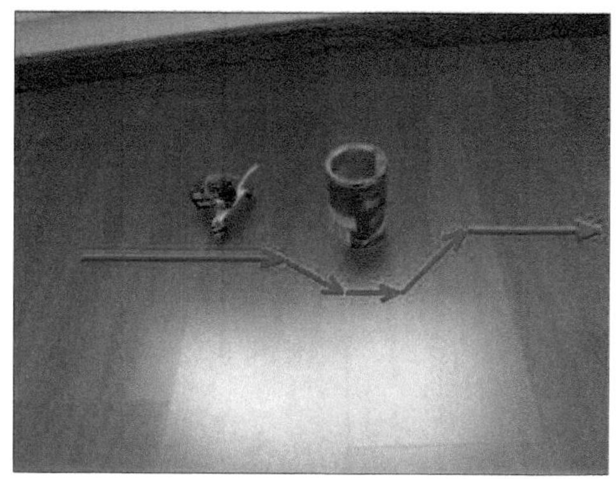

2.2.3 经典的BEAMant 6.0机器蚂蚁的制作

BEAMant 6.0机器蚂蚁的线路比较简单，制作的重点是机器人的传感器部分。在实际制作中，我把蚂蚁的两只眼睛和两根触须单独安装在一小块洞洞板上，电子脑是直接在74HC240芯片上搭建而成的。官方配线图是顶视角度的，为了便于调整叠加芯片的数量，需要把图纸反过来，采用引脚朝上的Dead Bug手法进行焊接，所有的元器件都搭焊在最顶部的芯片上。

如果使用74HC240按照官方配线图制作蚂蚁的电路，需要叠加适当数量的芯片，因为此时电机每一相的驱动器只有一个（35mA），电流显然是不够的。经过试验，使用N20微型电机，需要叠加4个芯片。

1 首先制作机器蚂蚁的触须。把黄铜管固定在台钳上，垫一张纸，以防磨花。注意台钳不要拧得太紧，以防把管子压瘪了。按照测量好的尺寸固定好管子割刀，把割刀沿着管子旋转，边转边拧紧手柄，环切数圈以后取下割刀，稍微用力把管子从切割部位掰断。

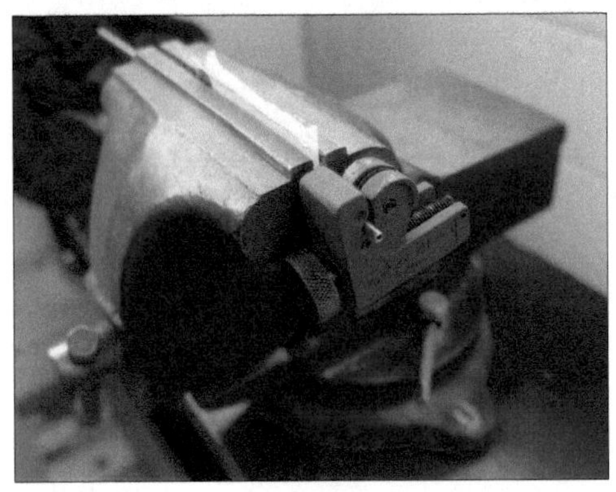

2 图示为切割下来的两段黄铜管。用锉刀或砂纸把管子的截面打磨平滑，然后用一根M4.3的钻头沿着铜管内壁转一下（手工操作就可以），去掉管壁内侧的毛刺。

3 把加工好的铜管套入压线端子并用螺丝拧紧，一对漂亮的触须开关就完成了。调节铜管套入端子的深浅，可以微调触须开关的灵敏度。触须选择的是音响上常用的RCA插头自带的尾簧。这种弹簧内径较小，无法穿过高品质信号线，发烧友在制作信号线的时候通常把它们丢弃不用，而它却是制作机器人传感器的好材料。我先后试验过钢丝、网线芯和其他一些材料，效果都不够理想。RCA尾簧的优点是材质比钢丝容

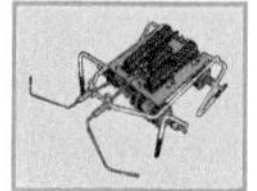

易焊接，且有一定的弹性和可塑性，不易氧化，更重要的是可以废物利用。触须末端需要做适当处理，如往回弯一下，或者套一小段橡胶管，以防突出的尖刺扎到物体或人。

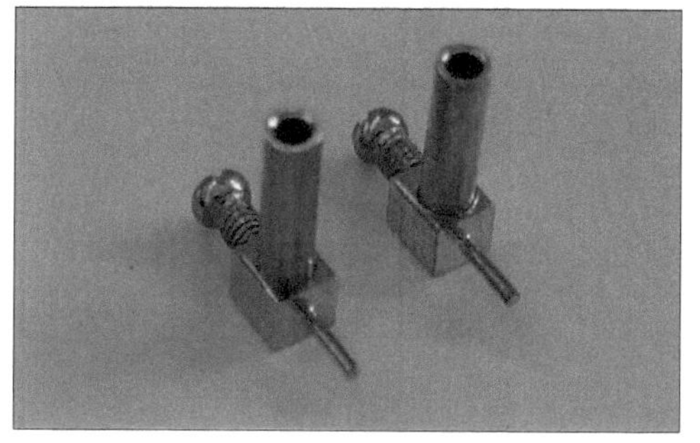

4 这是蚂蚁头部传感器组件，包括由两个光敏二极管组成的眼睛和左、右两侧的触须传感器。机器蚂蚁的眼睛需要采取适当的遮光措施，给它们套上黑色的热缩管，让光线只能照射到传感器顶部，防止机器人内核在高光环境下振荡过快。如果觉得黄铜管样式的触须制作过于复杂，也可以使用从PC电源插头里面拆出的金属套管替代，如图所示。

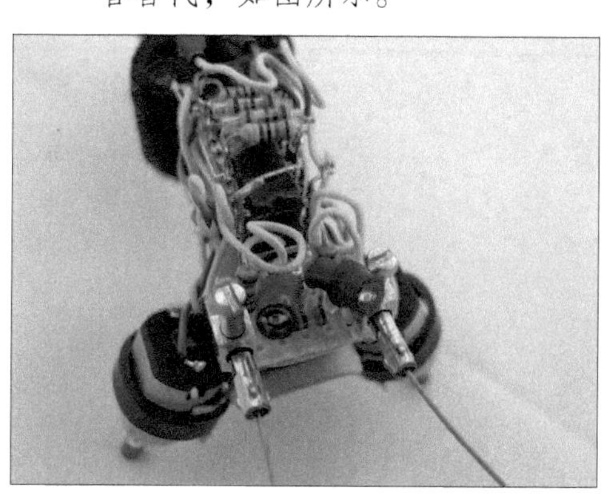

5 机器蚂蚁电子脑的侧视图。和测试版机器蚂蚁一样，采用开架式结构，用Dead Bug手法搭建，电路外面包了一层薄塑料板以防短路。从这个位置还可以看清楚触须传感器的触须和套管的配合方式：触须尾部套有一小段绝缘管，防止与套管短路；触须的头部是可以自由活动的，只要稍微触碰变形，就可以碰到外侧的套管。

6 机器蚂蚁电子脑的顶视图。传感器元器件安装在一小块洞洞板（4孔 ×7孔）上，用一对M3螺丝和螺母固定在机器人的骨架上。以74HC240芯片焊接的电路模块和电池仓直接用双面胶粘在骨架上。

7 制作完成的机器蚂蚁的侧视图。蚂蚁的尾部是一个可以自由活动的通孔珠子，用曲别针穿起来固定在骨架上，和前面的两个电机一起起到3点支撑的作用。为了使电池仓的顶部和电子脑齐平，机器人后部的骨架稍微向下弯折，降低了一定高度，骨架的制作材料仍然是PC机箱的板卡挡片。为了增加电机的驱动能力，可以在电机轴上套一段塑料管，加大与地面的摩擦，使用从普通电线上剥下来的外皮即可。

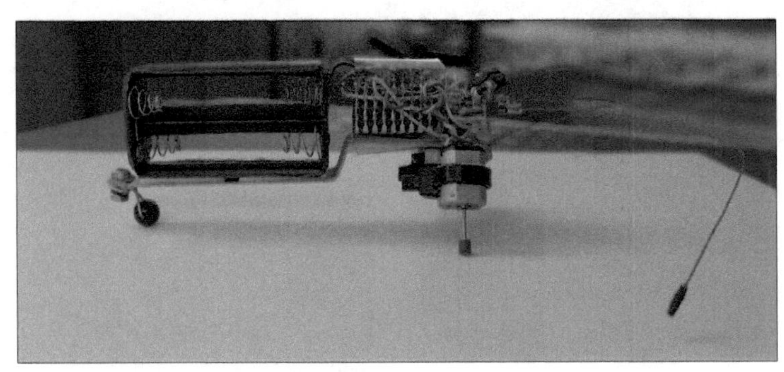

8 机器蚂蚁的底部。机器人整体骨架由两根从PC机箱上拆下来的板卡挡片连接成一个T字形构成。

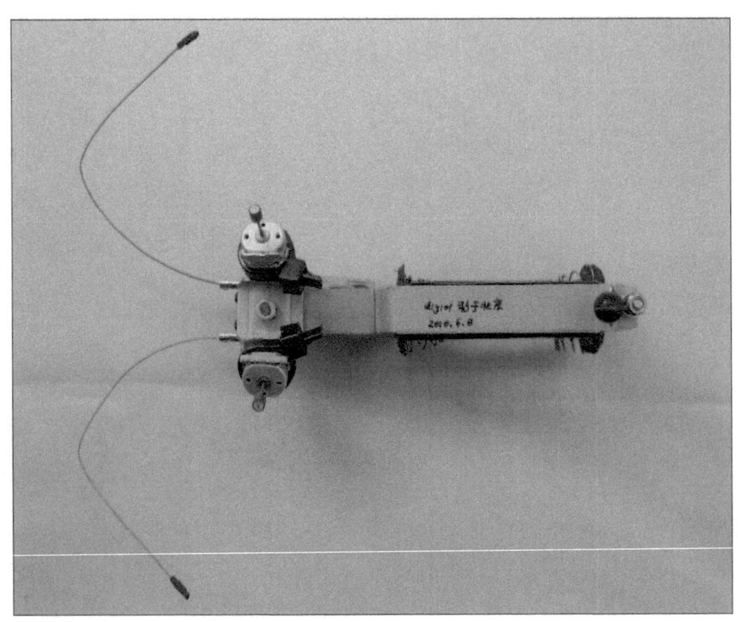

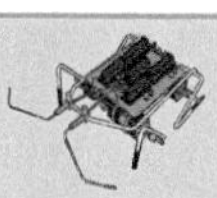

9 制作完成的机器蚂蚁的顶视图。为了使机器蚂蚁的探测范围更大，触须可以适当留长，甚至可以向后弯折，让它们可以覆盖机器人左、右两侧的区域（具体结构可参考Mark Tilden的原始设计，见图2-9）。

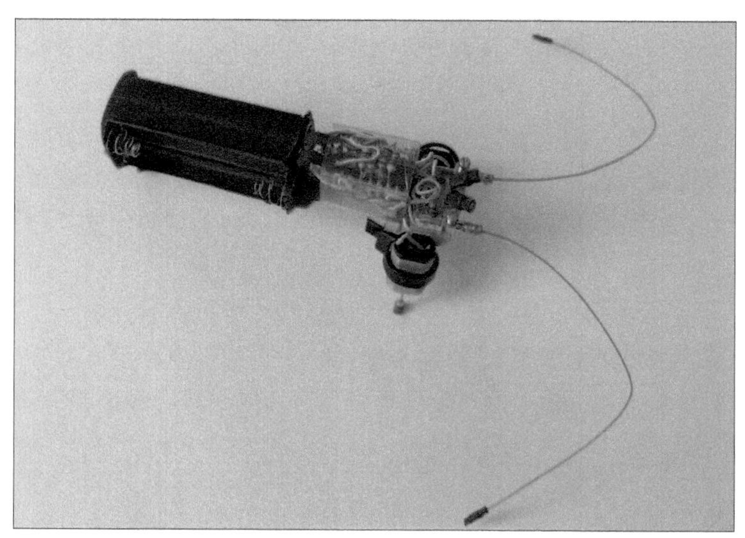

图 2-9 Mark Tilden 制作的BEAMant。左下方为蚂蚁头部，触须开关为弹簧式，覆盖了机器人的前侧和左、右两侧，顶部为太阳能电池板

2.2.4 机器蚂蚁的运行效果

请在优酷搜索digi01上传的“自制虫型机器人”观看演示视频。

读者在演示视频里可以看到一只“小心翼翼、步步为营”探索环境的机器蚂蚁，它的行为是分段的、自发的，完全不需要人工干预。机器人具有了初级的类似生物大脑的判断能力和适应能力，由此可以联想到能够并行处理多种数据的神经网络计算机。

神经网络计算机的信息不是保存在存储器里，而是存储在由神经元组成的网络中。蚂蚁的电子脑可以对传感器采集到的大量变化的数据进行实时处理，然后发出行动指令。

例如，机器蚂蚁一侧的触须碰到物体时，它不是按照传统的双轮差速小车的转弯机制进行规避，而是有一个边判断、边执行的步态调整（异或运算）过程。这个过程取决于内核的状态，实际上BEAMant6.0内核的运转受光线的影响，处于一种半可控、半紊乱的并发模式。

注：我要为视频里面的“吱吱”声道歉，它是由机器蚂蚁尾部的珠子造成的。最开始使用的是一颗玻璃珠，直到拍完了视频，我才意识到它实在是太吵闹了，现在已经换成了塑料珠，机器人运行时安静多了，只有电机运转的声音。

2.2.5 借助游戏模拟神经网络

对神经网络有兴趣，又懒得动手的读者，可以去网上找一个名叫《虫脑》（Bug Brain）的游戏（见图2-10）在自己的电脑上体验一番。这个游戏使你可以用软件构造神经网络来指挥一只虫子（从瓢虫、蠕虫到蚂蚁）的活动。游戏的神经网络编辑功能和模拟功能非常直观，从最原始的逻辑判断，到用复杂的神经网络指挥虫子在复杂的环境里觅食和求生，再到具有简单记忆能力和学习能力的神经网络，甚至可以教会虫子识别字母！

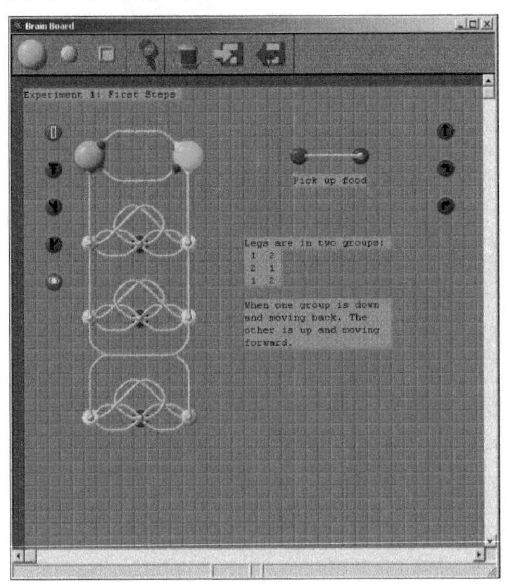

图2-10 《虫脑》游戏的截图。图中用软件模拟了最基础的蚂蚁中枢神经，控制6只脚的移动。绿色符号是神经元，红色是感受器，蓝色是执行器，3组黄色交叉的部分是神经节点

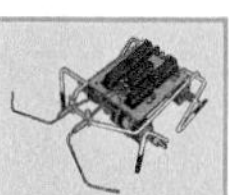

2.3 CPG小实验

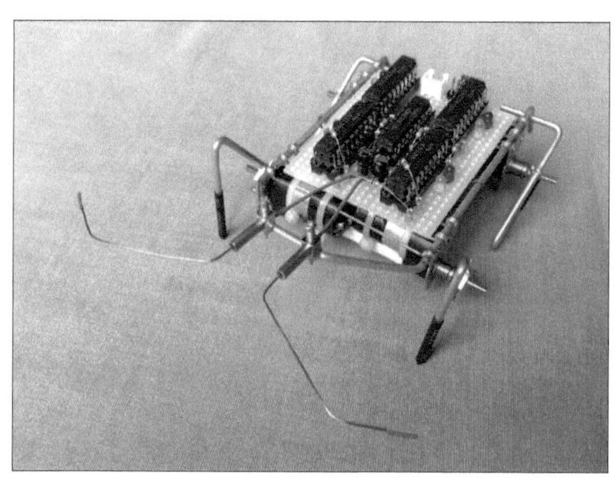

CPG，英文全称为Central Pattern Generator（中枢模式发生器），对现在的很多机器人爱好者来说还是个比较陌生的概念。为什么要引入CPG？它能给机器人的设计思路带来哪些启示？本节将试着以通俗易懂的语言和一个低成本的机器人模型来为你解答。

2.3.1 关于CPG

机器人是一门综合性很强的学科，如果一定要把相关学科排个先后顺序，我相信大多数人都会把数学（控制、算法）或物理学（机械、电子）放在第一位，而生物学则要排到比较靠后的位置。实际情况却是生物学在机器人领域中所处的比重越来越大，甚至直接影响到机器人的设计思想，CPG正是由神经生物学家提出的。

这里举个4足机器人的例子来说明生物学对机器人技术的发展所做出的贡献。我们暂且不提基因重组和生化机器人这些比较科幻的东西，只说说机器人仿生学。一个4足行走机器人，传统设计思路是机载电脑加执行器，这对现在的爱好者来说已经不是什么难题了。我们可以用几元钱的单片机代替机载电脑，用模型舵机作为执行器，剩下的就是设计算法了。

对于实验室这样的理想环境，人工规划产生的步态是可行的。单片机可以精确地按照程序执行，控制舵机转动的角度，进而控制4足机器人肢体的动作。但是如果把机器人放在野外，脱离了特定环境，情况就会变得复杂起来。因为机器人是靠预先设计好的脉冲序列（动作组）控制舵机运行的，动作比较僵硬，四肢缺乏灵活的自我协调能力。你不得不加入传感器，实时扫描机器人周边的信息，对每一种环境状况进行判断，调用相应的预先编排好的脉冲序列，这似乎是不太可

能的……此时，精确反而成了一种负担。

当然，我们可以尽可能地预想出各种情况，设计出具有针对性的应对方案，但是面对千变万化的外部因素，设计师的工作量和软硬件成本都会大幅提高，由此可见，设计出一部精密行走的机器人并不那么简单。这个问题的解决方案有两个：一个是采用人工干预方式（遥控或导航），限制机器人的活动范围，让机器人尽量避开那些容易出现状况的"热点"地区，常见的方法是给机器人添加监视现场环境的图像传输系统或用卫星确定它的位置；另一个方案是引入生物步态机制。

生物的运动一般可分为3大类：反射运动、节律运动和随意运动。反射运动是最基本的运动，技术上也最容易实现，前面介绍的2D光电跟踪头就是利用施密特触发器的阈值特性来模拟生物的反射运动。节律运动是由脊髓中的中枢模式发生器（CPG）来实现的，它的特点是不需要多少大脑指令就可以灵活自如的实现，如走路和呼吸。随意运动中的"意"代表的是意识，是通过大脑指挥产生的带有目的性的高级运动。

搭建一个神经环路，通过控制节律运动，产生机器人的生物步态，是仿生领域的研究热点。中枢模式发生器的优点是让机器人收集身体不同部位的信息，对环境做出本能的响应。

2.3.2 CPG步态

不用经过"思考"便能做出动作，是CPG的一大特点。下面我们就建造一个最简单的基于步态的中枢模式发生器，用电路来模拟生物腰部脊椎区域的神经网络，产生出一组间歇性的肌肉信号，驱动一个4足机器人，电路如图2-11所示。

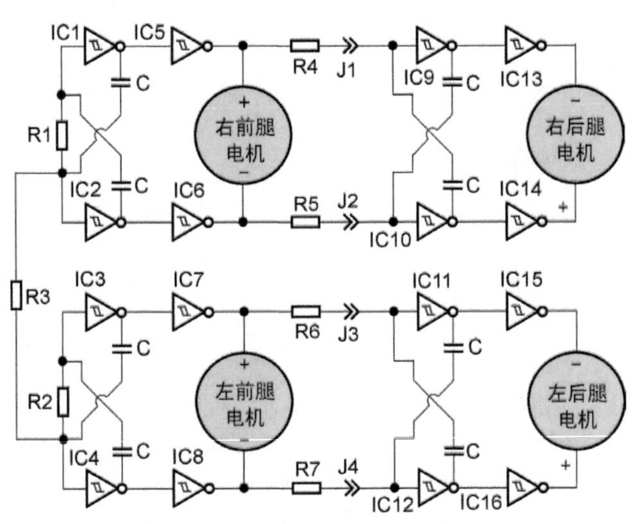

图2-11　基本4足步态中枢模式发生器电路图

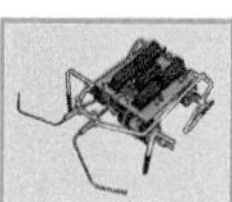

熟悉BEAM机器人的爱好者一眼就会看出，这是一个精简了的Scout Walker II型机器人。电路由4个对偶神经元（IC1-IC2、IC3-IC4、IC9-IC10、IC11-IC12）组成的神经网络构成，IC5、IC6、IC7、IC8、IC13、IC14、IC15和IC16是电机的双向驱动电路。4个神经元组成的网络产生有一定节奏的肌肉信号控制着机器人的4个执行器（电机）。这个网络的另一个功能是当机器人腿部受到外界压力时，可以通过电机把信息反馈回来，实现自我调整。

机器人的四肢在没有外界干扰的情况下（水平路面）做出的是本能的前进动作，步态像4足小动物一样，左前腿→右后腿→右前腿→左后腿往复交替，这个机制由电路的物理结构决定。当机器人的一条腿被绊住时，驱动这条腿的电机会把这个信息传递到它所在的神经元，根据神经元的特性，这个信息最后会传递到整个CPG，机器人将根据路面状况自动对步态进行调整。

这个神经网络中最关键的元件是电阻R3，从电路结构上也可以看出这一点。如果R3的阻值过大或开路，机器人就会出现“偏瘫”；如果R3的阻值过小，左、右两侧机体就无法协调运转，机器人就好像喝醉了一样。实际R3的阻值可以选取1~10MΩ。

材料：

>> 74HC240，8个
>> 2.2MΩ电阻（R4、R5、R6、R7），4个
>> 4.7MΩ电阻（R1、R2），2个
>> 1MΩ电阻（R3），1个
>> 0.22μF电容（C），8个
>> 洞洞板，1块
>> 导线，适量
>> 20脚PDIP插座，4个
>> 排插，一组
>> 3.7V锂电池（配充电器），1个
>> 红色LED，4个（可选）
>> 绿色LED，4个（可选）
>> 470Ω电阻，4个（可选）

IC1~IC16均为74HC240里面的缓冲器，需要注意的是，驱动电机需要较大的电流，要把多个缓冲器叠加在一起才能工作。我采取的是每两个74HC240叠加，构成一个神经元和一个电机驱动电路的方法。电路中的阻、容值不是固定的，需要根据机器人的实际动作进行调整，一般来说，*RC*越大，“肌肉”的动作越慢。

像之前的制作一样，要把74HC240的1脚和19脚接地（低电平），激活全部缓冲器。电机驱动也可以采取其他方式，如74HC245、H桥或分立电路。玩家可根据手头材料自行调整。

材料清单中最后3项（红、绿LED和470Ω电阻）的作用是搭建出一个简单的电机转向指示电路。把两个不同颜色的LED正、反颠倒并联在一起，再串联一个

电阻连接到电机的两个电极上，电机向一个方向转动时会点亮一个LED，换向会点亮另一个LED。给每个电机都安装上一个这样的指示电路，可以非常方便地观察CPG的运行状态。

制作所需的工具包括焊台、放大镜架子、偏口钳、镊子、平口钳，最好再准备一个75W的外热烙铁，降低机器人骨架的焊接难度。

制作CPG所需的主要材料如图2-12所示。对于有一定经验的爱好者，建议尽量选择小型元器件，这样可以使焊接完成的电路模块看起来更规矩。比如0.22μF电容可以选择0805封装的贴片电容，参数一致性好，基本不用配对，可以直接焊接在芯片引脚之间。1/16W的电阻也是这个道理，体积小，方便走线，且价格低廉，一些常用阻值可以考虑一次购买1000个（网上价格在5元左右）。

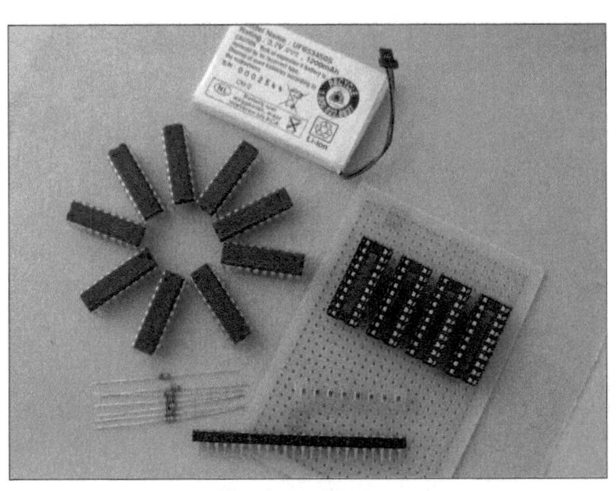

图2-12　制作CPG所需的主要材料

制作好的CPG电路板如图2-13所示。在神经元电阻的位置使用了排插，拆出排插里面的金属芯焊在电路板上，这样的好处是可以很方便地替换不同阻值的电阻，调节肌肉信号的幅度。如果电阻引脚比较细，和插孔的接触不太好，可以在引脚上挂一层焊锡。

图2-13　制作完成的CPG模块

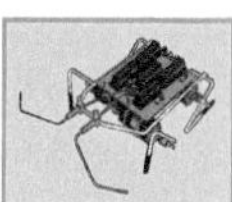

2.3.3 4足机器人的制作

制作好了控制部分，还要为它建造一个平台，这样你才能观察机器人的运转，体会到CPG的奇妙之处。

材料：

- >> 微型减速电机，4个
- >> 车条，4根
- >> 曲别针，6枚
- >> 热缩管（防止腿部打滑），适量
- >> 接线端子芯，6个
- >> 尼龙扎带，8根

制作机器人身体的主要材料如图2-14所示。这次选用的电机是一种摄像机镜头上的调焦电机，精度很好。如果经常制作这种微型机器人，建议多留意零件商家出售的打折或拆机的二手电机，拿来做实验还是很经济的。最近看央视纪录频道播出的《超级拆解》，感触颇深，从20世纪70年代的F-4鬼怪战斗机到退役的火车机头，再到当代的废弃的厂房和报废的汽车，一切零件都可以回收、重建和循环使用，这个理念也非常适合业余作品。

机器人对电机的要求不高，只要体积小巧、输出轴为3mm（方便和接线端子芯改装的简易轴连器连接）、转速不要太快（比较理想的数值是20r/min以下）就可以了。车条和曲别针是随手可得的常见材料，接下来就考验你的手工了。

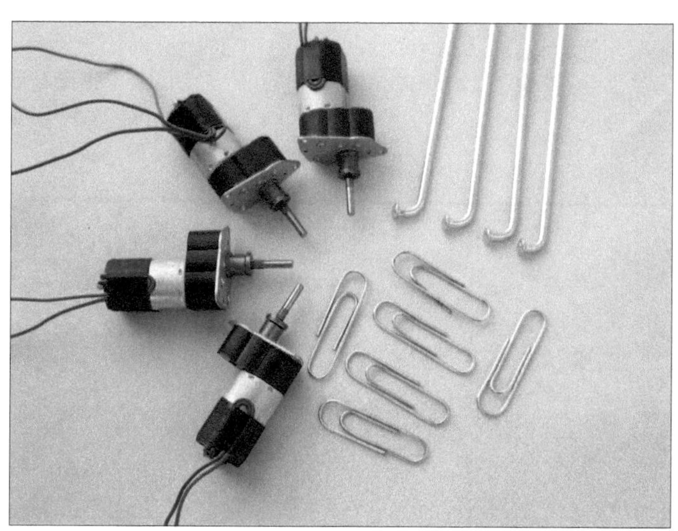

图2-14 制作4足机器人的主要材料

1 首先制作4足机器人的骨骼。骨骼没有特定的标准，只要看起来精致，方便安装电机就可以了。为了以后可以用它重复做更多的实验，不妨在通用性上多下一点工夫。我的思路是用车条弯制一个外骨骼，把电机和电路都包在里面保护起来，电机用扎带固定在以曲别针搭建的内骨骼上。

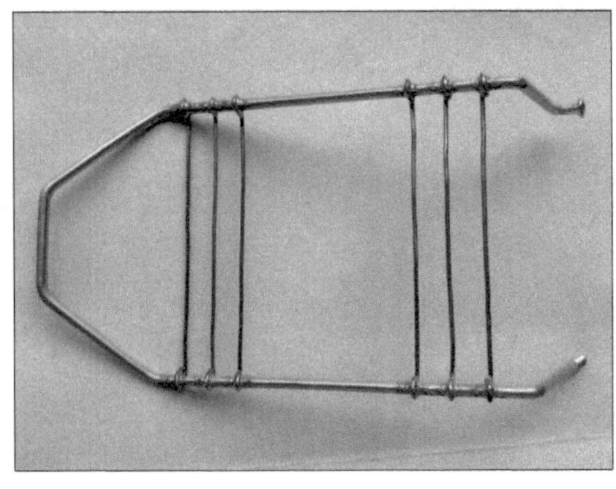

2 接下来安装执行器（电机）。电机的布局建议稍微靠后，给两条前腿留出多一点活动空间。因为前面制作的CPG是主-从神经元结构，前腿带着后腿走，前腿的动作幅度大于后腿。这样的设计可以使机器人跨越路面上的一些小障碍。

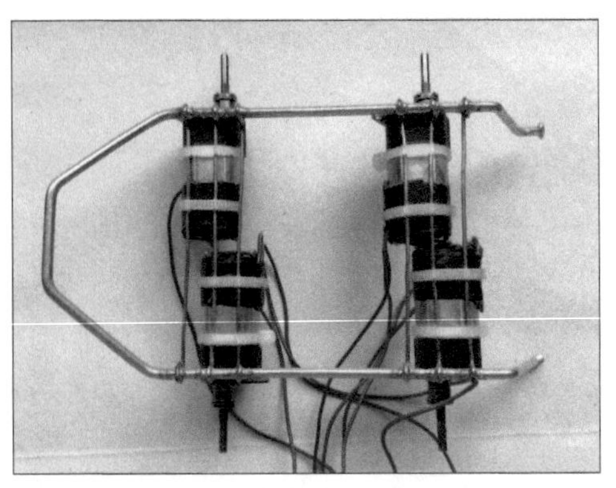

3 最后是安装腿部，步行动物的关节都带有一定约束性，不可能像软体动物一样自由活动，这个机器人也一样，注意腿部机械限位部分的结构。

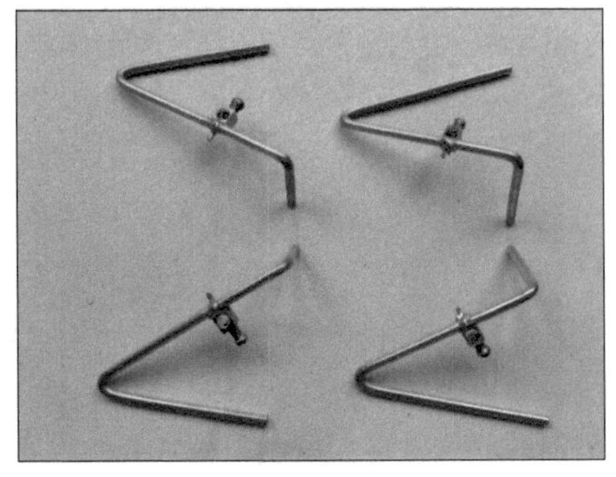

提示：用放大镜架子辅助，把车条和端子芯焊接在一起，接触部位可以先用电线里面抽出的铜丝捆扎固定好，然后再焊接。建议使用大功率外热烙铁（我用的是75W的）焊接，如果使用焊台，需要把温度设定在400℃以上。

4 现在把CPG电路板安装在机器人身上，连接好电机和电源，就可以观看它的精彩表演了。

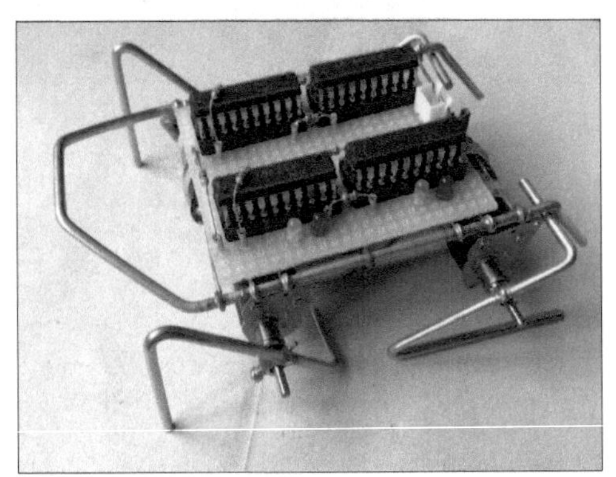

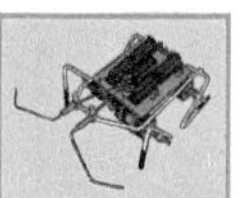

完成以后的机器人可以像4足小动物一样，用4条腿步行前进。机器人在上电时有一个学步动作，不管4条腿在什么位置，CPG都会持续发送一组一组的肌肉信号，直至把它们纠正到常态位置，然后机器人会用生物步态向前行走。当它的腿部碰到障碍时，会触发CPG的联动机制，4条腿会根据实际情况依次（或同时）做出响应。

2.3.4 加入意识

现在机器人在CPG的控制下已经具备了下意识的活动能力，对路况有一定的适应性，但是还只能盲目前进。为了让它变得聪明起来，就要赋予它一定的意识，让意识去干预CPG，产生有一定目的的随意动作。

为了简化问题，我们以常见的避障功能为例，让机器人可以对前方出现的物体做出规避。在图2-11所示的电路里，我设置了4个断点——J1、J2、J3和J4。在前面的试验中，它们是连通的，这样才能形成一个完整的CPG网络。现在要在网络中插入一个由接触式传感器触发的“神经阻断”电路，如图2-15所示。

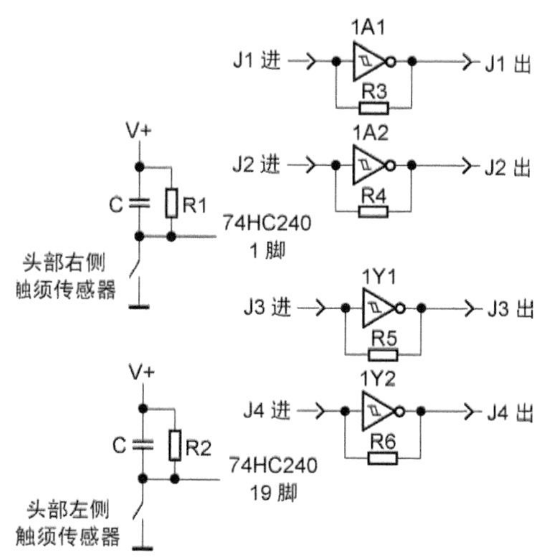

图2-15 “神经阻断”电路

材料：

- >> 74HC240，1个
- >> 47kΩ电阻（R3、R4、R5、R6），4个
- >> 10μF电容（C），2个
- >> 1MΩ电阻（R1、R2），2个
- >> 触须传感器（自制），2个

触须传感器在上一节制作机器蚂蚁时已经介绍过。为了外观漂亮，这次制作静片使用的材料是端子芯和黄铜管，把一根有弹性的金属丝套在铜管里做开关的动片，碰到物体后，金属丝和铜管内壁接触，电路导通。这对自制触须开关的细节如图2-16所示。为了降低制作难度，也可以用电阻引脚弯个圆圈做成静片。

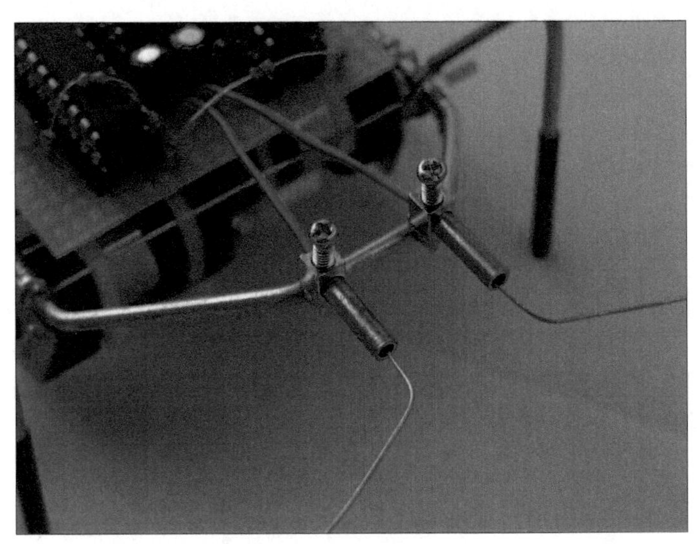

图2-16 安装在机器人头部的一对触须传感器

这个电路的原理很简单，74HC240构成了两个为一组的电子开关。注意这次74HC240的使能端——1脚和19脚不直接接地，而是连接到了触须传感器和RC网络。当机器人前方没有物体时，几个电子开关处于开路状态，CPG网络中相当于插入了4个固定电阻（R3、R4、R5和R6），因为它们的阻值比较低，对神经网络的影响可以忽略不计。

当触须碰到物体时，以左侧触须为例，74HC240的19脚变成低电平，1Y1和1Y2激活，它们会使左前腿和左后腿构成的主-从神经元的相位发生变化，主从关系颠倒，相当于左前腿变成左后腿，左后腿拖着左前腿动作，机器人这一侧身体的活动会减弱并发生反向，机器人将做出向右拐弯的动作。当然，实际情况并不这么简单，因为CPG并没有真正地断开，只是插入了一个变量，最先受到影响的是左侧身体，进而通过CPG蔓延到机器人的整个肢体。

而当左、右两个触须同时碰到物体时，情况就变得更有趣了，机器人会发生“经脉大逆转”，头变脚，脚变头，倒退着行走。如果你觉得这样的解释不够形象，就想想金庸笔下西毒的下场吧！当然这个状态只是暂时的，RC网络放电完毕后，CPG会用几组肌肉信号把它再次刷新到正常状态。

注：文中给出的RC网络数值不是固定的，只是经过实验确定这个延时时长可以让机器人做出有效的规避动作。玩家可以根据实际情况自行调整。

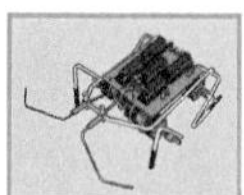

2.3.5 结论

本文介绍了一个在业余条件下可以实现的低成本4足CPG机器人模型的制作实例，通过它，你可以对这一先进的机器人仿生学控制概念有所了解。不用编写动作组，只要设计好机器人固有模式，再插入高级的思考机制，就可以实现灵活的动作。同样的思路也适用于以单片机为核心的机器人，比如先建造一个基于CPG的底层运动平台，再插入计算机和程序构成的高层智能随意机制，这样机器人就可以做到灵活性和精确性兼备了。

最终完成的4足CPG机器人如图2-17~图2-20所示。

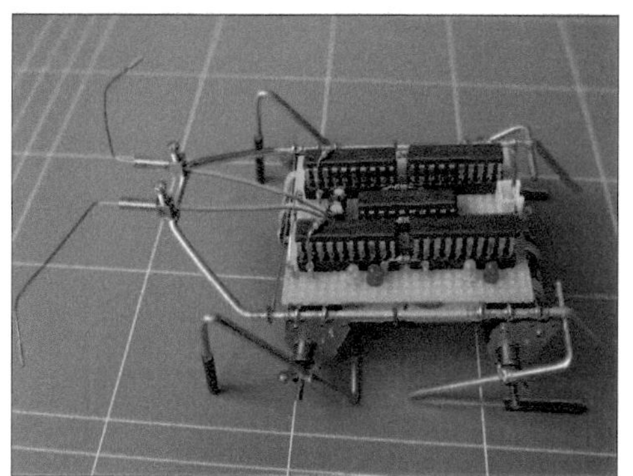

图 2-17　4 足 CPG 机器人侧视图

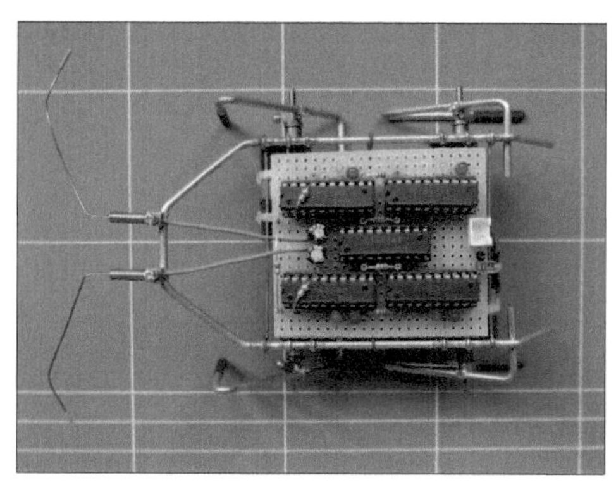

图 2-18　4 足 CPG 机器人顶视图

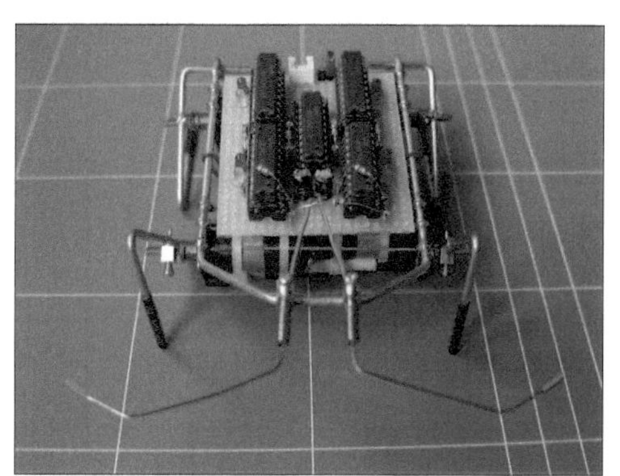

图 2-19　4 足 CPG 机器人前视图

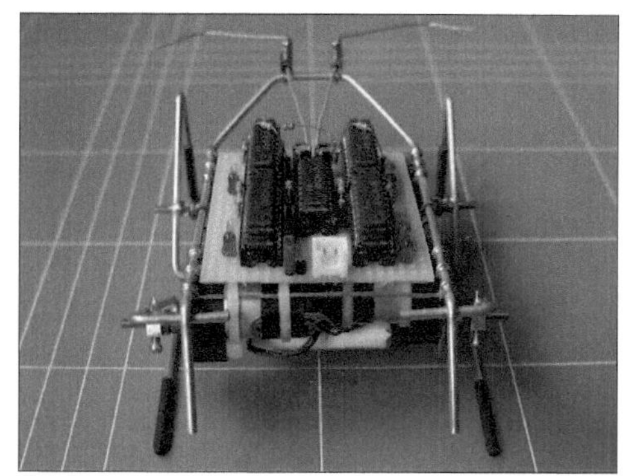

图 2-20　4 足 CPG 机器人后视图

第3章 数字机器人

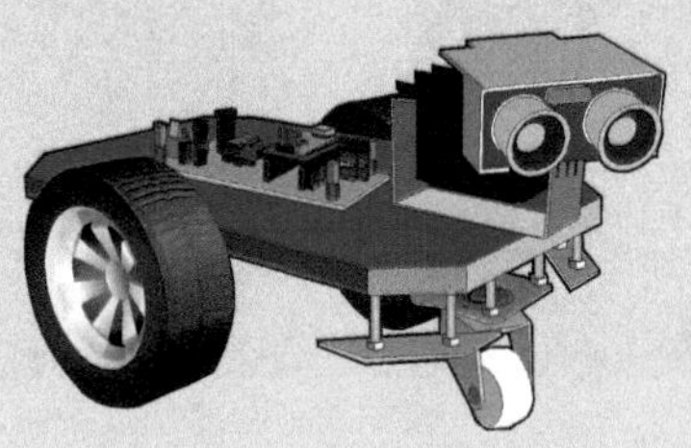

本章介绍如何制作由单片机控制的仿生机器人和生态系统，内容包括以Arduino为核心的机器人和人工环境、计算机辅助设计的方法、雕刻机作业流程、多自由度机器人的结构、常用材料和装配技巧。

结合时下流行的创客元素，本章新增了4个重量级的开源软件/硬件项目，包括一辆模块化智能小车、一个简易双足机器人和两台思路各异的绘图机器人。为了便于实现，材料选择的都是市场上常见的电子模块或套件，比如L298N电机驱动模块、通用小车底盘、商业化机器人拼装套件、标准舵机、铝型材、3D打印机上常见的42型步进电机和A4988驱动模块等。这些硬件模块经过艺术与技术的巧妙组合，在Arduino、Processing及其他开源软件的控制下，实现了极具创意的应用。

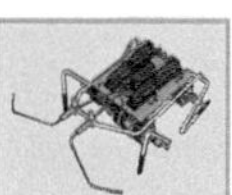

3.1 基于Arduino的机器龟

在《机器人制作入门》一书中，我介绍了一个使用异或门、总线缓冲器与阻容元件制作的模拟版机器龟。本节将使用现在比较流行的Arduino控制器重新建造另一只功能更加丰富的数字版机器龟。

模拟版机器龟是一部由模拟电路控制的轮式机器人，有一定制作经验的机器人爱好者会觉得它有点简单，起码在技术上已经过时了。事实也是这样，以我们现在所掌握的科学技术翻回头去研究一个老式的模拟控制电路，可能动手的乐趣会更多一些吧！这次用Arduino制作的数字版机器龟，在技术的应用上就显得比较均衡了。数字版机器龟是一部由程序控制的机器人，你在制作中既能体会到搭建硬件结构的乐趣，又可以学习到很多程序设计方面的知识。

3.1.1 机器龟的结构部分

“机器龟”是从机器人的外形和行为上得出的称呼，如果进行准确的描述，它应该属于轮式移动平台，或称为小车机器人。虽然步行机器人比轮式机器人的动作更灵活，外形也更讨人喜欢，但是轮式结构相对简单，造价也比较低，所以仍然是机器人爱好者的首选制作对象。实际上，现在大多数移动机器人都是轮式驱动的。履带式机器人可以看成轮式机器人的一个变种，它们只是结构不同，驱动方式是完全一样的。小型轮式机器人的结构通常涉及3个部分。

（1）底盘：活动底盘是整个机器人的基础，底盘一般由两个电机驱动。

（2）执行器：执行器也称为受动器，即机器人底盘上搭载的执行元件，包括云台、视频采集设备、机器手等。

（3）传感器：传感器也搭建在底盘上面，它们的作用是感知机器人周围的环境信息。

这只数字版机器龟，对这3个结构部分都有所体现。它有一个PWM驱动的活动底盘，底盘上搭载了一个可旋转的传感器平台，机器人头部设置了一个距离传感器，底盘下装有4个边缘传感器。说到这里，机器龟的大致结构就已经出来了，接下来的工作就是寻找合适的材料搭建它的结构部分了。

动动脑筋，生活中很多常见的材料都可以作为机器人的零件。善于利用身边现有的材料进行制作，可以带来若干好处：第一，也是最明显的，可以节省你的“荷包”；第二，使你养成深入细致的观察习惯。其实一些平时看起来毫不起眼的东西只需要稍加雕琢，就能变成生动有趣的机器人。这次制作机器人底盘所使用的材料是木地板的一块边角料。在木地板底盘的方案后面，还提供了两个可供参考的备选方案。这几个方案的共同特点是材料灵活使用，造价超便宜。

底盘材料：

>> 木地板1块，实际需要大约120mm × 200mm

>> 中型减速电机（6V、30r/min），1对，配轴连器、80mm橡胶轮胎

>> 万向轮，1个

>> 标准舵机，1个

>> 洞洞板，2块

>> 铝合金板（用于制作机器龟头部的传感器框架、舵机支架和电机支架），1块

>> M3螺丝、螺母

>> 6V或7.5V电池仓，推荐使用7.4V遥控模型专用锂电池

制作工具：

>> 钢锯

>> 台钳

>> 锉刀

>> 台钻，M3.2钻头

>> 十字螺丝刀

>> 平口钳

1 下图所示为制作机器人底盘的主要材料。电机、轴连器和轮胎可以在网上比较大的机器人材料店里成套购买。因为电机支架的结构比较简单，这里采用自制的方式。

2 首先切割两块铝板，制作一对L形的电机支架。下图所示为电机安装好支架和轴连器的样子。车轮的轮毂内侧是六角形的，可以直接配合轴连器固定。

3 木地板可以直接用钢锯切割成型，切割以后需要用锉刀将边缘打磨光滑，防止掉皮。这次使用的是家里装修剩下的一块木地板，因为怕和现在地面上铺的地板“撞衫”，就把它反过来用。背面的颜色看起来有点老式电木板的感觉，给人的感觉既复古又亲切。木地板作为机器龟的底盘，全部的结构件和电子部分都安装在上面。因为板材有一定厚度，建议使用台钻进行钻孔，不垂直的孔将会给后续的安装带来麻烦。为了避免反复拆装，钻孔需要一次全部钻好。

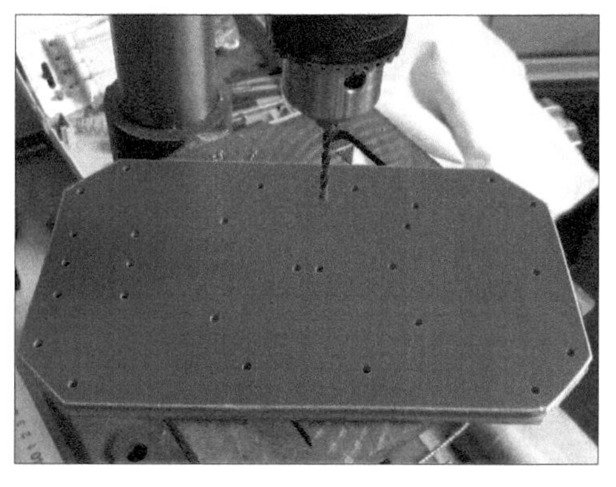

4 用铝板制作一个安装舵机的U形支架，后面要用它驱动机器龟的传感器平台，这部分结构相当于机器龟的脖子。脖子的负荷非常轻，对舵机要求不高，使用一般的标准38g舵机就可以了。

5 将电机、车轮、万向轮和舵机安装在底盘上的样子。底盘上面的空间很大，可以用铜柱堆叠多块洞洞板。制作好的底盘比较重，证明事先选择中型电机和车轮的决定是正确的。

3.1.2 用光驱外壳或飞盘制作机器人底盘

下面是另外两个使用常见材料制作的机器人底盘，它们的成本也就几元钱。花很少的钱，满足制作欲望，学习新知识，何乐而不为？希望你可以想出更好的点子，制作出更环保的作品。

1 这是用废光驱外壳制作的机器人底盘。光驱铁皮的材质属于软铁，非常容易加工，准备一把铁剪刀（普通剪刀不好用），一个手电钻，一根M3.2的钻头，用不了1h就可以完成。当然，电机和车轮的布局还是需要预先好好规划一番的，电子设备的固定孔也要一次打好。为了好看，我把外壳剪短了一点，现在的形状是一个正方形。

2 下图是光驱底盘的顶视图。里面的空间很大，常见的单片机试验板、Arduino控制器或洞洞板都很好固定。如果想让外表看起来更规矩或是计划安装云台、机器手这类组件，可以再给它做个盖子。

3 下图是光驱底盘的底视图。这里使用的是机器人小车通用的减速电机、轮胎和万向轮。

4 这个底盘用的是什么材料呢？没错！两只玩具飞盘！飞盘是一种非常理想的底盘材料，耐磕碰，硬度和韧性都不错，加工简单，只需要手电钻和美工刀。制作底盘用普通的塑料飞盘就可以，有一种价格更贵的极限运动飞盘负重以后变形厉害，效果反而不好。

5 下图是底盘的顶视图（拿走上盖的样子）。飞盘里面的空间更大，即使放一套视频传输设备也绰绰有余。飞盘边缘安装几根细铝条作为支撑，上盖直接扣在上面。上盖是一个完整的飞盘，不需要做任何加工，高兴了还可以把它拿下来到院子里玩玩。

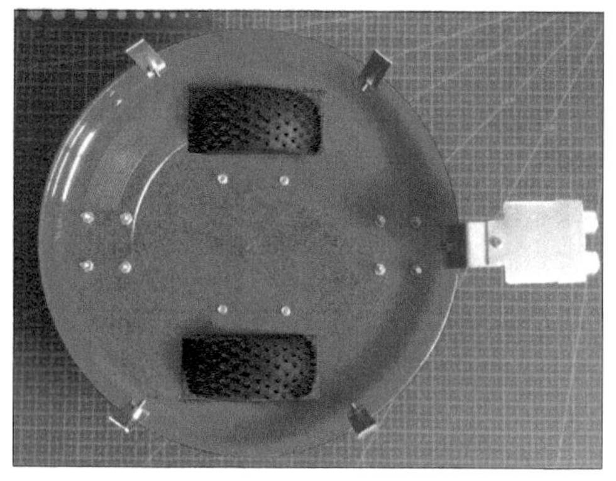

6 机器人的底部如下图所示。飞盘比较大，考虑到以后安装的设备会比较多，我使用了中号的减速电机和80mm的大轮胎作为驱动装置。为了防止底盘变形或者意外翻车，在前、后两侧都安装了辅助支撑的万向轮。

3.1.3 机器龟的电子部分

机器龟的电路如图3-1所示。制作机器龟电子部分所需的材料如图3-2所示。

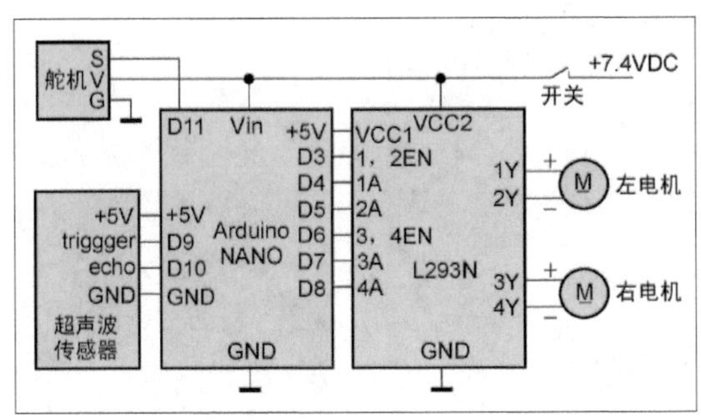

图3-1 机器龟的电路图。L293D芯片的第8脚和超声波传感器的+5V取自Arduino

图3-2 制作机器龟电子部分所需的材料

材料：

- Arduino NANO 3.0控制器，1个
- 超声波传感器模块，1个
- L293D电机驱动芯片，配16孔插座，1套
- 10kΩ 电阻（PWM端上拉电阻），2个
- 红外反射式光电传感器TCRT5000，4个（边缘检测，可选件）
- M3加长螺丝配螺母，8套（安装光电传感器，可选件）
- 接线端子，1个
- 电源开关，1个
- 排针、排插、杜邦连线，适量

制作工具：

- 焊台，焊锡

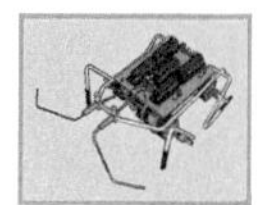

注：国产插针用普通恒温烙铁达不到完美的焊接效果，建议使用焊台，配刀型烙铁头，并把温度设置在375℃左右进行焊接。

1 首先需要用铝合金给超声波传感器制作一个框架，传感器靠架子的弹性卡在里面，不需要用螺丝固定。

2 将传感器卡在框架里，框架后面安装一个舵机摇臂。这部分相当于机器龟的头部，传感器看起来好像它的两只大眼睛。

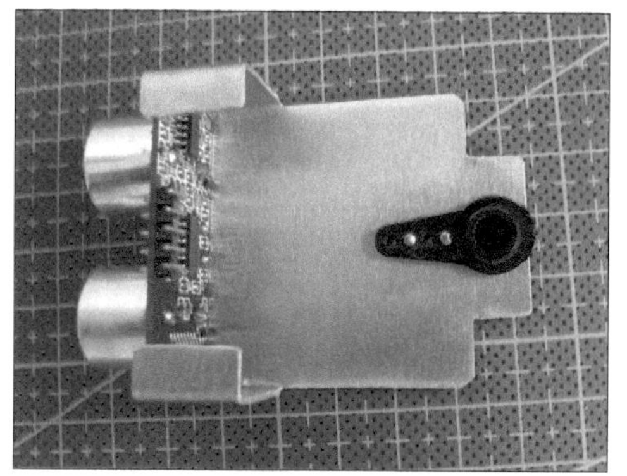

3 将头部和脖子连接在一起，现在机器人已经初具雏形了。注意底盘下方安装的小洞洞板，这是用来安装边缘传感器的。

4 单片机电路的特点是简单，上面是焊接完毕的机器龟电路。注意电机驱动芯片L293D与L293的区别，它们的封装和参数是一样的，只是前者电机输出端的保护二极管是内置在芯片里面的，后者需要在外面单加8个二极管。L293D可以使电路板看起来更简洁。

5 将电路板安装到机器龟的底盘上，用杜邦线连接好对应的外设。机器龟的硬件部分就组装完毕了。

6 下图是机器龟顶视图。可以看出底盘上面的空间还是很充足的。以后把头部传感器换成一个2自由度摄像头，再安装上远距离视频传输设备，就是一个实用型机器人了。

7 机器龟底盘下方装有4个TCRT 5000型红外反射式光电传感器，它们的用途是检测机器人周围的路面是否平整，防止它从高处跌落下来。该传感器的电路图如下图所示。

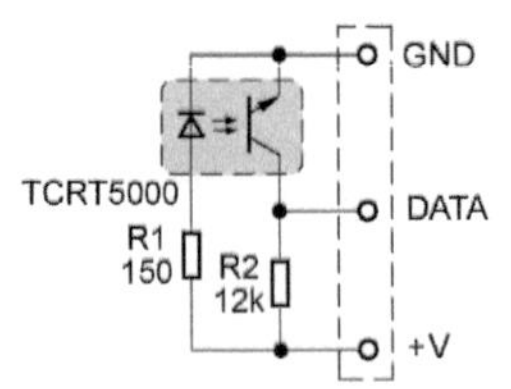

8 数字版机器龟底视图如下图所示。注意4个红外反射式光电传感器在底盘上的位置，它们应该分布在3个车轮的圆周以外。现在只是让机器龟在平地上跑，不用考虑跌落问题，实际上这些传感器都没有启用。

9 传感器安装细节。传感器通过洞洞板和加长螺丝固定在底盘下方，这个设计可以方便调节红外对管距离地面的高度。

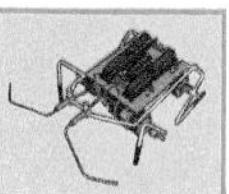

10 制作完成的机器龟。

3.1.4 为机器龟编程

机器龟的硬件结构设计得比较完整，在程序上有极大的适应性。除了设计程序，你还可以把网上其他机器人爱好者的程序载入这只机器龟。这有点像科幻动画《攻壳机动队》（Ghost In The Shell）所要表达的思想：机器只是一个载体。试想你可以在一个机器人上运行由多个设计师编制的程序，也是一件非常奇妙的事情。

现在这只机器龟使用的是一个经典的MAKEY机器人程序。在中文版《爱上制作5》中有这个机器人的详细介绍。MAKEY是Kris Magri设计的一个开源DIY项目，你可以在《MAKE》杂志网站上下载到全部源文件。Kris Magri对源文件做了非常详尽的注释。这是个不可多得的工程实例。MAKEY项目还包含了一个铝制轮式移动平台的设计方案。MAKEY的行为包括巡视、避障、测距、物体跟随等。

另一个可供参考的机器龟控制程序来自LMR（一个热门的机器人DIY网站），这个程序的运行效果也非常好。注意，原作者在这个移动平台上使用的传感器是国内不太常用的夏普红外线测距传感器GP2Y0A21-F，造价稍高。但是它的电机驱动和舵机部分的程序还是有一定参考价值的。

3.1.5 自制Arduino控制器

很多“死硬派”爱好者可能会对底层硬件更感兴趣。打造一块自己的Arduino控制器，既可以发挥DIY的优势，又可以满足实用要求。比如下面要用ATmega8制作的一块专门用来控制机器人的Arduino控制器，我的思路是把单片机的I/O口和AD口都以杜邦插针的形式引出来，并给每个口都配上一组电源。现在市场上常见的机器人电路模块，无论是输入设备还是输出设备，差不多都是3针接口，包括电源正、地线和信号3个端子。此外它们在接口电平的设计上大都与单片机兼容，可以直接连接，比如各种传感器模块和舵机。即使是接口比较多的模块，比如超声波传感器需要占用两个I/O口、双路PWM电机驱动电路需要占用6个I/O口，也可以很方便地用杜邦跳线连接。

这块电路板的尺寸比较小，为了自制方便，我选用了体积较大的双列直插封装的ATmega8单片机，即便如此，做好的控制板也仅有一只打火机大小（见图3-3）。它的功能相当于在一块Arduino控制器上面插了一块传感器扩展板。这个精简的电路布局是直接面对应用设计的，你可以把它看成一块迷你电脑主板，插针可以直接连接多种外设，可以直接使用Arduino开发环境，我把它称为“工程板”。

图3-3 自制的Arduino控制板（工程板）

下载了Arduino自编程程序的工程板，可以通过串口或USB转串口电缆与电脑连接，使用Arduino开发环境里面的Tools/board/Arduino NG or older w/ATmega8调用。同样的方式也适用于ATmega128和ATmega328单片机，只要给单片机烧上对应的自编程程序，并在软件里选择对应的电路板就可以了。

工程板的结构非常简单，只需给单片机提供电源和外部晶体振荡器，在复位端连接一个10kΩ上拉电阻并将全部信号引脚引出就可以了（见图3-4）。串口部分建议使用单独的USB转串口电缆。

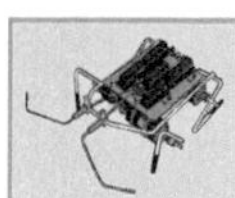

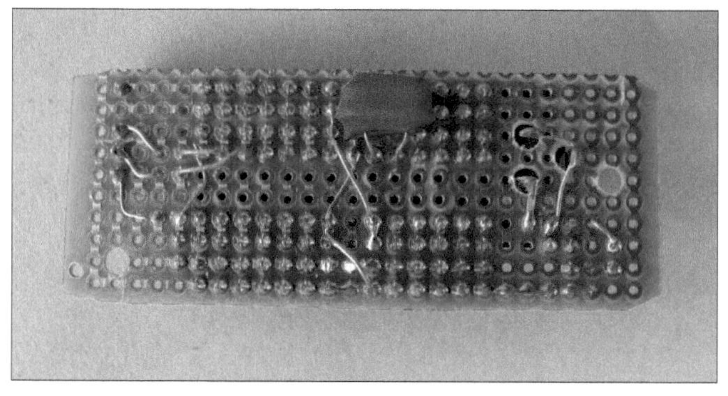

图3-4　工程板的背面，红色热缩管包着的是一只16MHz外部晶体振荡器

单片机下载了Arduino自编程程序以后，它就变成了一片Arduino控制器的内核。在操作之前，一定要对AVR单片机的下载、自编程、熔丝、串口通信有一定了解。

在Arduino开发环境根目录下的hardware\arduino\bootloaders\里，可以找到对应单片机的自编程固件和源代码，我使用的是ATmega8文件夹里面的ATmegaBOOT.hex固件。ATmega128或ATmega328的固件和源代码在另外的目录中。

用下载器将程序下载到单片机，如图3-5所示。我的下载软件是双龙ISP，通过自制的并口ISP下载电缆与工程板连接。单片机熔丝的配置如图3-6所示。

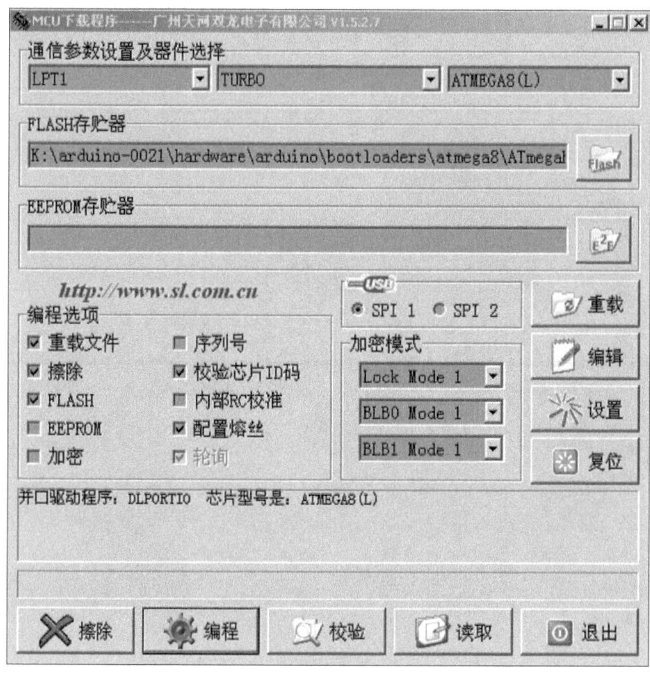

图3-5　双龙ISP软件通过并口下载器连接到ATmega8单片机。选中Arduino开发环境里面的ATmega8自编程固件，准备下载

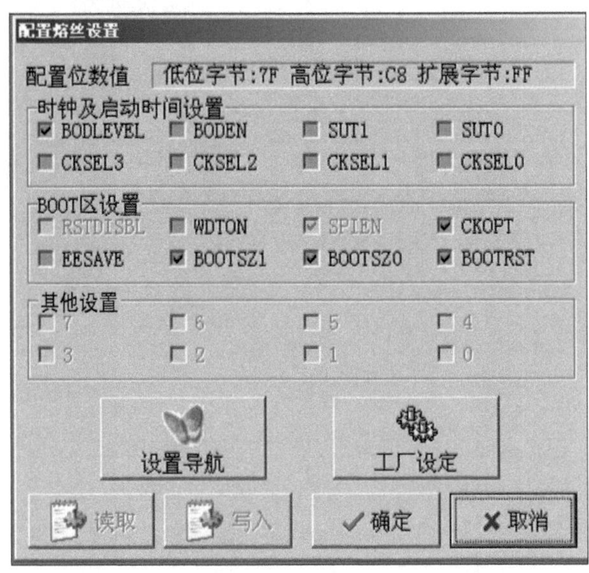

图3-6　下载前需要配置单片机的熔丝，使其工作在自编程和外部晶体振荡器模式

ATmega8单片机下载了Arduino自编程固件后，接好电源和外部晶体振荡器，就可以通过串口使用Arduino开发环境了。

两个机器龟的合影如图3-7所示，图中左侧是Arduino核心的数字龟，右侧是以前制作的模拟龟。

图3-7　数字龟和模拟龟的合影

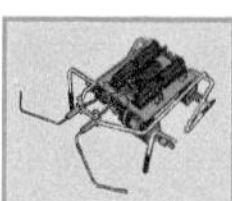

3.2 打造人工小环境

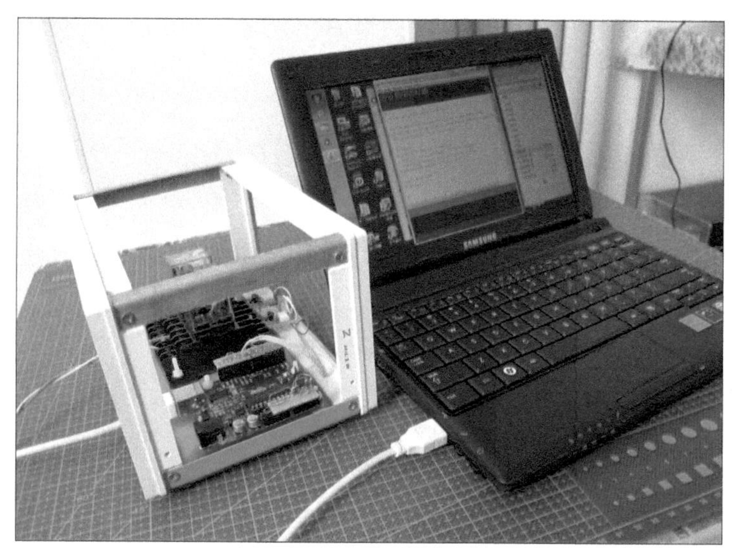

我想养一些花花草草点缀一下单调的工作室，但是平时很少在家，人又比较马虎，总是忘记浇水保湿这类小事情。于是我就以Arduino为核心，制作了一台智能温室控制器，让传感器和控制器帮助我打造一个人工小环境。

许多从20世纪80年代就喜欢上无线电制作的读者，听到花盆缺水指示器这类电路一定会感到很亲切。实际上，用LM324或NE555这些常见的集成电路和传感器就可以做出性能不错的温室控制器。但是它们的缺点也非常明显：技术过时，参数调节困难，运行数据很难监控和记录。

我制作的这台温室控制器，有5大特点。

（1）检测环境光线，控制组培灯给植物补光。

（2）监控土壤湿度，控制水泵进行滴灌补水作业。

（3）监控温度，低温时用LED报警，可扩展为继电器输出。

（4）可以通过串口连接到计算机，监控智能温室的工作状况。

（5）硬件开源，软件代码在网上共享并随时更新，详见原始设计者Luke Iseman发布的页面（在《Make》杂志官网搜索garduino）。

俗话说：想清闲，先劳动。这话一点不假。对于一个单片机项目，我最大的体会就是：即使板卡级的试验在工作台上全部编程测试通过了，拿到实际使用环境中，搭建好应用系统，在运行中还会遇到各种各样的问题。这很大一部分原因是市场上流行的单片机开发板都是按试验级标准设计和制作的。为了使它们可以在比较复杂的环境中稳定工作（电源和电磁干扰，高负荷运转），必须按工业级的标准进行一些升级。下面就是我在实践中的一些想法和制作过程。

3.2.1 制作过程

材料：

>> Arduino UNO或NANO控制板、USB电缆，1套
>> 联网的电脑，1台
>> 12V稳压电源，1个
>> 9V稳压电源，1个
>> 小型工业机箱，1个
>> MY4N-J欧姆龙中间继电器，配插座，2套
>> 5mm光敏电阻，1个
>> 10kΩ 热敏电阻，1个
>> 10kΩ 电阻，5个
>> 330Ω 电阻，3个
>> 3mm红色LED，配座，1套
>> 1.5kΩ 电阻，2个
>> 100kΩ 电阻，2个
>> 4N35光耦，2个
>> 洞洞板，1片
>> 2N2222三极管，2个
>> 1N4007二极管，2个
>> M3尼龙螺丝、螺母、套管，适量
>> 导线，适量
>> 车条，2根
>> 热缩管，1小段
>> 水泵，1个
>> 塑料软管，1根
>> 电源插线板，1个

制作工具：

>> 电钻、M3.2钻头
>> 焊接工具
>> 万用表
>> 钢锯

Arduino的优点非常多，我认为最大的优点是降低了开发者对硬件层的了解。你完全不需要像工程设计人员那样去啃厚厚的一本AVR ATmega328单片机的数据手册，也不需要对着官方的AVR STUDIO发愁自己不懂汇编语言。因为它有很多现成的库，可以轻松玩转这款单片机。但是Arduino UNO控制板也有一个小缺点，就是它的扩展端子的布局兼容性不是很好。Arduino UNO板子上方左侧I/O口

的8至AREF端子是错开50mil的，如果用插针和常见的焊盘间距为100mil（2.54mm）的洞洞板在控制板上面叠加自制的板子，这部分的插针是无法与控制板的端子妥善接触的。而第8、9、10脚的利用率又比较高，不可能省却这一组端子。

我想，这个问题很可能是原始设计者为了保持其设计的一致性考虑的。简单地说就是你可以不加改动地使用他的开源硬件，但是在扩展板的设计上也不得不跟着他的步调走。实际上，一块能和Arduino UNO的扩展端子很好搭配的商业化的传感器扩展板或继电器扩展板价格在30元左右，对于喜欢动手的玩家来说会显得比较奢侈。如果是我来开发（改造）Arduino UNO，我会把它的扩展插座换成标准间距的插针，并在每组I/O插针附近都配上一对+5V和地线的插针，这样使用者就可以直接把控制板当作一块计算机主板，在它上面用杜邦线来连接外设（如各种传感器或者舵机）了，不需要任何中间的物理介质。可喜的是，在另一个版本——Arduino NANO中，设计者把板子的插座换成了标准间距的双列插针，这使得Arduino NANO端子的扩展变得很容易。这台温室控制器也可以使用Arduino NANO来制作。

开源硬件的魅力，大家想必都已经很了解了。把开源硬件放在一个同样是开源的实用项目里，借助网络，世界各地的制作爱好者可以互相借鉴经验，就更加好玩了。

1 制作智能温室的主要元器件和工具。我把它定位在一个在中等强度下工作的自动控制系统，在外部设备和机箱的选择上比较讲究，采用了工业级的材料。

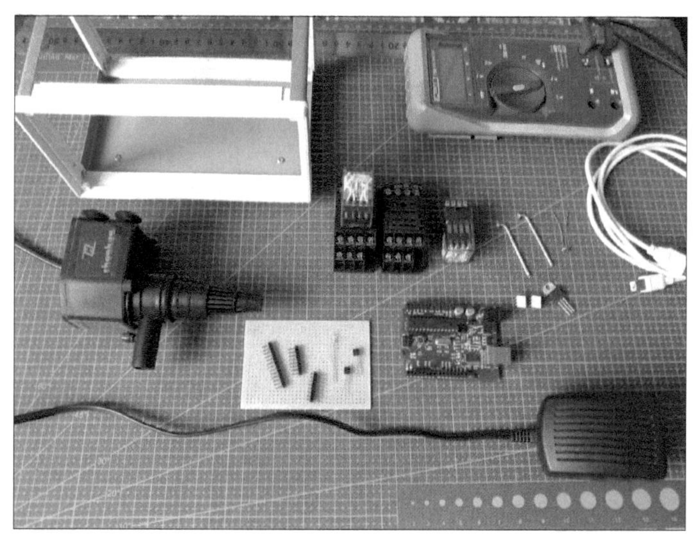

2 图中所示为加工好的机箱的底盘，将Arduino UNO控制板和继电器用尼龙螺丝固定在底盘上。工业继电器的用料和标注非常实在，绿豆粒大小的铜触点，5A/250V AC的容量使我觉得很踏实（一些只有拇指大小的PCB焊接式继电器竟然标称10A/250V AC，实在让人有点不放心）。继电器采用底座式安装，可以很方便地替换。此外，这种中间继电器内置有LED，可以非常直观地查看它的工作状态。

3 下面就是比较麻烦的环节了：制作传感器板和接口电路。Arduino的I/O输出规格是5V/20mA，无法直接驱动继电器，而且作为一个对稳定度要求比较高的系统，还要考虑抑制干扰的措施。我采取的是地线分离供电和光耦隔离的方式。

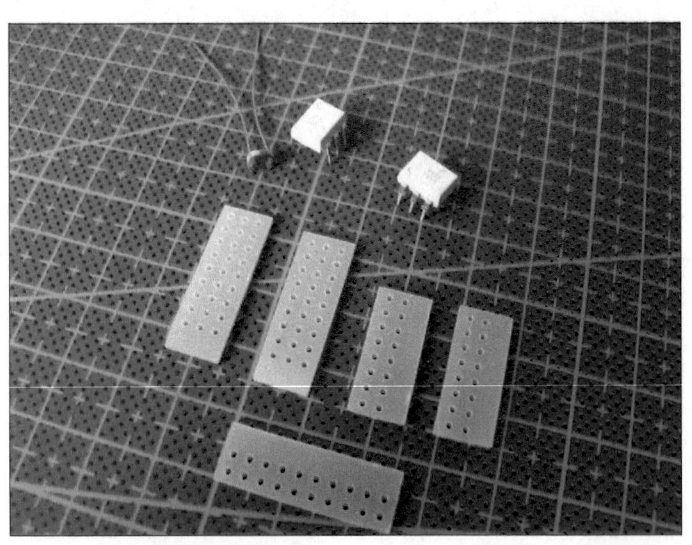

4 图示为继电器的光耦隔离驱动电路。Arduino UNO控制板使用9V稳压电源供电，继电器驱动电路使用单独的12V电源。使用线圈式机械继电器的另一个原因是，我觉得继电器动作起来的“咔嗒”声很酷。如果读者觉得这个电路过于烦琐，也可以采用固态继电器的方式来给Arduino UNO扩流。此时只需要把固态继电器看成一只LED，用Arduino UNO的I/O口串一个几百欧姆的电阻把它点亮（继电器吸合）就可以了。继电器驱动电路需要制作两路。一路接Arduino的数字7脚，用来控制水泵，给植物滴灌补水；另一路接数字8脚，用来控制组培灯，给温室补光。如果想给温室保温，可以再添加一路继电器，接入Arduino的数字2脚，控制加热器。

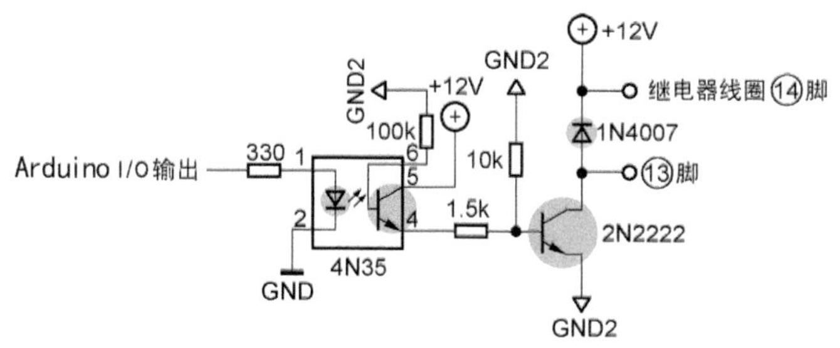

5 图示为Arduino UNO控制板与外部设备的连接方法。此时单片机电路的特点就充分显示了出来，简单到跌眼镜。

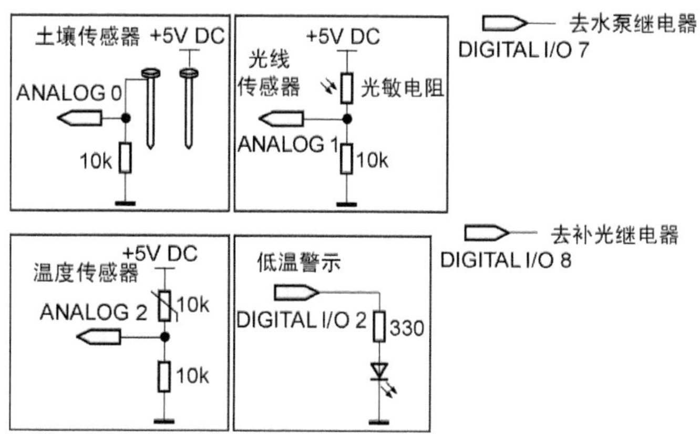

6 焊接好的继电器驱动板和传感器板。我采用独立模块式制作，每个小板的功能都是独立的，方便替换或扩充功能。

7 继电器驱动板安装在继电器座上的样子。这种模块化的安装方式很灵活，不会破坏继电器，也方便拆卸。模块可以重复使用在其他制作中。

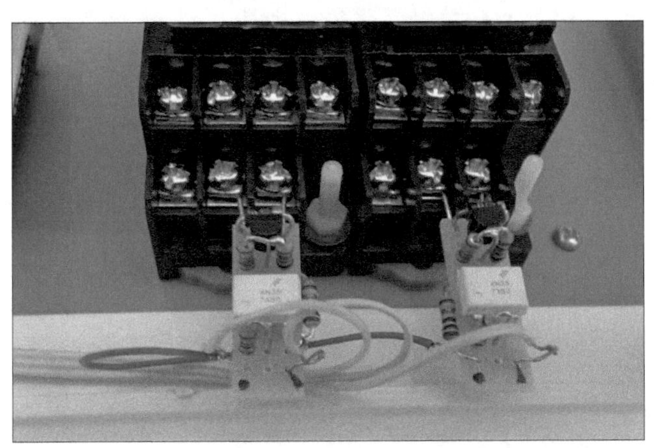

8 土壤探针使用两根车条制成，用质量较好的导线焊接在车条尾部，并套上热缩管就制作完毕了。几乎是零成本，但使用起来非常方便。

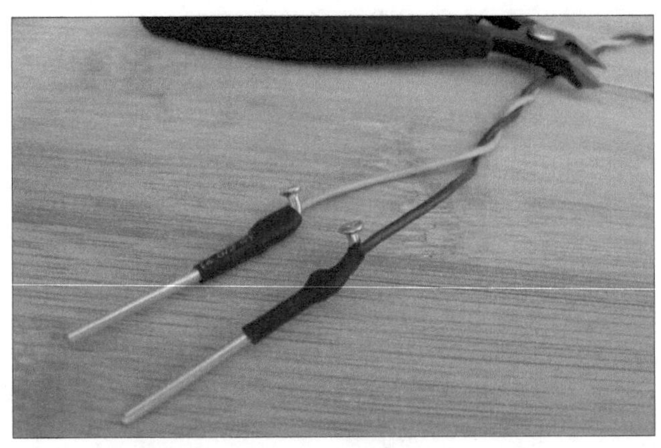

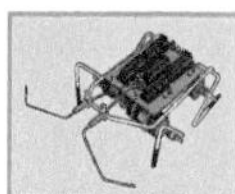

3.2.2 智能温室控制器的使用方法

1. 光线传感器安装在机箱的侧面，受光面不会直接被阳光或补光灯照到。工业机箱侧面有很多狭长的栅孔，合上机箱以后不会阻挡传感器的光线，实际效果非常好。

2. 探针插在花盆边沿的土里。车条尾部的弯头是个小把手的形状，便于把探针从待监控的土壤里插入或拔出。左侧探针附近的塑料管是连接着水泵的滴灌软管。

3 在脸盆里测试水泵的情形。我使用的是养鱼常用的冲浪泵，这种泵有两个出水口，滴灌软管连接在主喷口上面的一个小出口上，使其水量不会太大，产生滴灌的效果。

4 现在要告诉控制器谁才是真正的老板，下载传感器测试代码，通过串口监视器读取传感器数据，看工作是否正常。

测试程序：

```
//端口定义
int moistureSensor = 0;
int lightSensor = 1;
int tempSensor = 2;
int moisture_val;
int light_val;
int temp_val;

//串口初始化
void setup() {
Serial.begin(9600);

void loop() {
//读取土壤湿度，回显，等1s
moisture_val = analogRead(moistureSensor);
Serial.print("moisture sensor reads ");
Serial.println( moisture_val );
delay(1000);
// 读取环境光线，回显，等1s
light_val = analogRead(lightSensor);
Serial.print("light sensor reads ");
Serial.println( light_val );
delay(1000);
// 读取环境温度，回显，等1s
temp_val = analogRead(tempSensor);
Serial.print("temp sensor reads ");
Serial.println( temp_val );
delay(1000);
```

以下是一组传感器实测数据，供参考。

（1）土壤探针：接触时，湿度读数为-985；不接触时，湿度读数为0。

（2）光线传感器：自然光，读数为949；夜间，读数为658；完全遮盖，读数为343。

（3）温度传感器：32℃时读数为949；0℃时读数为796。

你可以添加MAP缩放函数，把这些数值映射成实际值。

当传感器测试正确以后，就可以下载全部的代码，让这台温室控制器正式为你工作了。

5 合上顶盖以后的效果，靠近观众这一侧的栅孔里就是光线传感器。考虑到接线方便的问题，没有安装机箱的后板。面板上的LED指示灯用于温度过低警示，这个功能暂时没有用到。如果有条件，可以此基础上增加温度补偿继电器，用它来控制一台远红外取暖器工作。

6 作为一个在家居环境下工作的电气设备，我认为最好的效果就是不要太显露出技术化的痕迹，否则满眼水管和电线，就违背了借植物来调节心情的初衷了。图示为温室控制器实际工作的环境，水泵安置在假山石下面的水缸里，它工作时通过主喷口给假山淋水造景，顺带加湿周围的空气。主喷口上面的小口通过软管给左边的赏叶植物滴灌补水，探针插在赏叶植物的土壤里，控制器平时藏在花盆后面。

通过这个简单的智能温室系统的搭建，我深切体会到了自动化的高效与便捷。手里有Arduino的朋友，还等什么，马上将自动化带入你的生活吧！

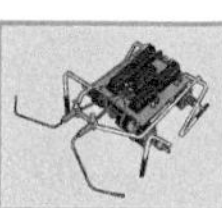

3.3 9自由度机器乌龟

上图和图3-8展示的是用雕刻机制作的一只机器乌龟。这只乌龟一共使用了9个标准舵机，可以做出多种动作，包括观察、前进、后退、左转、右转、缩腿、握手、左侧行和右侧行。在程序的控制下，机器乌龟的姿态活灵活现，爬行能力甚至超过真的乌龟。

图 3-8 机器乌龟左后方侧视

作为一部9自由度（简称为9DOF）的机器人，机器乌龟的结构比较复杂，对

零件精度也有较高要求，因此我选择使用雕刻机辅助加工。这也是我制作的第一部CAM（计算机辅助加工）机器人。

本节从多自由度机器人的结构部分入手，侧重说明使用雕刻机加工机器人骨架的过程。机器人的控制部分会在后面做详细介绍，见“3.5 6足机器人制作全攻略”。

雕刻机是一种功能非常强大的自动化加工机械，它可以在电脑的控制下，按照设计好的图纸对工件进行自动的钻、铣组合加工。在开始制作这只机器乌龟时，我对雕刻机还只是有个模糊的概念，基本上知道它是什么，可以用它来做出什么。这次正好可以借助这部机器人的制作，把雕刻机从设计、加工，再到最后装配的整个工序有一个融会贯通的认识，在本节中就来和大家分享一下我的制作经验。

注：这只标准舵机版机器乌龟的结构件，是由我的朋友——Q-BOT团队的陈瑞琪设计、加工而成。本节中的照片也全部由他提供，特此表示感谢。

3.3.1 所需的工具和材料

1. 铝雕刻机

雕刻机有激光雕刻机和机械雕刻机两类，这两类又都有大功率和小功率之分。市场可供业余爱好者使用的，以机械雕刻机为主，基本分成两档：一档价格在3000元左右，功率比较小，可以雕刻有机玻璃和覆铜板等硬度不太高的材料，勉强可以雕刻小尺寸的金属件；另一档价格在10000元左右，功率比较大，可以雕刻铝板。

从业余爱好的角度看，如果已经发烧到准备使用雕刻机进行制作的程度，那么已经掌握的技术和期望达到的效果肯定不限于雕刻电路板、标牌、小车底盘这类比较简单的零件。3000元级别的雕刻机只能作为过渡使用，很难用于机电一体类作品的制作，虽然也可以用它勉强做一些重活，但你会很快就会意识到升级到铝雕刻机是早晚的事情。对于雕刻机的选择，我的意见是，有条件就直接购买大功率雕刻机，大功率雕刻机可以完成小功率雕刻机的所有工作，一步到位能避免重复投资。

购买雕刻机前，建议玩家多上国内大型论坛转转，做足了功课再下单。网购要货比三家，雕刻机由电脑、控制器和主机3部分组成，还需要配套的控制软件，商家的售后服务也很重要。另外雕刻机比较笨重，配件又多，物流和收货这些环节也需要协调好。

还有一个方案：采用和制作PCB一样的委托加工方式，把设计好的工程文件交给厂家进行生产。但是机加工行业与PCB行业不同，面向爱好者且有精密金属加工能力的厂子并不多。此外机器人对结构件的技术要求比较高，生产中涉及的

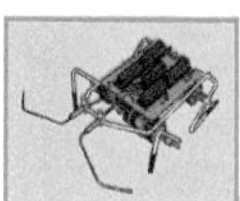

环节越多，就越容易出现偏差。所以这个方案实际上并不是太好操作，只适合有便利条件的少数玩家。

2. 设计及控制软件

随着机器人结构复杂程度的增加，以往单纯依靠想象和手绘图样的方式就不能满足设计的要求了。CAD（计算机辅助设计）可以帮助爱好者拓宽思路和验证设计。常用的设计软件有两款：SolidWorks和AutoCAD。

SolidWorks的优点是三维预览功能非常强大，可以在电脑中把设计好的结构件进行虚拟装配，由此来验证每个部件之间以及活动关节的摆位是否正确。这个功能非常重要，有时候一个垫片的厚度没计算进去，都会影响到最后组装。

AutoCAD是国际上广为流行的绘图工具，它自带标准件库，绘图功能强大，可以进行多种图形格式的转换，具有较好的数据交换能力。

雕刻机加工的材料以板材为主，CAD设计出来的工程文件也是以二维图形为主。此时需要用到ArtCAM这个软件，它可以把CAD软件设计出的平面数据转化为精致的三维模型，并能快速计算生成精确的刀具路径。

ArtCAM输出路径到Nc studio（维宏控制系统）里面使雕刻机工作。Nc studio是国内自主开发的一套雕刻机运动控制系统，用户群比较广泛，功能也非常完善。雕刻机在购买时会搭配相应的控制软件。

3. 板材

铝板是制作机器人结构的主要材料，我在前面的章节中已经对铝板作过介绍。用雕刻机制作机器人，一般选择1mm厚的合金铝板，这种铝板加工方便，折边工序可以使用小台钳来完成，强度完全可以满足小型机器人的需要。如果觉得5052铝板比较软，可以使用高标号的6061或者7075合金铝板，标号越高，板材的硬度越大，制成的零件的刚性越好。也可以使用2mm厚的铝板，但是因为板材厚度增加，需要配备专用的折弯工具，以保证加工一些小零件时的折弯精度。

3.3.2 设计机器乌龟的结构件

首先用AutoCAD规划出板材的二维图样。铝合金板材的主要采购途径是网络，为了物流方便，通常要求商家切成小块，在规划图样时应尽量考虑到合理利用每一寸空间（见图3-9、图3-10）。

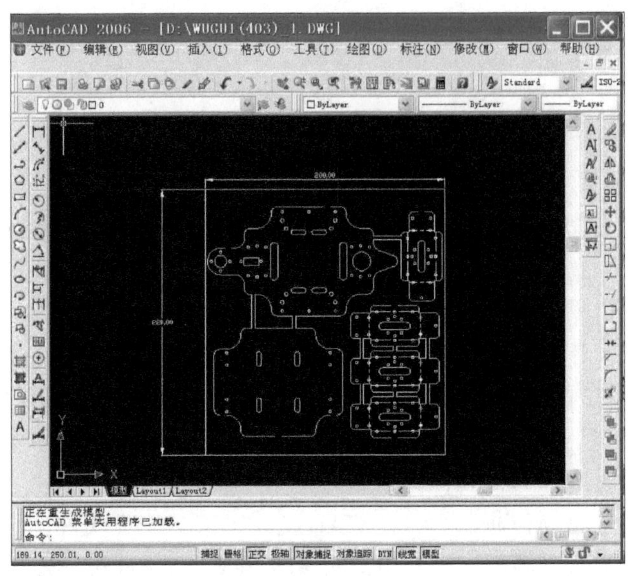

图3-9　乌龟上、下底板的图样，空闲的位置加入了4个舵机支架

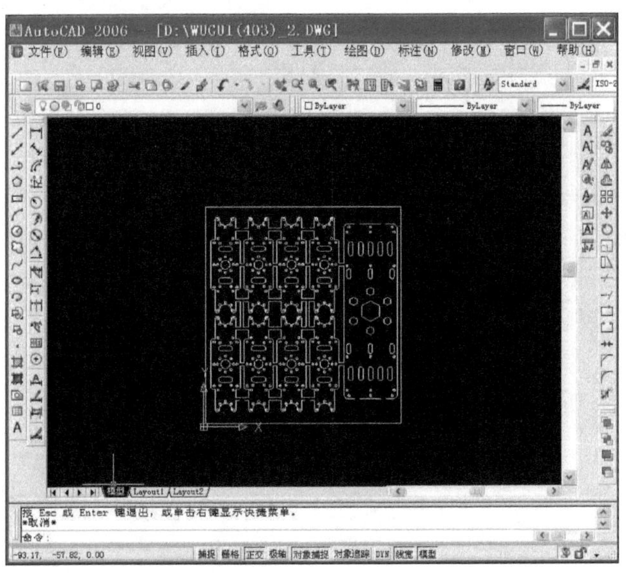

图3-10　舵机支架和龟壳图样

这只机器乌龟使用了9只舵机，有9个自由度，属于比较复杂的机器人。在结构的设计上，需要考虑的因素非常多，我认为最重要的有两点：一是机器人在各种运动姿态下要保持重心；二是要给活动关节留出可供调整的余量，确保关节在运转时不会受到阻碍。另外还要考虑方便组装的问题，在结构上需要给螺丝和螺母这类紧固件的安装留出一定操作空间。

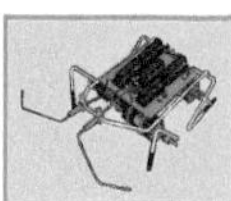

把AutoCAD中设计好的这些结构件，在SolidWorks中进行虚拟装配操作，通过软件的三维预览功能，查看总体效果（见图3-11~图3-13）。软件可以模拟机器乌龟各个关节组件的运动。如果制作更复杂的机器人结构，还会涉及正、反向运动分析和仿真等问题。

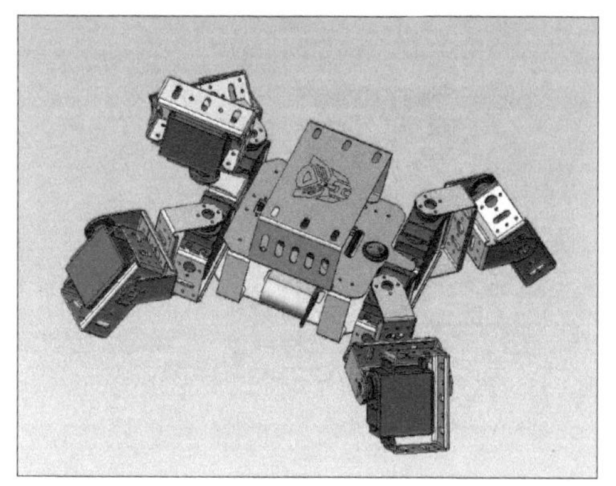

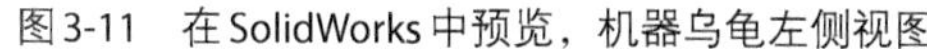

图3-11　在SolidWorks中预览，机器乌龟左侧视图

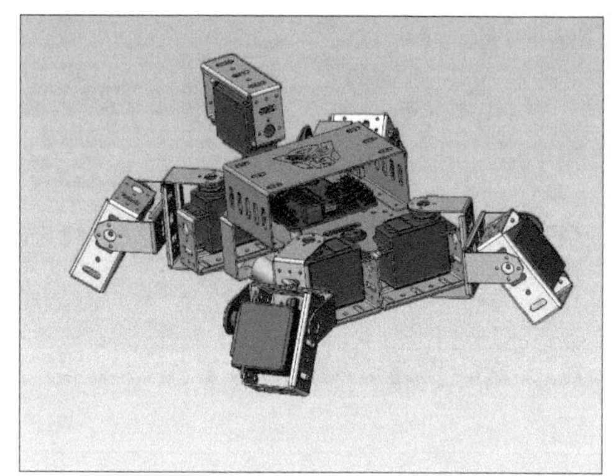

图3-12　在SolidWorks中预览，机器乌龟尾部视图

SolidWorks的三维预览功能非常方便，可以把电子控制部分的元器件也登记入库，在电脑中模拟出总装后的最终效果。从图3-12中可以看到乌龟腹部的电池、龟壳与上盖板之间的舵机控制板等电子部分。这样做的好处是可以精确规划各个元器件所在的位置，确保总体结构的紧凑和精密。

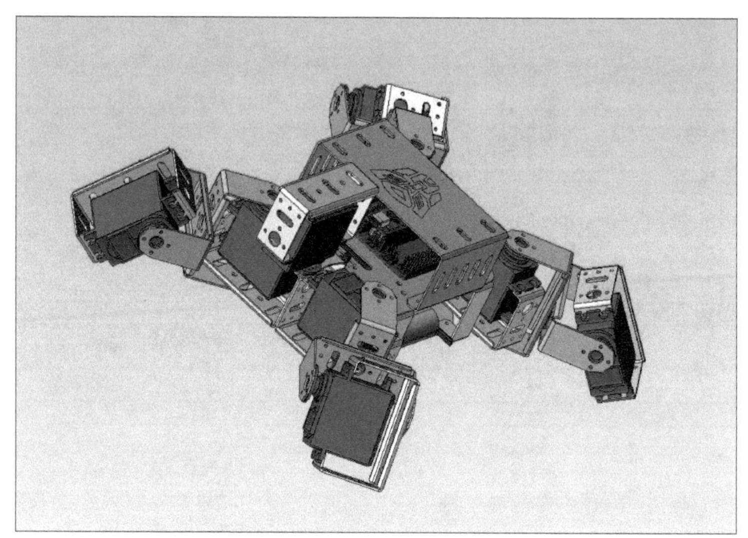

图3-13　在SolidWorks中预览，机器乌龟左前侧视图

CAD图样设计无误以后，就可以把平面数据导入ArtCAM，进行刀具路径的计算了（见图3-14）。

ArtCAM把路径输出到Nc studio这类雕刻机控制软件，就可以控制雕刻机走刀，开始工作了（见图3-15）。

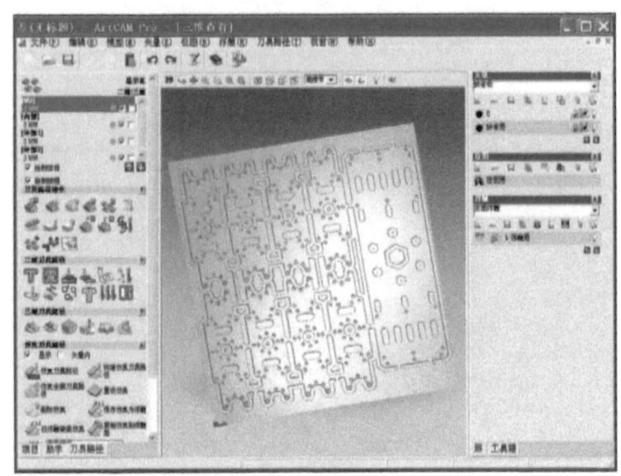

图 3-14　ArtCAM 中的刀具路径设置

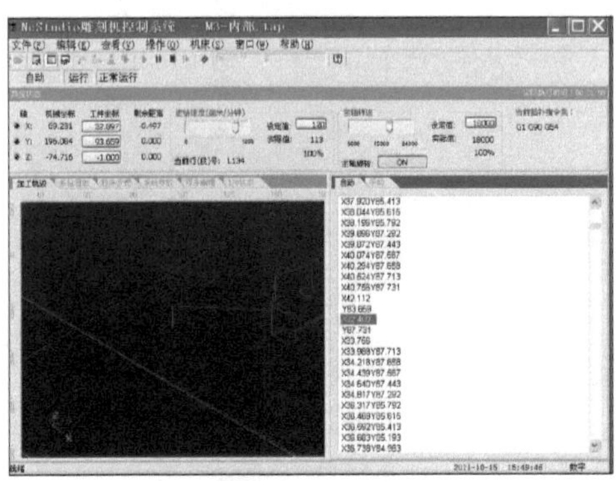

图 3-15　雕刻机控制软件 Nc studio 的工作界面

3.3.3　加工机器乌龟的结构件

1 朋友的这台雕刻机是一部小型铝雕刻机，主轴功率800W，工作环境如下图所示。图中右侧灰色箱体为控制器，中间为雕刻机主机，后面是电脑。雕刻机工作时会产生大量金属碎屑等杂物，最好在工作面外侧加一个集尘框。

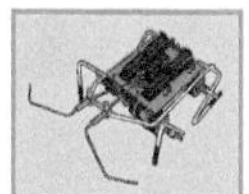

2 在电脑上运行Nc studio软件，导入刀路，准备开工。

3 板材一定要保持水平，与雕刻机的工作台面固定牢靠，这样可以保证铣刀进刀的深度一致。

4 固定好板材，雕刻机准备走刀。

5 出师不利，铣刀折断了。铣刀是消耗品，我的经验是不要图便宜买几元钱的廉价铣刀，一个原因是易断，另一个原因是加工出来的材料有毛刺，会给后续装配带来麻烦。

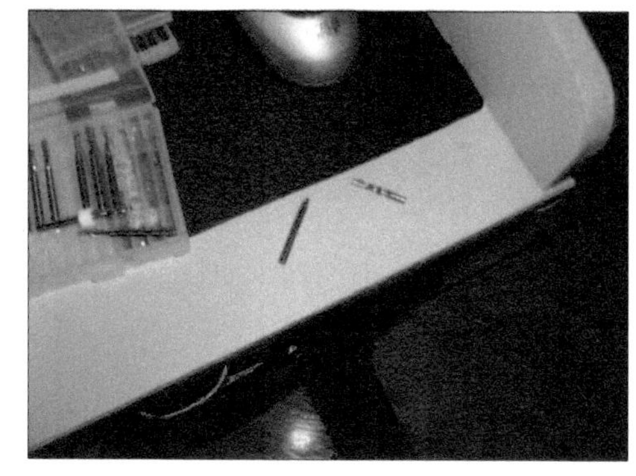

6 板材加工了一半的样子，现场一片狼藉。

7 图示为加工完毕的板材，揭去表面的蓝色保护膜，露出了亮闪闪的铝板。

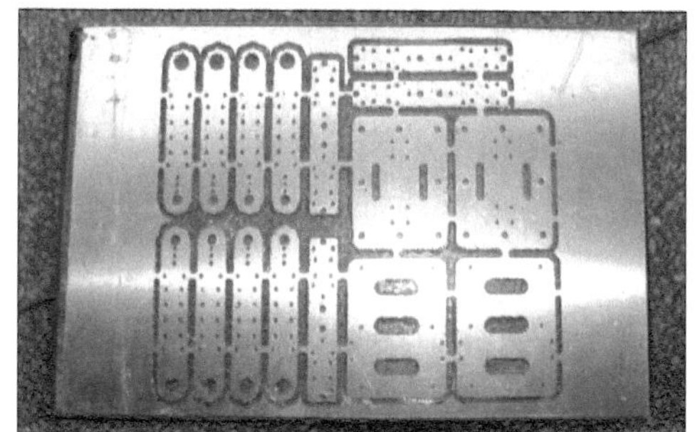

3.3.4 机器乌龟整体结构的组装

材料：

- >> 乌龟机器人结构件，1套
- >> 标准舵机，9个
- >> 螺丝、螺母，适量
- >> 尼龙扎带，适量

制作工具：

- >> 螺丝刀，2把
- >> 弯头钳子，1把
- >> 刀片，1个

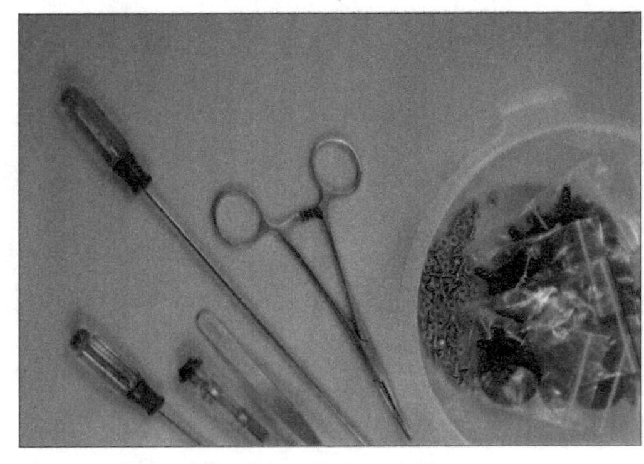

图3-16 装配时用到的工具和五金件

机器人结构部分的组装，主要借助螺丝和螺母连接、固定。五金件的消耗量会比较大（见图3-16），这只机器乌龟要使用5种不同形制的近100个螺丝和螺母。它们的规格和用途如下。

（1）M2螺丝和螺母，用于舵机支架和机器人结构的固定。

（2）M2自攻螺丝，用于舵盘与C形铝支架间的固定。

（3）M2.5螺丝和螺母，用于舵机与舵机架的固定。

（4）M3螺丝和螺母、铜轴承，用于舵机虚轴与C形支架的配合。

（5）M3尼龙螺丝和螺母，用于舵机控制板与机器人上盖板的固定。

此外还需要用到尼龙扎带，在机器人结构板上固定PS2接收器和电池。

因为机器人结构件之间的配合紧密，空间狭小。如果没有称手的工具的帮助，看似简单的给螺丝上螺母，在这里将会是一个很麻烦的工作。我使用一只大号医用止血钳辅助工作，它的弯头很小，可以牢牢地夹住螺母这类小零件，伸进结构的缝隙里进行操作，非常方便。

下面开始介绍我的组装过程。

1 用雕刻机做好的全部结构件排成一列，居然有一条米尺那么长。想象一下，这么多高精度的小零件，如果用锯条和电钻纯手工加工，将会是一件多么痛苦的事情啊！

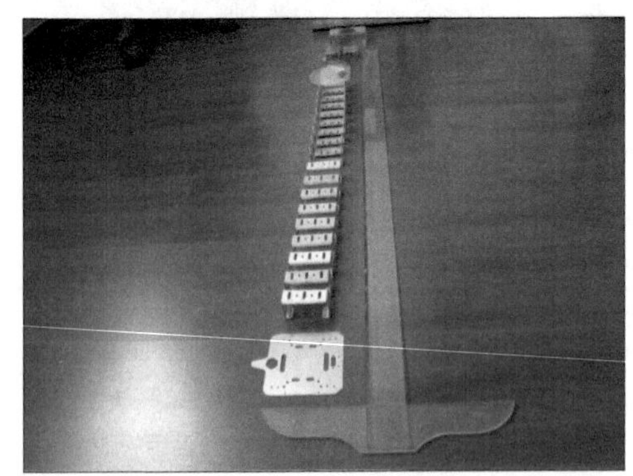

2 用刀片去除掉零件边沿和内孔的毛刺。造成材料出现毛刺的原因是使用的铣刀比较差。高品质的铣刀加工出来的结构件是非常光滑的，可以省略掉这一步。

3 下面开始安装舵机和支架。一定要注意先用舵机控制板把所有舵机归零，这样可以防止程序调试过程中发送给舵机的角度信号超出舵机设计许可的运转范围，烧毁舵机。下图所示为完成一套这样的组件所需的材料。

4 图示为舵机自带的胶垫、铜铆钉与舵耳之间的固定方法。这种方法借助胶垫把舵机与支架“悬浮”固定起来，起到减轻振动的效果。

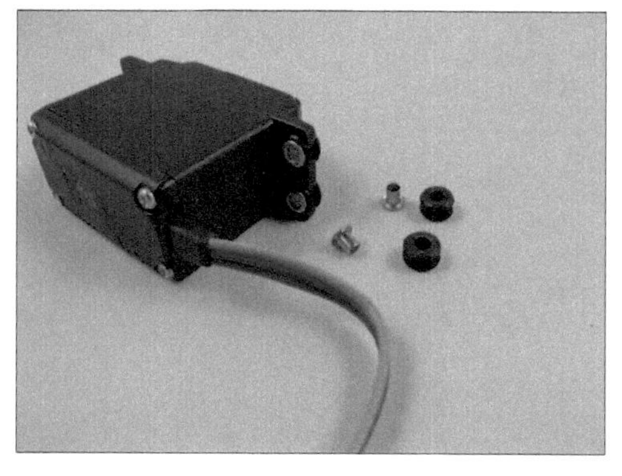

5 用M2.5螺丝和螺母把4只舵机安装在支架上，作为乌龟的4只脚。

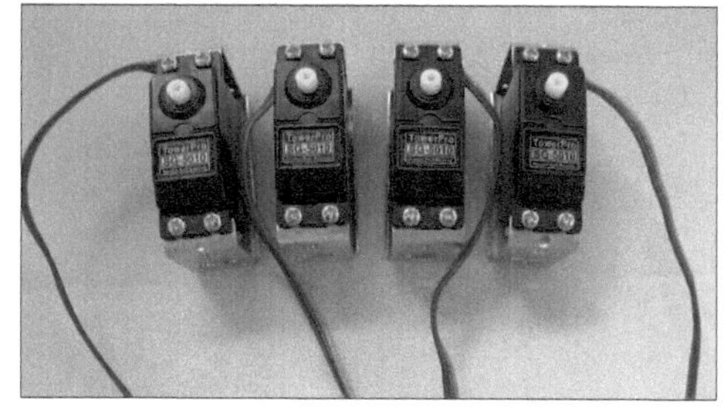

6 舵机和支架之间的配合示意图如下（侧视）。

7 在底盘上安装好4个支撑架，将来用来固定上层盖板。

8 把左、右前腿和左、右后腿根部的舵机支架分别固定好。我使用的是M2规格的螺丝和螺母，注意看支架上预留长槽的用处，可以伸进螺丝刀，方便上螺丝。长槽还可以用来穿舵机的电缆，使机器人外观更整洁。

9 把乌龟腿根部的4个舵机支架与底盘固定好。

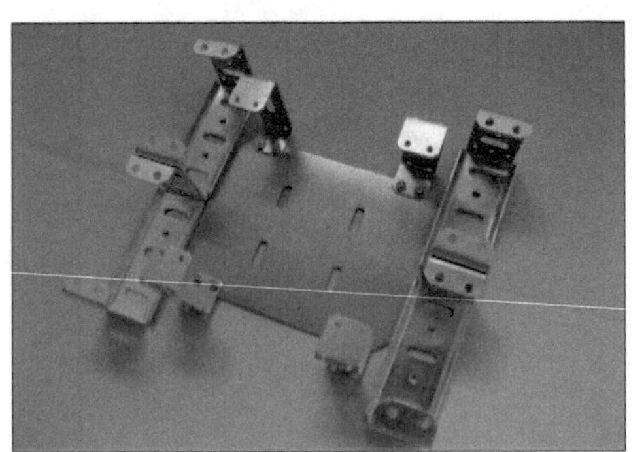

10 用同样的方式安装好最后4只舵机。

11 把8个C形支架两两固定在一起，用作乌龟腿根部舵机与脚部舵机的连接。注意在这4组C形支架上将要固定8只舵盘，这些舵盘有一个左右对称的相对位置，在装配完毕的机器乌龟照片中有详细展示。

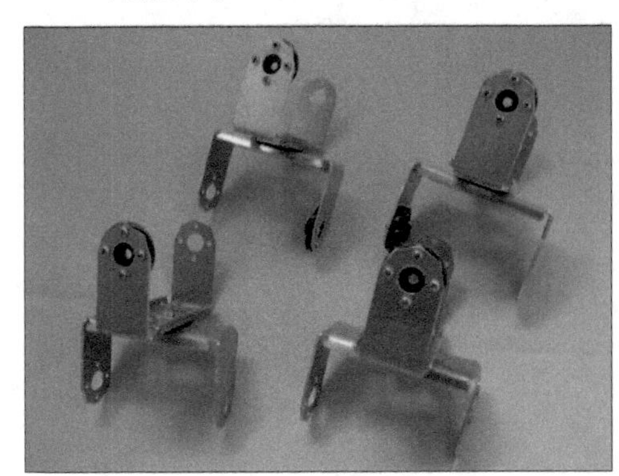

12 在C形支架上固定舵盘，我使用的是M2自攻螺丝，直接拧上去很方便。

13 舵盘的反面。注意使用的M2自攻螺丝不要过长，以免阻碍舵机运转。

14 机器人脚部舵机组件与C形支架组件的安装方法。

15 把舵机组件卡在C形支架上，舵机输出轴和舵盘连接在一起。

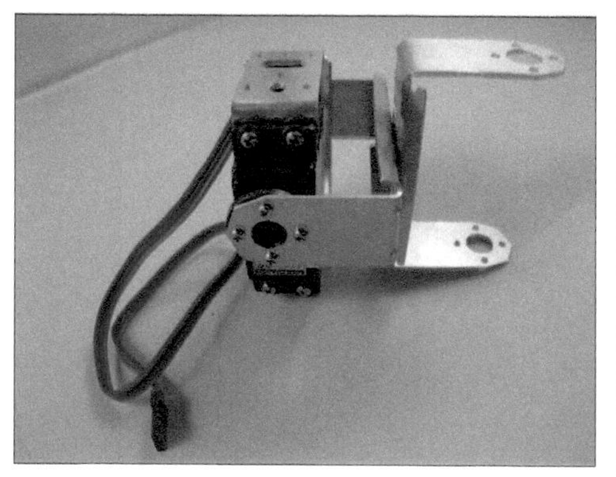

16 在舵机组件的虚轴一侧，固定好铜轴承、M3螺丝和螺母。轴承与C形支架的安装孔相结合。

17 下图所示为乌龟头部舵机的固定方式，舵盘上的结构件为它的“脖子”。

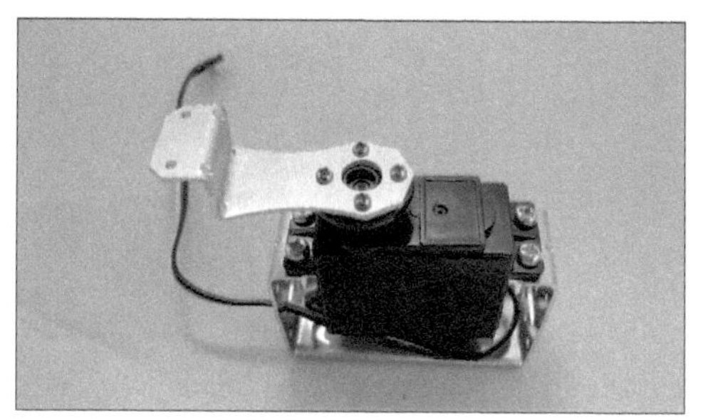

18 把头部组件与乌龟的上盖板固定好。

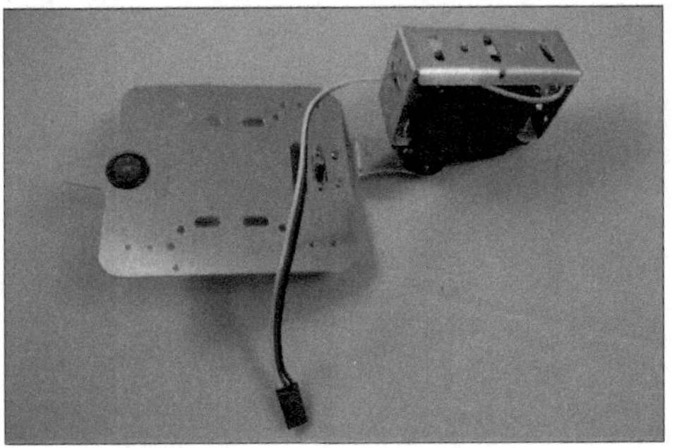

19 上盖板和身体装配好的样子。

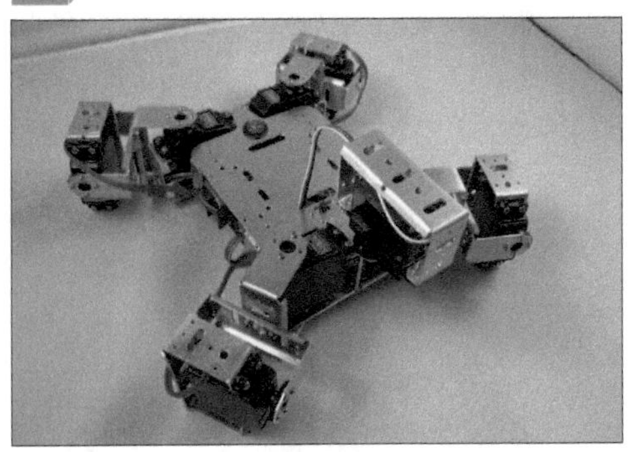

20 机器乌龟的俯视图如下。从图中可以看出8只脚部舵机的相对关系。

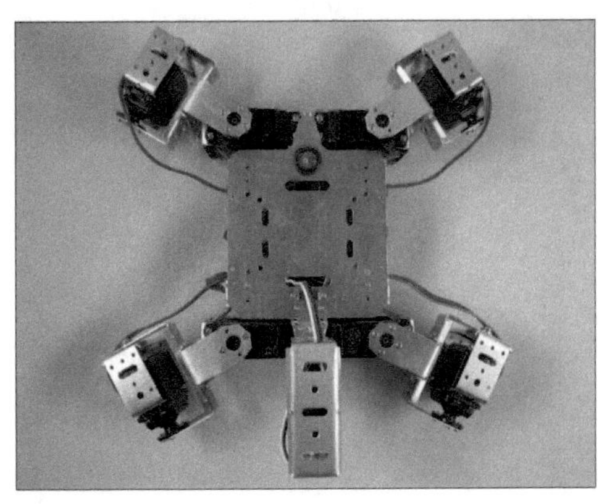

21 机器乌龟的尾部视图如下。

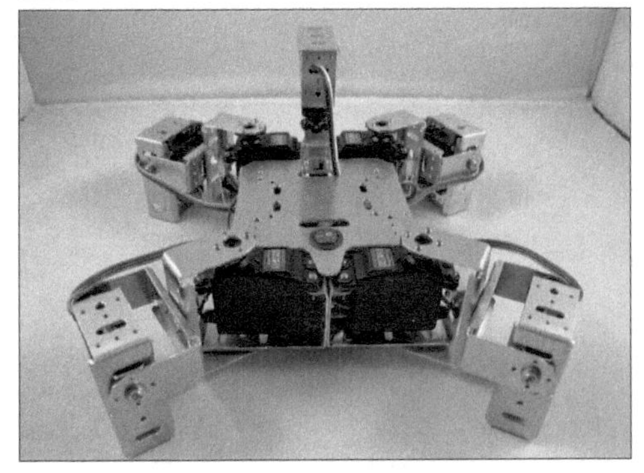

3.3.5 机器乌龟的电子部分

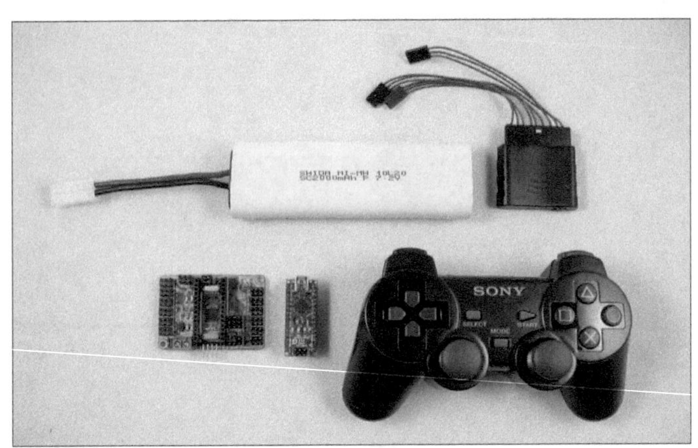

图3-17 机器乌龟电子部分所需的材料

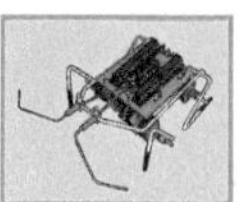

机器乌龟电子部分所需的材料如图3-17所示，图中第一行左边为电池，右边为PS2接收器；第二行从左至右依次为舵机控制板、Arduino NANO控制板、PS2手柄。下面依次加以说明。

1. 电池

多自由度机器人需要用到多个舵机，标准舵机在启动和运行时的电流会比较大，尤其是机器人做复杂动作时，几个舵机同时运转且负荷较重，会消耗很大的电流。这就需要给机器人配备上可以提供大电流放电的动力电池，常见的小型锂电池或者镍氢电池是不能满足机器人的需要的。

动力电池的标示通常为3组数字和字母组合。其中S是指由多个电芯串联，P是指由多个电芯并联。比如2S2P就是4个电芯先两两串联再并联；标示为2S锂电池，单个电芯的电压是3.7V，2个电芯串联在一起的电池组的电压就是7.4V；镍氢电池单个电芯的电压是1.2V，6S镍氢电池组的电压就是7.2V。C指的是电池能够以多少倍容量的电流放电，C × mAh（电池标称容量）就是电池允许的最大放电电流。比如一块3S20C 1500mAh的锂电池，它的输出电压就是11.1V，能够以30A电流放电。

多自由度机器人工作的电流，可以按每只舵机0.8A来估算。这只乌龟使用了9个舵机，即需要电池能提供大约7A电流的放电。标准舵机的电压通常为6V，最高7.2V。动力锂电池电压一般为7.4V、11.1V，不适合直接给机器人舵机供电。建议使用镍氢电池组，单个镍氢电芯的电压为1.2V，5S（6V）或者6S（7.2V）的镍氢动力电池都可以满足机器人的需要。

2. PS2 手柄和接收器

虽然现在有红外线、蓝牙、Wi-Fi这些遥控方式，甚至手机也可以遥控，但是作为一个电玩迷，我更喜欢PS2手柄的操控感觉。

3. Arduino NANO 和舵机控制板

舵机控制板好比是机器人的神经中枢，非常重要。它的作用是在程序的控制下给每个舵机发送角度信号，控制机器人各个关节的协同运转。

这部机器人使用的是QSC24型24路舵机控制板。这块控制板是Q-BOT团队开发的，特别值得一提的是，它上面集成了Arduino NANO插槽和PS2接收器。Arduino的开发环境使得机器人控制程序的编写和调试过程非常轻松，整合的PS2输入可以使用户享受到游戏手柄所带来的良好手感。

3.3.6 最后的总装

1 把PS2接收器用尼龙扎带固定在上板的底部。

2 在上盖顶部固定好24路舵机控制板。因为机器人的电子部分设计得非常紧凑，这里建议使用尼龙螺丝和螺母固定机器人的控制板，不要使用金属螺丝，以防造成短路。

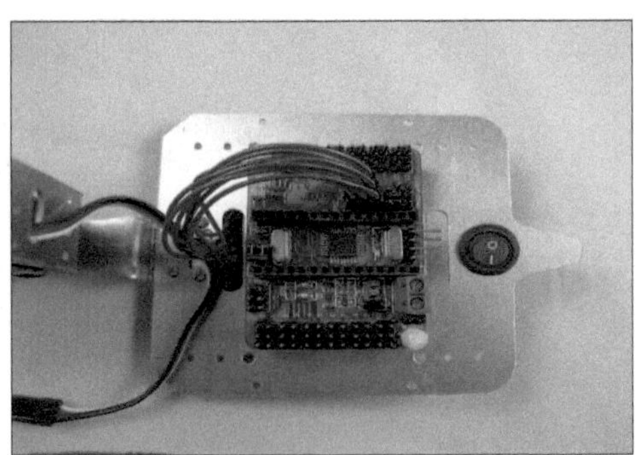

3 把Arduino NANO插在舵机板上，再依次连接好乌龟各个关节的舵机线。

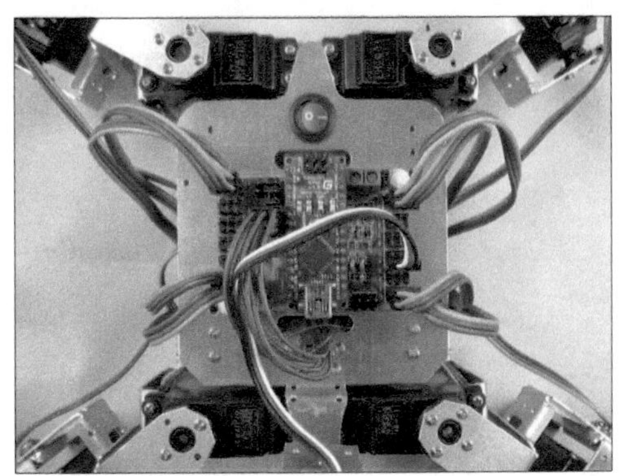

4 最后完成的机器乌龟如下图所示。舵机线用黑色的绕线管收拢在一起，使机器人看起来更整洁。请在优酷搜索digi0l上传的“机器人乌龟”观看演示视频。

3.4 机器手指

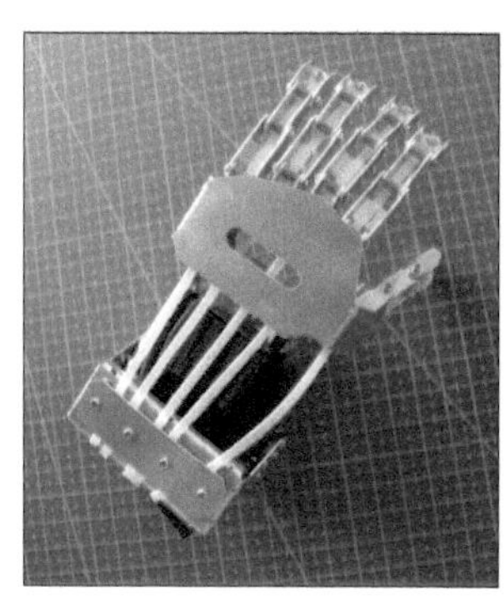
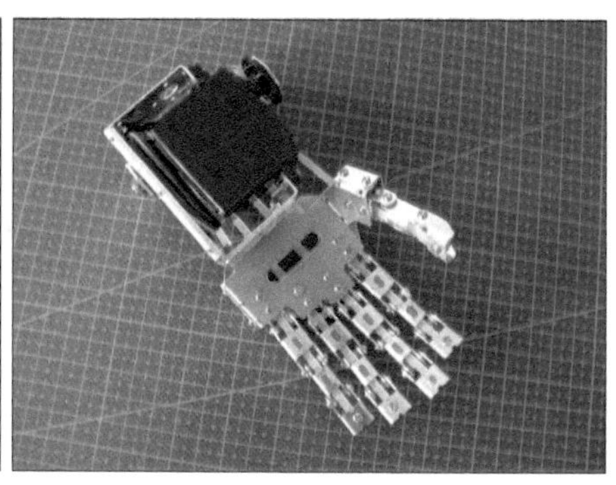

亲手制作一部人形机器人，几乎是每一位科学爱好者自儿时就拥有的梦想。对业余爱好者来说，如果能够亲自参与人形机器人的设计开发，哪怕只是组装一个小小的部件，也会受益匪浅。可现实问题是，即使抛开人工智能和微电子的层面，单纯制作一部类似终结者那样的人形骨架都不太可能。现代科技尚需解决机器人在动力、结构、传动等环节的一系列难题，在业余起点上，我们能够走多远？本节所展示的机器手指，就算是我所做的一次小尝试吧！

透过表象看本质，作为一名“触电”多年的无线电爱好者，我深知一项技术只有深入细节，才能够领会问题的核心。对于机器人技术，实际接触的东西越多，就会发现懂得越少，甚至对从哪里开始制作这么简单的问题，都感到茫然。在这个信息共享的时代，每当看到国内外高手展示的优秀作品，我都会产生出一种挫败感。既然一下子制作一部完整的人形机器人不太现实，不如简化问题，暂且从人区别于其他动物的一个主要器官——手来展开研究吧！

本节的目标是制作一只简易的机器手模型，先让手指动起来，然后在这个基础上逐步改进设计，制作出更灵活的手。在网上可以找到很多成熟的机器手设计方案，它们大都采用舵机拉线控制，有5个舵机操纵5根手指单独动作的，也有一个舵机操纵5根手指同时动作的。因为是业余制作，大家制作手指关节采用的材料也是五花八门，如废笔管、铝方管、铜板，都获得了不错的效果。

这是我第一次制作人形机器人的功能部件，为了增加成功率，目标定得比较低。因为左手比较凸显个性，就设计了一只机器左手。这是一个由单只舵机同时拉动5根手指的简单结构，可以完成手指的伸展和握拳动作，并可以抓取小物体。严格来说，这个设计虽然具有人手的形态，但是功能上只是对人类手指运动的一个简单模拟，并不涉及更加复杂的手指、虎口、手掌和手腕的协调运动。为了描述准确，本节的标题使用的是“机器手指”，而不是“机器手”。

3.4.1　机器手指的设计

人形机器人的总体制造涉及的知识面太广，独立制作基本无法实现。相比之下，把问题集中在一个点上加以解决的优势就体现出来了，机器手的设计和制作只需掌握简单的解剖学、机械设计、机械制造知识和装配技术就可以了。

为了获得较好的外观与总体效果，我决定采用与机器乌龟相同的制作工艺，先用雕刻机加工出零件，再手工组装。机器手的三维建模与总体设计是在SolidWorks上完成的，之后交给我的朋友陈瑞琪用雕刻机加工成型。

机器手在SolidWorks上的结构分解图如图3-18、图3-19所示。

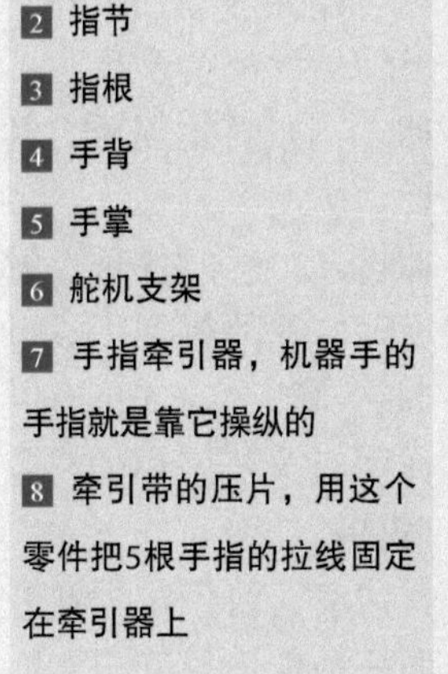

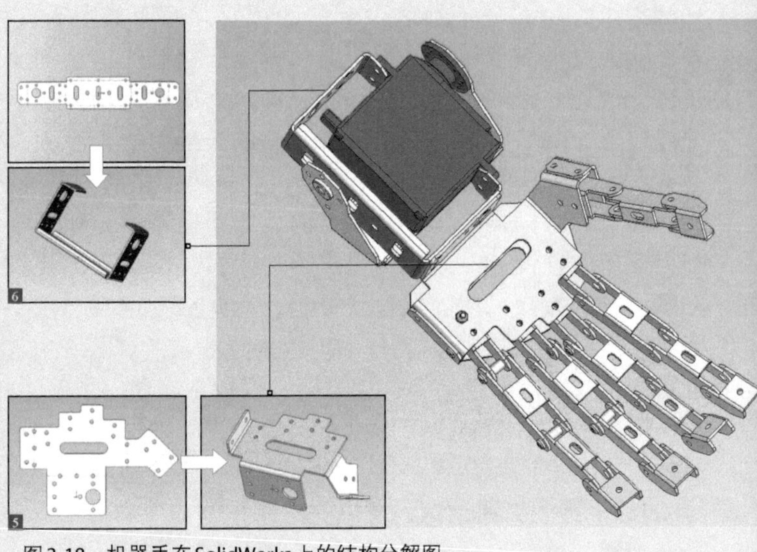

图3-18　机器手在SolidWorks上的结构分解图

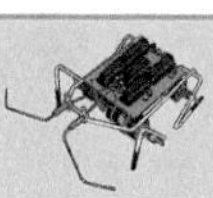

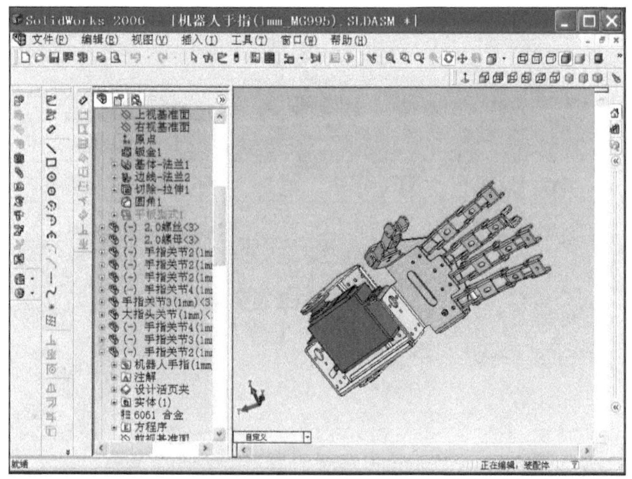

图 3-19　在 SolidWorks 上进行装配预览

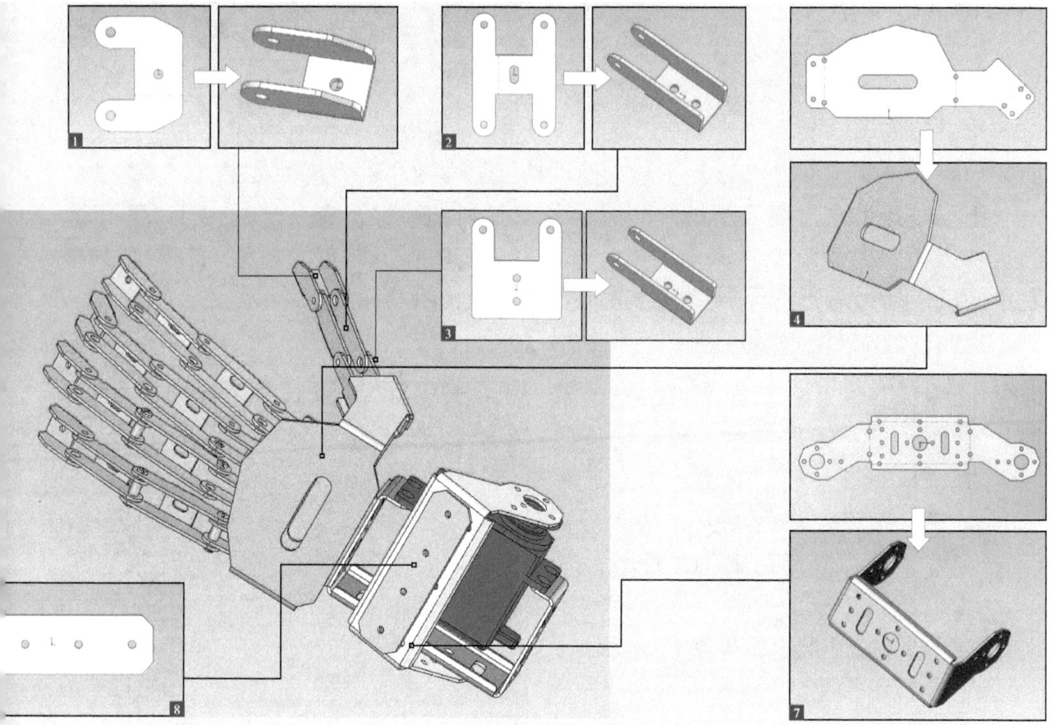

3.4.2 装配

我认为，对于机器人制作来说，机器装配和电子装配处于同等的位置。或许有的读者会说，机械装配不就是拧螺丝吗？这个说法也许不错，但是机器人的装配环节和前面的设计环节是紧密挂钩的，再加上机器人的结构比单片机、音响等制作复杂得多，这就对装配提出了更高的要求。

不要小看这么简单的一只机器手，它上面的紧固螺丝多达65个！一些部位的螺母还需要借助特殊工具才能进行妥善安装。如果没有一定的经验，这将是一件令人抓狂的工作。

我所使用的装配工具如图3-20所示。

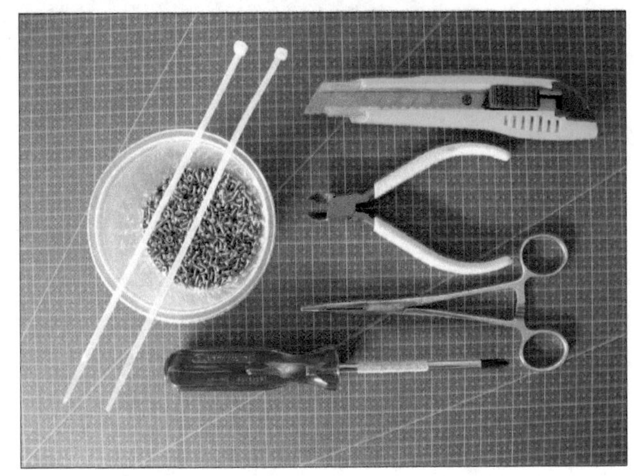

图3-20 我所使用的装配工具

因为机器手指的结构设计过于紧凑，某些部位的螺母很难进行安装，我特意准备了一把大号的医用止血钳。止血钳的头部是细长弯曲的形状，钳嘴还可以锁死，非常方便夹持螺母在狭小的空间里安装。

把尼龙扎带改造成手指的牵引带。尼龙材料韧性好，有一定的弹性，可以起到类似人类肌肉的效果。每个手指关节都设计有阻点，与尼龙扎带一起限制整根手指向后运动，防止其伸展过度，就像真正的人类手指一样。

下面的装配工作更像是在做一门外科手术。

1 首先需要把尼龙扎带加以改造，用锋利的刀片去除掉扎带头部的反向锁，只保留外环，使其可以穿过一枚螺丝，固定在指尖上。尼龙扎带非常重要，它好比手指的筋骨，从指尖一直延伸至手掌，最后抵达手指牵引器。5根手指需要准备5根这样的尼龙扎带。

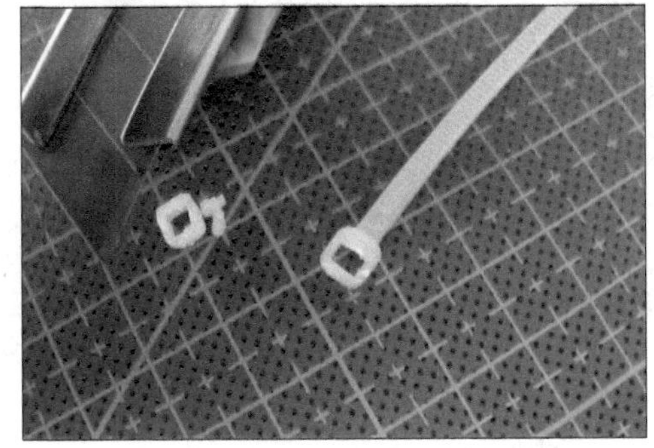

2 尼龙扎带与手指关节的配合安装方法，图中所示为拇指。铜芯起到衔接轴的作用，使关节之间可以自由转动。

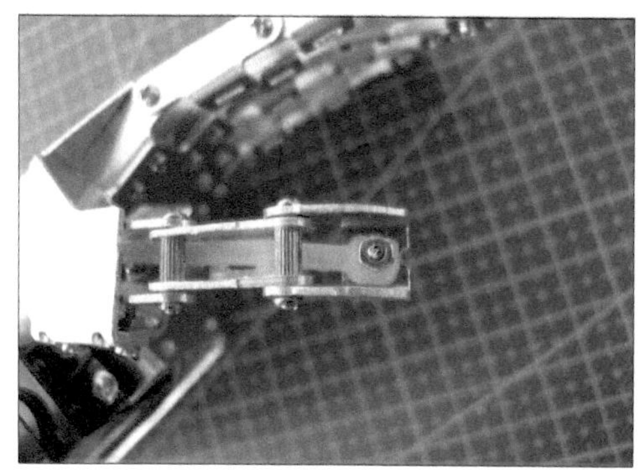

3 另外4指的安装方法，图示为手指内侧（指肚）的细节。

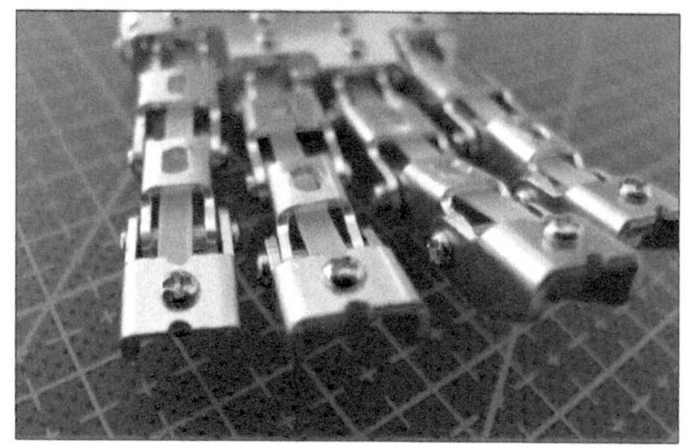

4 手指根部与手掌的固定方法。注意5指根部不在一条水平线上，这也符合人手的真实结构。

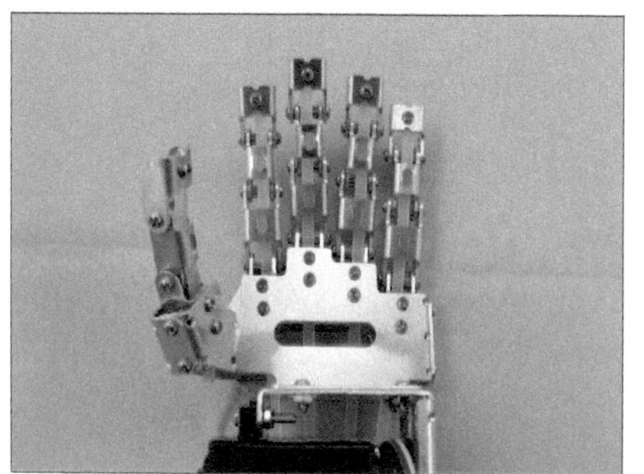

5 基本完成的样子。舵机安装在手掌至手腕的部位。

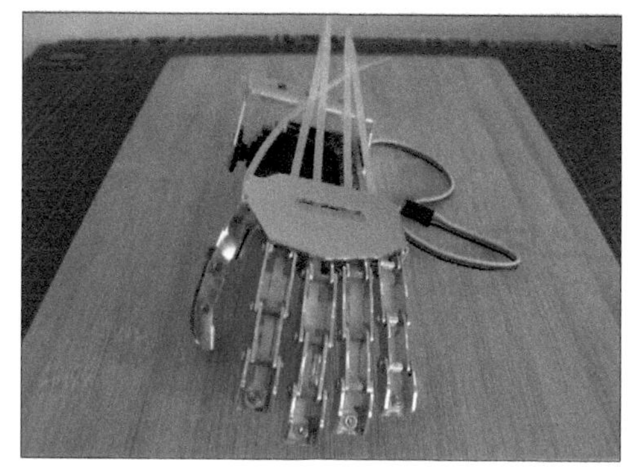

6 最后一步，确定好尼龙扎带的长度，把它们用压片固定在牵引器上。在这里遇到一个小问题，装配好的机器手无法握拢，也抓不起物体。后来我在与网上朋友的探讨中认识到，人类的抓握动作首先应该是食指、中指、无名指和小指收拢，最后拇指才收拢。在这只机器手中，如果5指同时动作，会造成拇指和食指卡在一起收不拢的结果，这个问题在设计初期没有考虑到。好在调整起来也很简单，只需把拇指的尼龙扎带适当放长，使舵机带动牵引器转动的时候，先拉动其他4根手指，到一定角度时拇指才被牵引就可以了。从图中可以看出右侧（拇指侧）的尼龙扎带明显留长了一些。

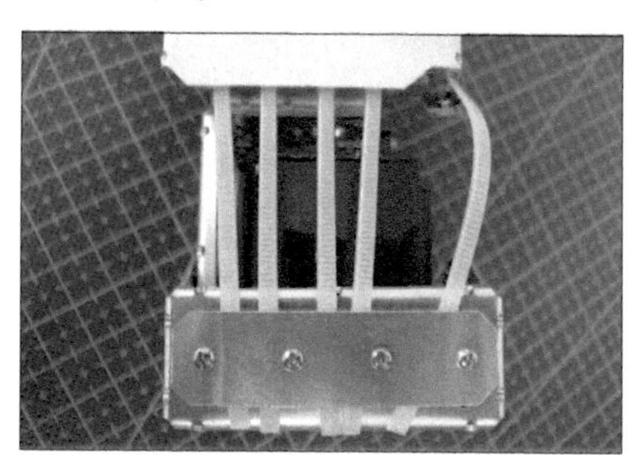

7 从小指侧侧视装配完毕的机器手。

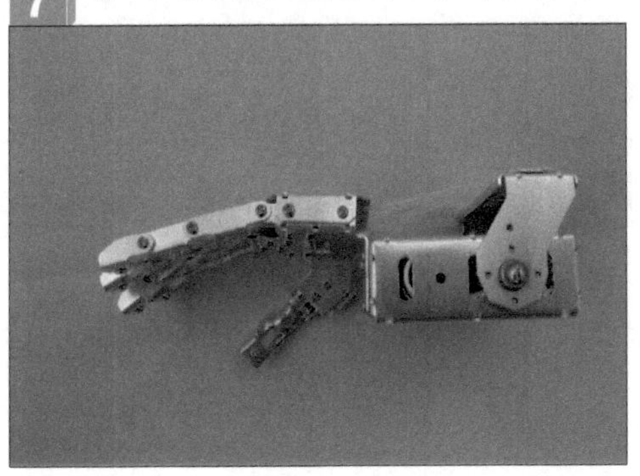

8 从拇指侧侧视机器手。

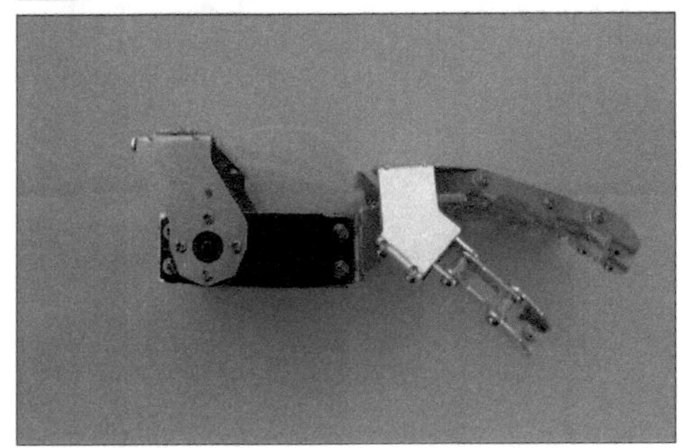

9 手指半合拢的形态。

10 试着抓握起一只橘子。

3.4.3 结论

作为我制作的第一只机器手，它的试验意义要更多一些，可以完成抓和握的动作，但对所握之物并无感觉，只是不加区别地抓握而已。虽然这个作品的设计比较简单，功能也很幼稚，但这是我在人形机器的制作道路上迈出的第一步。在以后的制作中，我会试着给它添加上手腕、手臂，甚至整个身体，还会设计出功能更完善的机器手，而它将作为一个历史纪念摆在书架上，起码现在的外观看起来还不错。

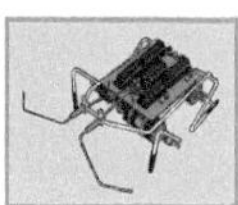

3.5 6足机器人

6足机器人是现在机器人爱好者之间谈论比较多的话题。这种机器人的特点是结构复杂、技术含量高、行动异常灵活。它可以按照主人的指令执行各种动作，例如跨越高低起伏的障碍，吓得小动物们四散奔逃。当然，制作过程也充满了挑战。

与双足机器人一样，同样是多自由度机器人，但6足机器人更受欢迎。其中一个主要原因是它更容易实现：双足机器人的腿部舵机会承受整部机器人的重量，对一般的模型舵机来说是个严峻的考验，舵机的性能和价格比是呈指数上升的，这就增加了制作双足机器人的成本；而6足机器人的结构决定了它在平衡性的控制上比双足要容易得多，几条腿分散受力使机器人对舵机的要求也降低了。实际上很多爱好者制作的6足机器人使用的都是价格非常便宜的迷你舵机，完工后的机器人也非常“迷你”，所以很多人都亲切地称这种6足机器人为“小六”。

那么，如何着手制作一部6足机器人呢？在正式开始之前，我想先发表一点关于这个级别作品的制作理念的一点观点。我在翻译一些国外爱好者撰写的优秀文章和书籍的过程中，发现了一个非常有趣的变化——用词的变化。摩机（MOD，modify）和DIY，尤其是DIY，是国内制作爱好者用得最多的词了。摩机一词在20世纪90年代的电子刊物里面频繁出现，常用来描述音响改造，至于DIY，则是随处可见了。那么其他国家的爱好者喜欢用什么词汇来描述他们的创作呢？DIY一词仍然常见，而更多的则是make（制作）、build、construct 、create（这3个均有建造和搭建的意思）、model（模型、建模）、remodel（重建）、assemble（装配）、hack（改

造、修改）、project（项目）、plan（方案）。和DIY相比，这些词强调的是资源整合与重组。从这些词语的变化也可以看出这几十年间爱好者制作理念的巨大变化。

3.5.1 6足机器人的构成

对于“小六”这样比较复杂的制作，我总结出一个观点，说白了就是“你不一定什么都懂”。其实我们只要利用好现有的资源，把它们组合在一起并实现预想的功能就可以了。“小六”包括以下3部分。

1. 动力和运动部分

遗憾的是，现在市场上可供机器人爱好者使用的经济实惠的专用材料非常少，大家常用的材料都来自另一个领域——无线电遥控模型。好在模型配套的电池、充电器和舵机都是非常成熟的产品，规格全，价格与机器人专用材料相比也要便宜得多。动力部分最常用的就是6V的镍氢电池或者7.4V的锂离子电池，运动部分最常用的是9g舵机和38g舵机（又叫标准舵机）。需要注意的是：

（1）这里所说的“几克”舵机，一般指的不是舵机的重量，而是舵机的尺寸。“小六”使用的是9g舵机，一些塑料齿的舵机重量的确在9g上下，而质量更好的金属齿舵机重量则达到12g或者更高。但是它们的尺寸是一样的，安装孔也互相兼容。

（2）这类舵机是设计用在无线电遥控模型上面使用的，并不是机器人专用舵机。好在我们制作的是负荷不太重的小型机器人，它们已经足够满足需要了。最重要的一点是，它们比较便宜，各个品牌之间有一套通用的标准，安装和替换都非常方便。

（3）模型舵机的寿命一般都不太长，通常连续运转不超过30h，就会因为机件磨损而报废。不过不用太担心这个数字，因为它们在机器人上是间歇运转的，实际可以使用很长时间。

（4）模型电源一般是通过电调稳压后，通过无线电接收机给舵机供电的，在机器人上需要采取其他降压措施。注意最好不要让7.4V锂离子电池直接给9g舵机供电（9g舵机额定电压一般是6V）。实际使用中最常用也是最简单的办法是串一个大电流二极管（压降0.7V）或整流桥的半桥给电池降压。这个方法的缺点是舵机跑起来发软。如果用38g舵机制作中型机器人，可以直接用锂电池供电。

（5）模型电池需要专用的平衡充电器。如果有兴趣，这部分可以尝试一下DIY。

2. 结构部分

结构部分指的是支撑着机器人的骨架，爱好者可以发挥的余地非常大，尤其适合学习过机械制造的朋友们大展身手。工具可以使用传统手工工具，也可以使用雕刻机，常见的制作材料包括铝合金、PVC、亚克力（有机玻璃），甚至木质骨架都出现过一些非常精彩的作品。

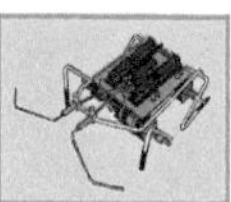

3. 控制部分

多自由度的机器人，一个自由度就是一个关节，意味着要控制一个舵机。基础型“小六”需要至少12个舵机（每条腿2个），但是更常见的是每条腿3个，一共18个舵机的结构。如何让这么多舵机有序地运转，就需要用到舵机控制板了。本质上说，舵机控制板就是一种产生脉冲的协处理器，通过串口接收数据指令并分配脉冲。我们有两个可选的方案。

（1）用单片机直接控制舵机。前提是单片机的I/O口数量足够多，并且速度够快，否则会出现脉冲时序的问题。例如，要求不高的话，Arduino就是一个不错的选择，常见的Arduino UNO有14个I/O端口，完全可以满足12自由度简易6足机器人的制作，还可以利用Arduino自带的舵机库。这个方法的缺点是需要编程，实现起来有一定难度，单片机的利用率不高，不同作品之间兼容性不好，程序调试也比较麻烦。这个方法适合对某个型号的单片机和编程语言非常熟悉的爱好者。

（2）使用成品或者自己设计舵机控制板。把舵机控制板作为一个功能模块使用，作品之间兼容性好，一块舵机控制板可以用来试验好多个机器人。值得一提的是，舵机控制板有两种形式：一种是基础型控制板，只能通过串口控制，自己无法独立工作，使用时需要给它配一个主控，指令（需要编程）通过主控发送给舵机板；另一种是组合型舵机板，板载动作存储器和扩展接口，可以把编排好的动作储存在板子上，既可以通过蓝牙、红外线、游戏手柄或其他遥控方式接收指令，也可以通过主控接收指令。第二种是比较适合初学者的方式，只要通过PC上的图形化软件编排好机器人的动作并存储在舵机控制板上，就可以用遥控器发出指令，控制机器人的动作了。

图3-21所示是两款典型的舵机控制板，在许多精彩的机器人作品上都可以见到它们的身影。图中左侧是Q-BOT团队的陈瑞琪设计的32路舵机控制板，右侧是DIY-BOT团队的杨昊昕（懒猫侠）设计的24路舵机控制板。

下面就以我组装的一部6足机器人为例，向大家详细介绍一下“小六”的装配过程。

图 3-21　两款典型的舵机控制板

3.5.2 装配过程

1 “小六”的结构件采用和机器乌龟相同的材料和工艺，由陈瑞琪用雕刻机加工而成。小窍门：使用竹制牙签可以非常轻松地去除铝板经过铣刀加工后形成的毛边，且不会破坏材料表面的光洁度。

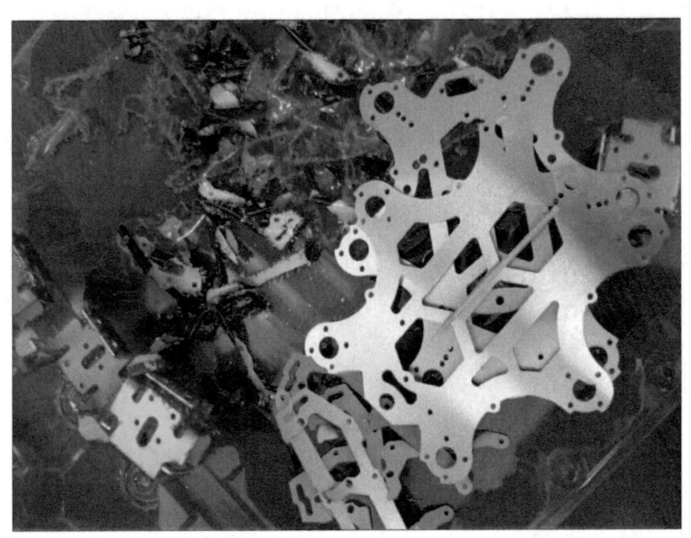

2 这是“小六”所需的全部零件（图中所示仅为零件种类，实际每种不止这个数量），看起来似乎没有想象中那么复杂。除了铝合金的结构部分和舵机控制板以外，其他零件均为市场上流通的材料。

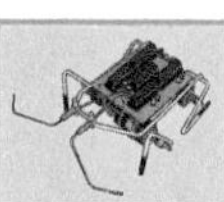

3 开始装配“小六”的底盘部分，最先安装的是机器人的“心脏”——一块7.4V/900mAh/25C的锂离子电池。

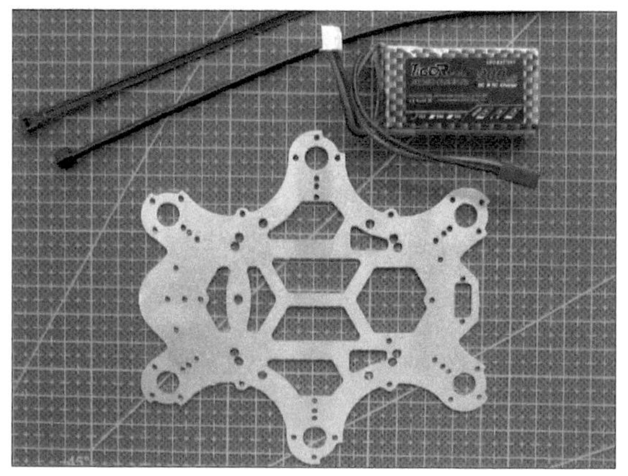

4 陈瑞琪设计的32路舵机控制板，内置动作存储和PS2游戏手柄接口电路。

5 电池就位以后，在四周安装4个尼龙立柱，在立柱上固定好机器人的“大脑”——舵机控制板。

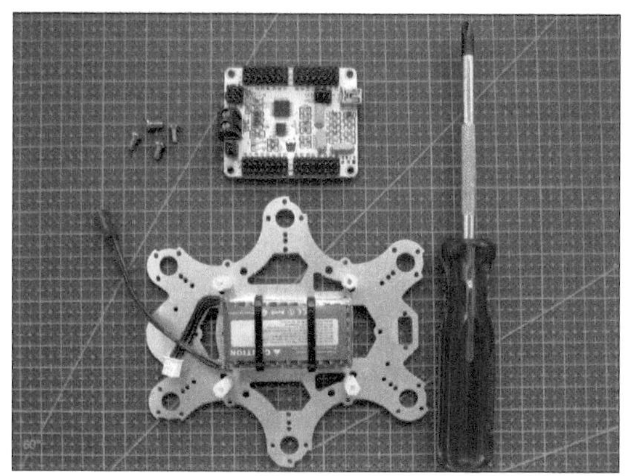

6 舵机控制板就位后，电池位于电路板正下方，板子和电池之间有一定距离。

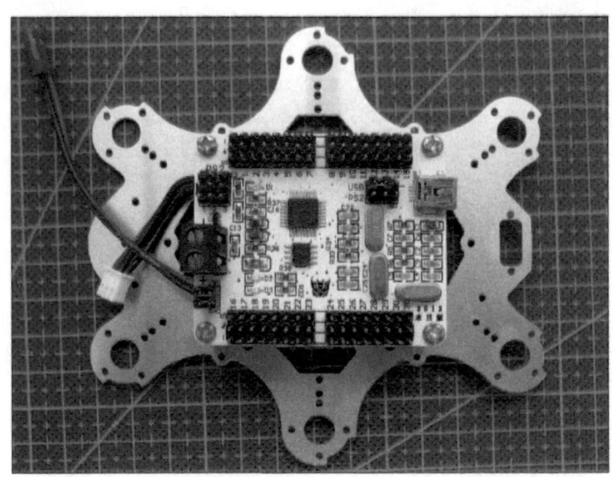

7 图示为连接底盘和上盖的铜柱。铜柱高度为40mm，相当于机器人大腿根部舵机组件安装上舵盘和舵机虚轴侧轴承的高度，并留有一定的活动间隙。

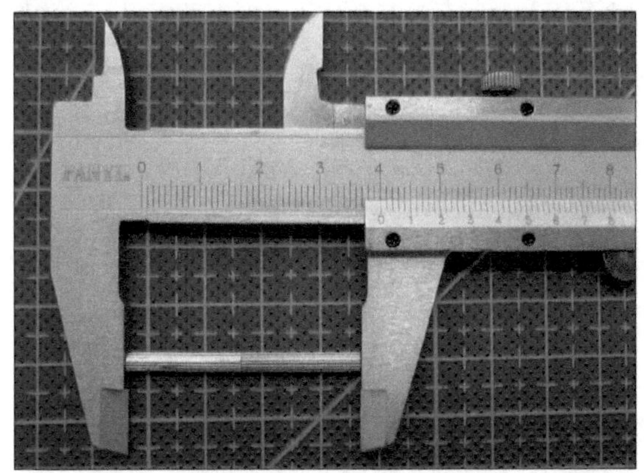

8 在底盘上安装6个和大腿舵机配套的舵盘。注意舵盘有4个安装孔，只要上好对称侧的固定螺丝就可以了，共需要12颗M2自攻螺丝。

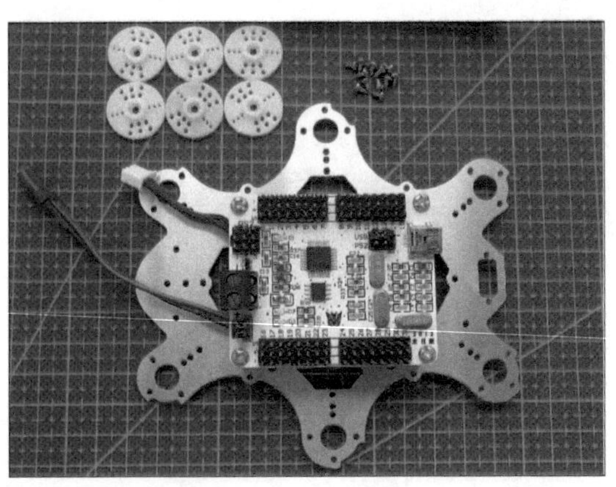

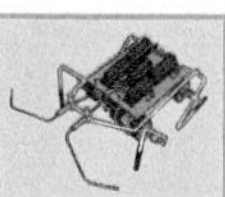

9 这是安装好6个舵盘和4个支撑铜柱的底盘。下一步是安装PS2手柄和USB电缆切换开关（见图片上方）。切换这个开关可以选择机器人是通过PC还是PS2手柄控制。

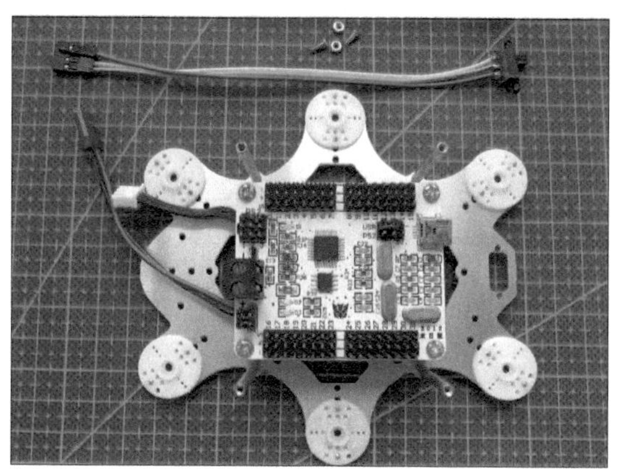

10 开关安装在底盘内侧（图中右侧中间位置），图为底盘翻过来后的底视图。至此，机器人的底盘部分就基本制作完成了。还差一个降压二极管，最后总装的时候固定在底盘（肚皮）下面。

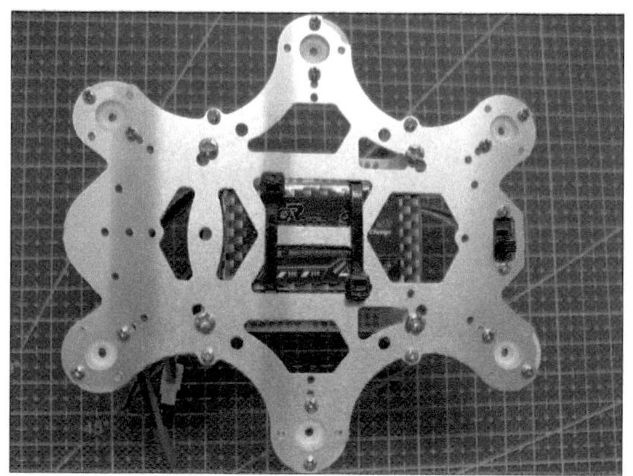

11 开始组装大腿根部舵机组件，这个组件上将要安装两个舵机，分别为大腿第一关节舵机和大腿第件关节舵机。

12 这是组装好的一对舵机支架，分别对应着机器人左侧和右侧的大腿。6足机器人需要3对这样的架子。

13 在架子上安装大腿第一、二关节的舵机。每个架子安装2个舵机，6个架子共需要12个舵机。

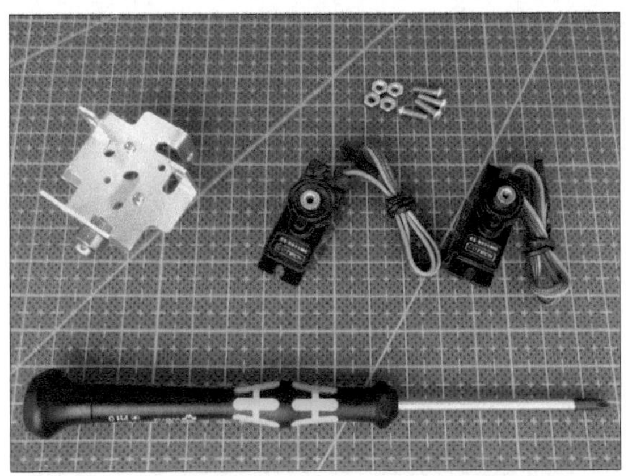

14 安装好舵机的大腿组件，图中分别为左侧和右侧组件。虚轴位置装有铜轴承的是大腿第一关节舵机。

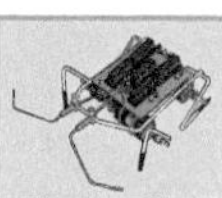

15 组装大腿第二关节，图中所示为一个关节的零件，一共需要6套。舵盘同样采用M2自攻螺丝固定。

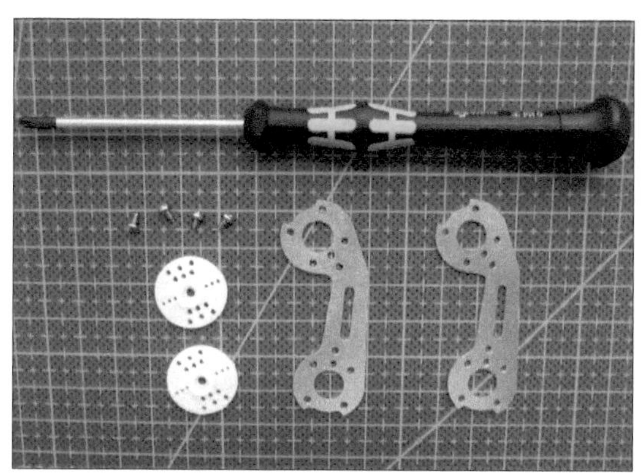

16 组装好的左、右大腿第二关节。舵盘夹在两个铝合金结构件内侧，与舵机配合的花键朝向同一方向。

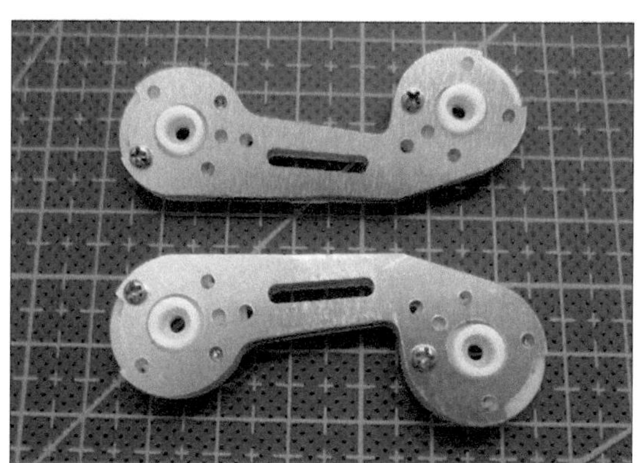

17 组装小腿组件，图中所示为一套零件，和大腿第二关节一样，整个机器人一共需要6套。

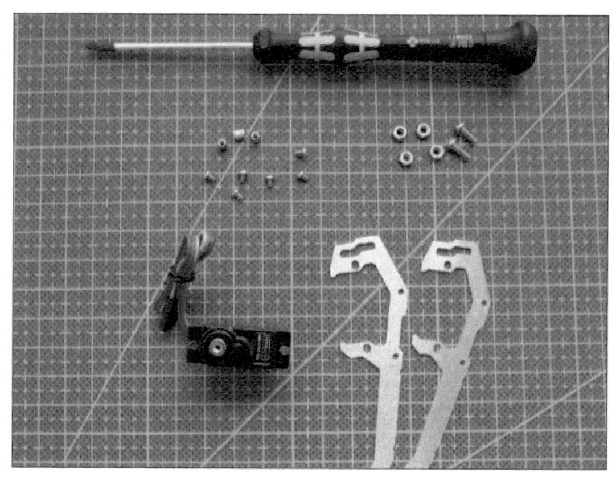

18 小腿和大腿第二关节均采用双层加强的结构，小腿的铝合金结构件内侧垫的是一个M2通孔铜柱。

19 完成了80%的样子，看着这么一大堆零碎，有点吃完海鲜大餐后一片狼藉的感觉。

20 机器人的上盖比较简单，就是一个PS2接收器。PS2接收器是不带线的，需要自己加上连线，我使用的是成品杜邦扁平电缆（一共需要9根）。

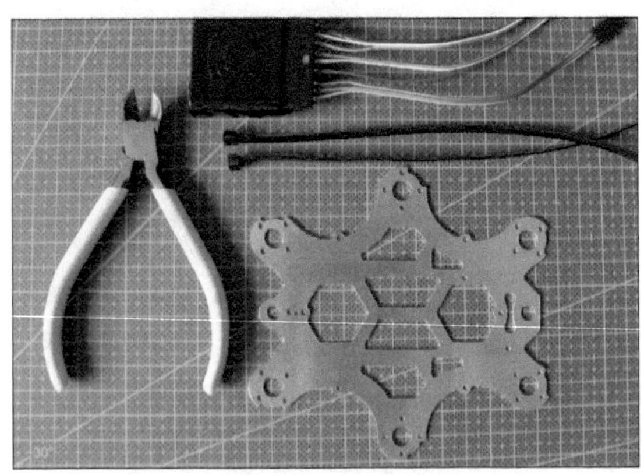

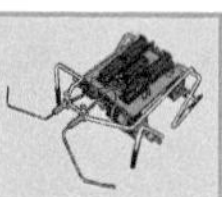

21 用扎带固定好接收器。图为顶视图，如果觉得PS2接收器背在机器人后背上不好看，也可以把它拆开，只保留机芯，焊上9根线，塞到机器人的肚子里面。我个人喜欢把它装在后背上，这样PS2模块上面的两个指示灯看起来好像是“小六”的两只眼睛，观赏效果非常好。

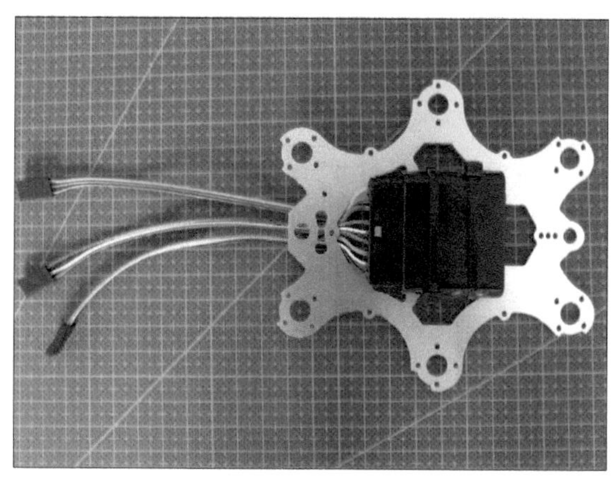

22 “编程”环节，和前面介绍的一样，并不需要做底层开发，我们只要编排好机器人的动作，并把它下载到舵机控制板就可以了。

提示：需要注意的是，在总装之前一定要对所有舵机进行复位操作。这是因为买回来的舵机不一定是在中间位置，新舵机拆开包装不做处理就安装在机器人上，很可能因为调试过程中出现阻钻问题而烧毁。

23 舵机复位以后就可以进行最后的总装了。机器人的结构部分在设计时有一个初始状态，指的就是所有舵机复位状态下机器人所保持的姿态。图中所示即为“小六”的初始状态。

提示：舵机与舵机控制板之间连线的固定是一个比较令人头疼的问题，处

理不好的话，机器人在运转时，这些电缆极易卡住关节。一般多自由度的机器人都会采取电缆贴着骨架走线并固定的方式，注意让电缆在活动部位留有一定余量。我采用的是另一种不太常见的方式——使用工业控制系统里常用的螺旋式绕线管（图中黑色的管子）。用这种方法处理的好处一是风格独特，二是电缆的活动空间大。

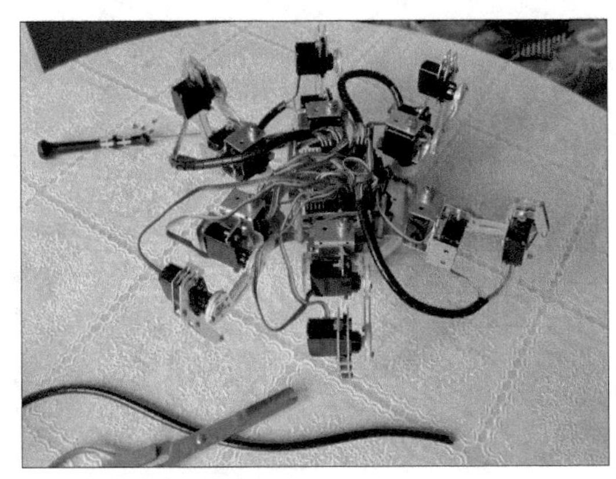

舵机和舵盘配合误差的解决办法

在这个步骤，爱好者可能会遇到舵机和舵盘的配合误差问题：个别关节的舵机装上舵盘上以后，总会和其他关节差一个角度。这是一个令人抓狂的问题，来回调整，要么就多了，要么就少了，总是找不到合适的位置。不要小看这个问题，它对机器人的影响非常大，会使机器人出现姿态失衡、重心不稳、执行误差等一系列后果。举个最简单的例子，机器人会走不直。

这里有两种解决方法：第一种方法是把舵盘转一个角度（90°、−90°、180°），微调一下舵盘花键（就是安装舵机输出轴的那个带很多齿的孔）的位置，这是一个机械式的调整方法，多少有点靠运气，不过通常都能得到不错的结果；第二种方法是采取电子补偿的方式，利用舵机控制板自带的偏差补偿功能，但是这个功能不是所有的舵机控制板都有。

下面是对我所使用的舵机控制板的偏差补偿功能的说明。

大家可能已经知道，脉宽为1500μs（1.5ms）的脉冲可以控制舵机回复到中点位置，我们用数字P表示。假设图3-22中的第18号舵机（图中左上角对应“小六”的左侧前小腿的舵机）存在装配误差，造成这个小腿关节无法回到初始状态，总是和其他腿差一个角度。在软件中引入一个偏差校正B，B的数值为±100，舵机最后执行的角度是$P+B$的绝对值，见图右下角发送区，18号舵机经过校正后发送的脉冲变成了1600μs。

$|P+B|=1500+100=1600$（μs）

软件里面还提供了舵机偏差的保存和读取功能，可以针对特定结构的机器人（特定的关节，甚至特定的某几个舵机）保存偏差数据。依照上述的例子，只要调

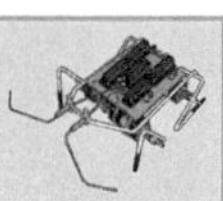

出舵机偏差，18号舵机在执行任何一个动作组的时候，它接收到的脉冲都是经过修正的$|P+B|$。

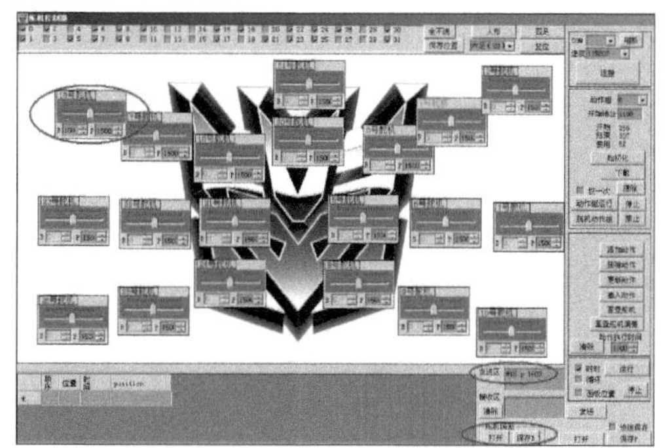

图3-22　舵机控制板的偏差补偿功能

24 处理好舵机电缆和舵盘的安装问题，就可以给“小六”合上上盖，收工了。注意上盖只有4个固定螺丝，6个舵机虚轴的轴承是“悬浮”着嵌入上盖的大孔里面的。

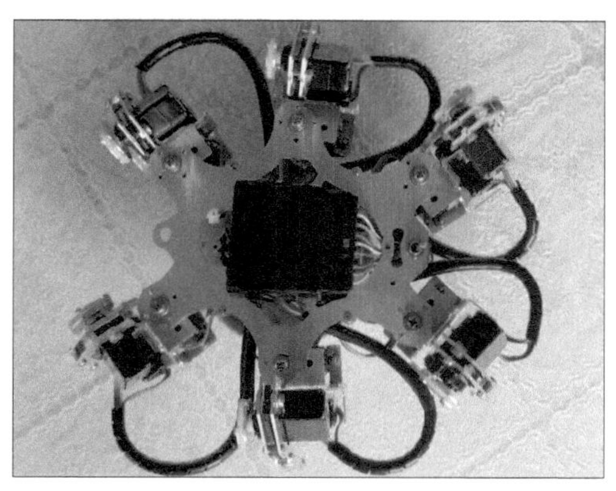

25 图示为装配好的“小六”底盘，可以看到安装好的降压二极管（整流桥）。

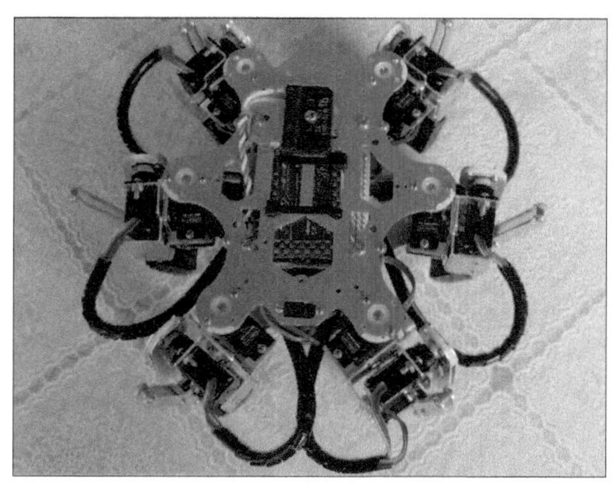

26 接下来下载“小六”的动作组。舵机控制板配套的软件里面已经提供了一些常用动作组，可以直接使用，也可以在这个基础上开发出更具个性化的动作。“小六”的姿态还是蛮多的，比如效果超炫的“波浪腿”。

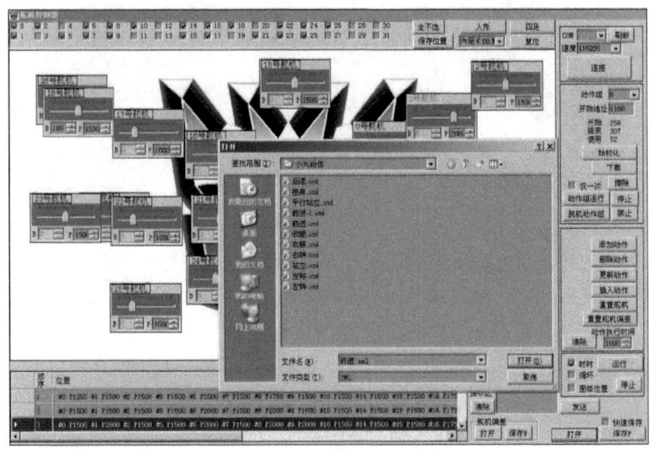

动作组

举例来说，我们已经有了一块舵机控制板和18个舵机，怎么控制“小六”执行“前进”的动作呢？这需要舵机控制板按一定时序控制18个舵机的动作，带动“小六”的关节活动，推动机器人前进。一个动作显然是不够的，所以就有了动作组的概念。

图3-23所示的9个步骤里，1至3为“小六”执行“前进”指令的准备状态；从4至9，9重新回到4为一个循环，并依次执行。

图3-23为俯视图，表示了小六的6条腿上的18个舵机与舵机控制板的物理接口的位置（14号、15号为安装在小六头部控制夹持器的两只舵机，见下文）。

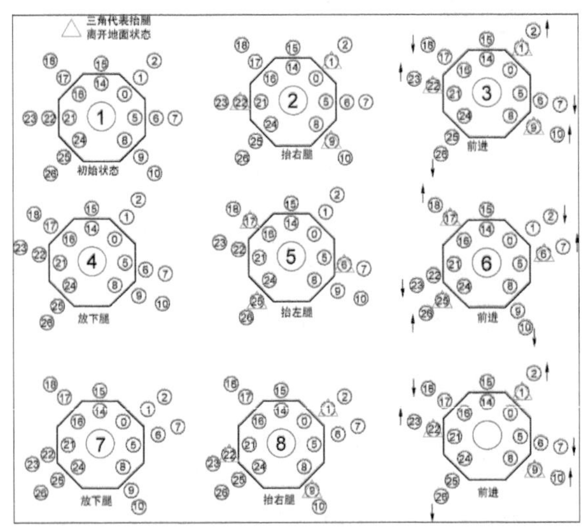

图3-23　6足机器人的动作组

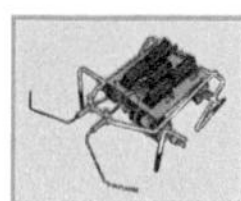

27 下载完程序后，就可以把“小六”底部的小开关切换到PS2手柄状态，控制它在房间里巡视了一番了。

3.5.3 夹持器的安装

如果觉得装了18个舵机的基础版“小六”行动起来还不够酷，那么就再给它加上一点“武器”吧！下面是给“小六”安装夹持器的过程。术语上把安装在机器人上面的手臂、夹子、夹持器统称为“末端执行器”，这类机构的复杂程度不亚于机器人的主体结构。

1 图示为制作夹持器所需的零件。和主体结构一样，也采取双层加强的方式。

2 组装“夹子”部分，不要小看这么一个结构，上面的零件一共有41个（还没算上驱动它的两个舵机)!

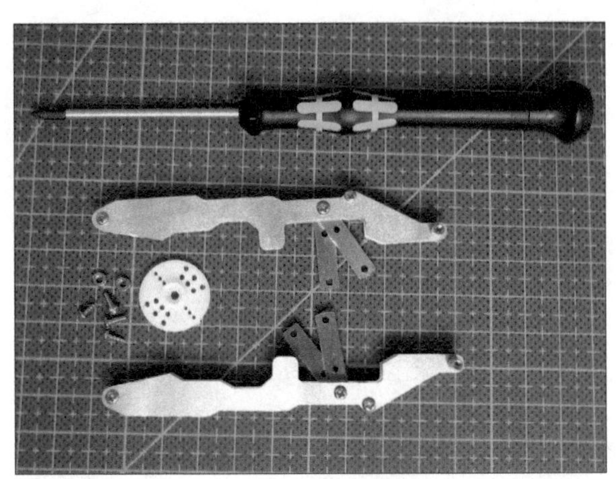

3 夹持器的驱动机构——两个舵机上下交错安装。左侧的舵机控制夹子的张开和收拢，右边的舵机控制夹子整体结构的左右移动。

4 两个舵机也是安装在双层加强的铝合金结构件上。猜猜这个结构一共多少零件？答案是17个。

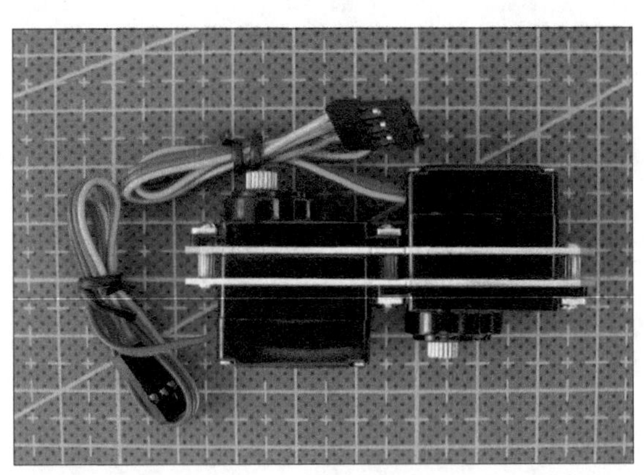

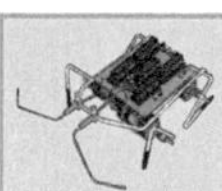

5 夹子和舵盘组装到一起的样子。这部分结构安装在“小六”的底盘上。

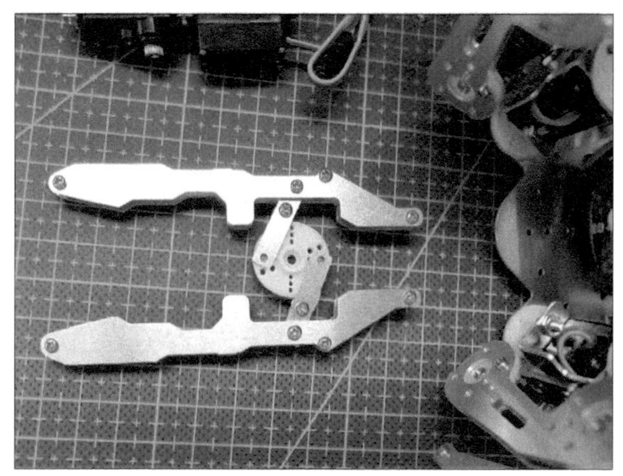

6 安装在底盘上的夹子，图中所示为夹子的初始状态。使用时可以通过PS2手柄控制它张开和左右移动。

7 安装好两只驱动电机，合上上盖以后的样子。“小六”就“武装到牙齿”了。

8 安装夹持器后的“小六”的顶视图。

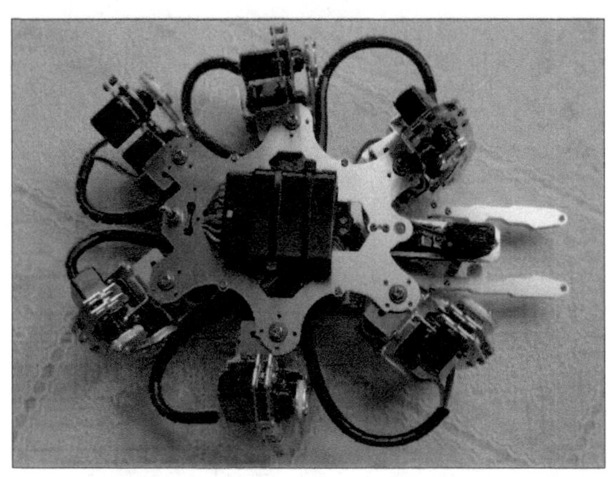

9 安装夹持器后的“小六”的底视图。

10 这张图是前面制作的机器乌龟和“小六”的合影。机器乌龟使用的是9个38g标准舵机，“小六”使用的是20个9g迷你舵机，大家对照图片可以对这两个级别的机器人有个大概印象。

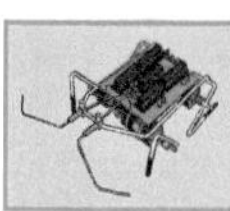

3.5.4 手工制作机器人骨架

对于喜欢个性化设计或资金有限的爱好者，也可以手工制作机器人的骨架。因为“小六”骨架的结构比较简单，对强度要求也不高，可以灵活选择手边的材料。下面就以DIY-BOT团队的杨昊昕开发的HelloRobot系列6足机器人（详见www.diy-bot.com）为例，简单说明一下我用废光驱外壳、硬盘片和铝合金边角料变通制作个性化金属骨架的思路。

从上面的雕刻机版“小六”可以看出，6足机器人骨架比较复杂的部分是大腿根部两个舵机构成的*XY*关节。这个关节需要把两个舵机的轴线错开90°固定在一个架子上。HelloRobot系列6足机器人已经有了成熟的骨架设计，原始设计材料为PVC线槽。我的计划是把PVC换成金属，首先从*XY*关节的结构件下手。架子的替换材料为光驱外壳，实现起来非常简单，只需裁剪、打孔和折弯就可以了。

业余爱好可以走多远？我的答案是：“千万别急着下定论”！

1 制作架子所用的工具和材料，图中每个小方块是一个架子,6个*XY*关节需要加工6个小方块，注意左右对称。

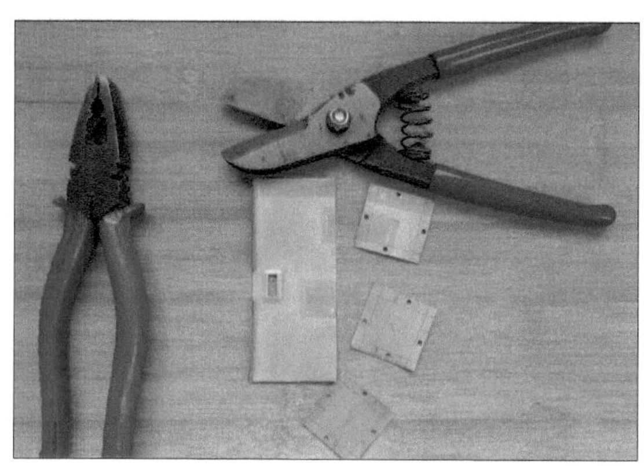

2 裁剪折弯后的单个架子。尺寸可以参考DIY-BOT提供的数据。

3 装好舵机的XY关节，可以看到两个舵机贴合得非常好。左边两个是机器人身体左侧的关节，最右边的是右侧关节。

4 图示为机器人右侧的3条小腿。大腿和小腿需要有一定强度，光驱外壳铁皮无法满足需要，我使用的替换材料是5052铝板。因为尺寸很小，可以使用平时留下的边角料加工，废物利用。尺寸也按照DIY-BOT提供的数据选取。

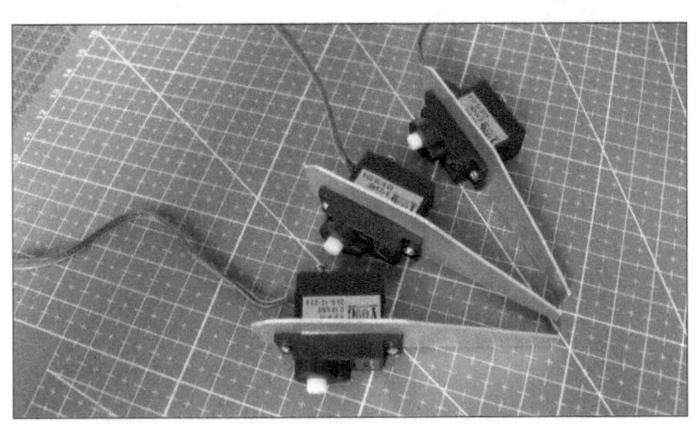

5 “小六”的上、下盖板由硬盘片构成，只需在圆周打6个舵机安装孔，在盘片上打好舵机控制板和电池的安装孔就可以了。盘片中心的大圆孔可以用来穿线，非常方便。图中所示为安装好舵机控制板和电池的上盖板。

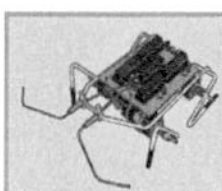

6 准备总装的全部部件，又一盘“海鲜大餐”。

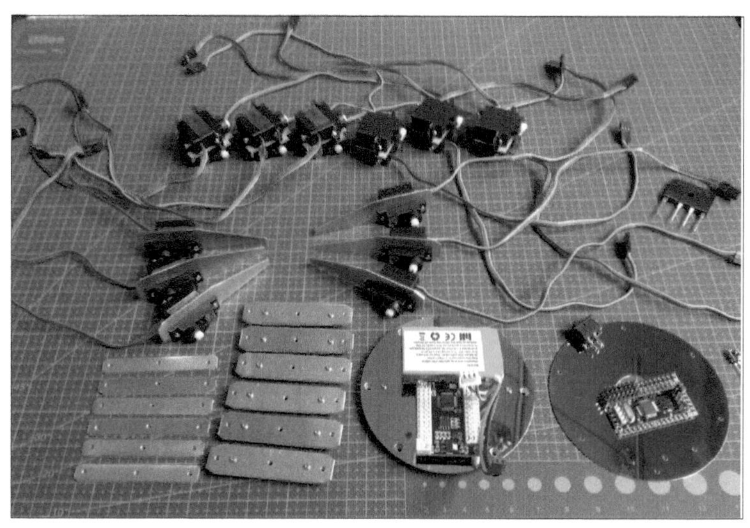

7 预装配的样子。在5英寸硬盘片边沿安装6个9g舵机，活动空间刚刚好。剩下的步骤和前面制作雕刻机版“小六”一样，连接计算机，编排动作组，脱机运行，走起！

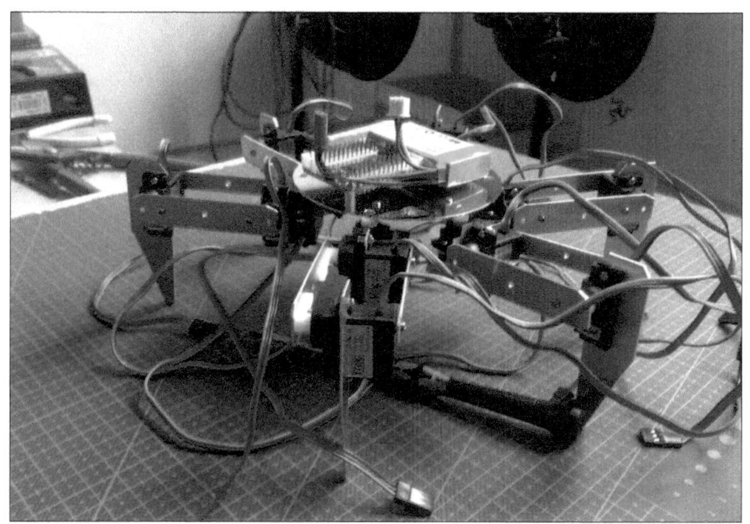

3.6 传感器、舵机、Arduino和机器狗

本章介绍的9自由度机器龟和6足机器人均需要爱好者具备一定的设计、制作经验才能制作，对工具的选择和使用都有比较高的要求。如果你是一名初学者，只是想先迅速地把机器人组装起来，也可以走个捷径——使用机器人学习套件。

随着机器人爱好的普及，市场上出现了很多设计优秀、价格适中的机器人套件。使用成品套件可以简化机器人的设计、加工环节，降低结构部分的制作难度，便于爱好者快速上手。本节要讨论的就是一个典型的入门级4足机器人套件。

一片AVR ATmega8单片机，只有8KB程序内存和1KB数据内存，刷了Arduino固件，内存就更小了，可以做什么？可能很多初学者会认为用它驾驭一辆智能小车都有点勉强。如果让它同时控制8个舵机、一个4路输出具有动态跟踪功能的2自由度云台，组成一只机器狗，最后还要让小狗和主人互动，做出诸如双腿站立、观察、握手等花样百出的动作，是不是有点强人所难？

3.6.1 10自由度机器狗

提起多自由度机器人的核心元件，很多朋友会想到舵机控制板和舵机。如果你想制作具有自主行为的步行机器人，情况就会复杂得多，还要用到主控板和传感器。系统的工作流程是主控板采集传感器信号，经主程序分析以后，决定机器

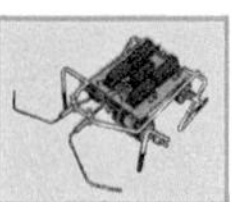

人各个关节舵机的旋转。比如传感器检测到前方有障碍，就应该令腿部舵机停止运转，启用头部云台扫描周围环境或发出后退指令，机器人的每个动作都是在一组舵机的有序运转下实现的。这些动作可以成组编写在主程序里，通过主控板上的I/O输出直接驱动舵机。但实际情况是舵机数量多了以后，主控板上的单片机就会不堪重负，于是我们就引入了舵机控制板，把涉及动作的部分全部交给这块板子，动作组预先编排并存储在板子里，通过串口调用。这里主控板好比一台计算机的CPU，舵机控制板好比协处理器，两块板子上的单片机相对独立，各司其职。

对业余机器人爱好者来说，8位单片机的好玩之处在于怎么能从有限的资源中挖掘出更大的价值。如果能用一片单片机完成所有工作，岂不是很有趣？因此第一种方案不失为一种更具创客精神的选择。本文介绍的正是这样一个典型例子，用一块Arduino兼容板控制10个舵机，与特制的红外传感器组成一只机器狗，而隐藏在这只动作丰富的小狗下面的，只不过是一片AVR ATmega8单片机。

下面要制作的是一只名为PlayfulPuppy的机器狗，它是一款面向机器人初学者的产品，设计师为Russell Cameron。

1 准备好机器狗的全部材料，开始组装。可以看出，机器狗的完成度很高，套件包含了组装所需的全部材料以及一把小螺丝刀、一只扳手和一张光盘。机器狗的结构非常简单，但是有几个非常有意思的设计，比如磁力吸附式连接-限位装置、固定电池盒的尼龙拉扣、脚上的止滑垫，还有那个安装在头部大得有点夸张的复合式电子眼。

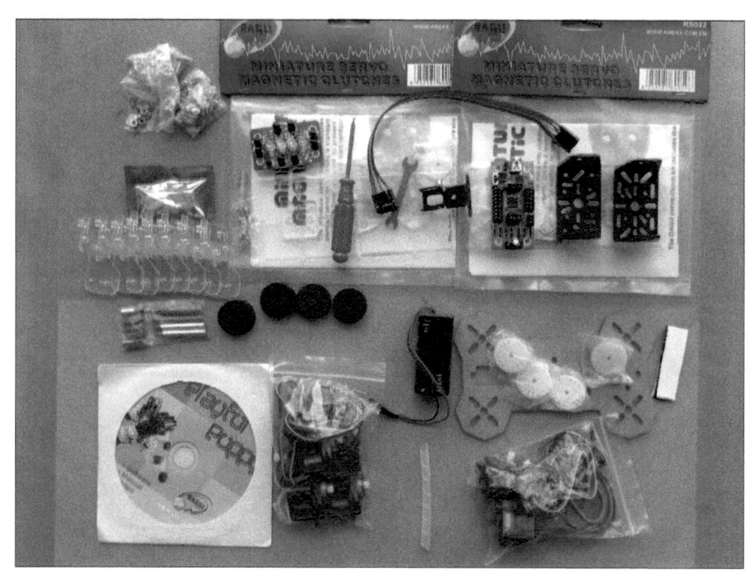

2 首先组装身体部分。机器狗的每条腿由2个舵机驱动，一个驱动髋关节，另一个驱动膝关节。因为只有4条腿，做复杂动作（比如抬起两只前爪，用后腿站立）时的平衡性就不如6足爬虫式机器人，所以设计师给它的每只脚都穿上了一个由泡沫垫制成的黑色轮形“靴子”以增加摩擦力，起到止滑的作用。

3 每套髋关节和膝关节舵机是典型的*XY*连接方式，髋关节水平转动，膝关节垂直转动。下图所示为组装好的4个髋关节。为了简化结构，小狗腿部只设计了两个结构件。请注意4个髋关节，包括前面的膝关节都是左右对称安装的。

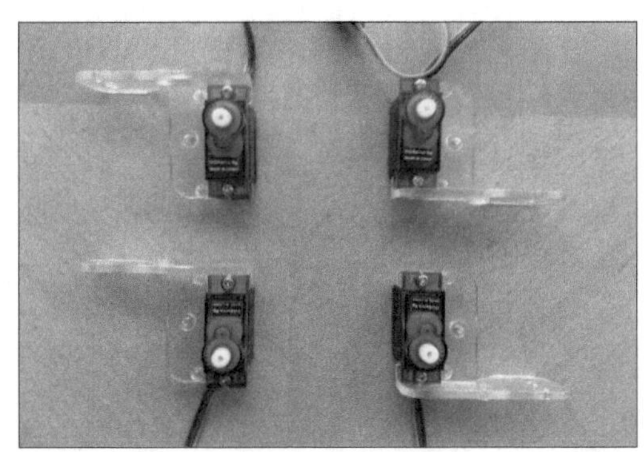

4 身体由一张大板构成,4条腿通过髋关节舵机和固定在大板上的舵盘连接在一起。

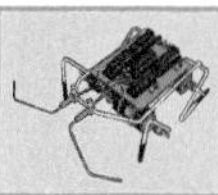

5 机器狗的电子部分也安装在这块构成身体的大板上。下图为组装完成的身体部分的俯视图，主控板安装在后侧，主控板下面留出的空间用来安置电池。右边那截白色的绕线管是个拟态设计，构成了小狗的尾巴。

6 下图为身体部分的底视图。从图中可以看到藏在主控板下面的电池盒，电池盒通过尼龙拉扣固定在大板上。

7 到这里就不得不提一下机器人的核心部分——一块由AVR ATmega8构成的主控板。这是一块设计巧妙，功能丰富的Arduino兼容板。从图中可以看到板子引出了模拟端口A0~A5、数字端口D2~D6及D11~D13，并给每个引脚都配备了电源，这样连接传感器和舵机就非常方便了。舵机电源是通过跳线切换的，可选择直接由电池供电以获得足够的动力。剩下的D7~D10分配给两个电机（这里用不到），在板子右侧可以看到由晶体管组成的H桥，可以同时驱动两个小型电机，也可以通过跳线连接输出功率更大的电机驱动模块。此外，主芯片的左侧还预留出了1个蓝牙模块接口，功能可谓十分强大。

8 接下来组装机器狗的头部。头部由云台（由两个舵机驱动）和一个特制的可以检测上、下、左、右4个方向的红外线传感器构成。舵机和从动机构的连接方式比较特殊，为磁力吸附式。下面以驱动小狗脖子水平转动的舵机为例简单介绍一下这种结构的原理。下图中下方的舵盘和舵机直接连接，舵盘花键套在舵机的输出轴上，我们把这个舵盘称为“主动舵盘”。固定在黑色框架上的椭圆形舵盘为“从动舵盘”。两个舵盘之间嵌入8块磁铁，磁极按顺时针排列为N-S-N-S，两个舵盘在常态为吸合式连接，通过拧入舵机输出轴上的一个长螺丝钉固定，但是不固定死，舵盘之间可以自由滑动。舵机在理想范围内转动时，因为磁力的作用，主动舵盘会带动从动机构（固定在椭圆舵盘上的框架）一起动作。如果从动机构卡死，椭圆舵盘就会跟着卡死，此时主动舵盘就会空转，防止舵机出现卡转的问题。舵机关闭以后，在磁力作用下，两个舵盘又恢复到常态（相当于机械归零）。改变8块磁铁的排列方式，可以满足不同的应用。比如安装在可连续旋转舵机上，驱动一辆小车。

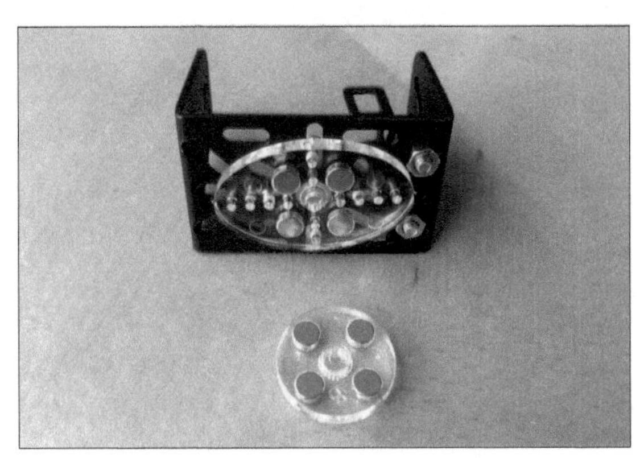

9 特制的红外线传感器安装在另一个框架上，通过一个可上下转动的舵机控制机器狗的抬头和低头。这部分结构的舵机与框架也是采用磁力吸附式连接。传感器是Russell Cameron的另一个得意设计。中间4个是红外发射管，在单片机发出的脉冲信号下工作。分布在上下左右4个方向上两个一对的是红外接收管，负责接收经物体反射回来的红外线。它的工作原理有点类似大家熟悉的超声波测距传感器，也会用到digitalWrite()和delayMicroseconds()函数，红外接收管的响应时间也是微秒级。但是读取红外接收管上的电压变化要用到analogRead()并占用一个模拟I/O。一发四收，自然整个模块要占用单片机的5个I/O口，加上前面说的10个舵机，一共用掉15个I/O口（只剩下几个预留给电机和蓝牙的I/O口，差不多榨尽了Arduino的全部资源）。喜欢Arduino的玩家都赞同这样一个观点：虽然Arduino有若干限制，但并不妨碍我们找乐子（极限应用）。

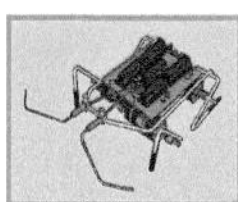

10 弄明白了磁力吸附式连接-限位原理，剩下的工作就简单了。下图所示是传感器组件和抬头舵机的安装方式。

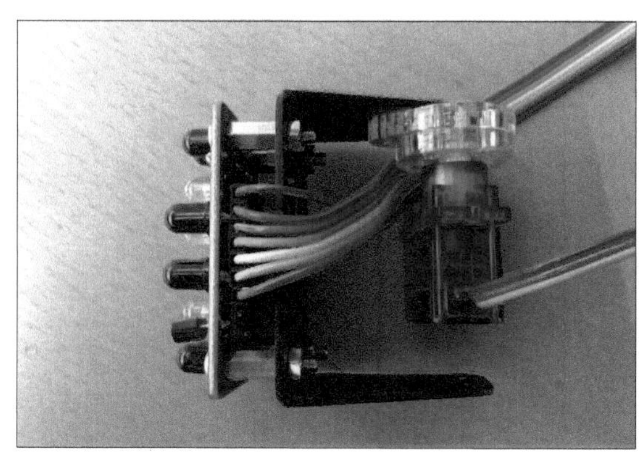

11 最后完成整个系统的总装。下图为组装完的机器狗的俯视图。

12 机器狗抬起左前爪，想和你握个手。

13 下图为机器狗的右侧视图。

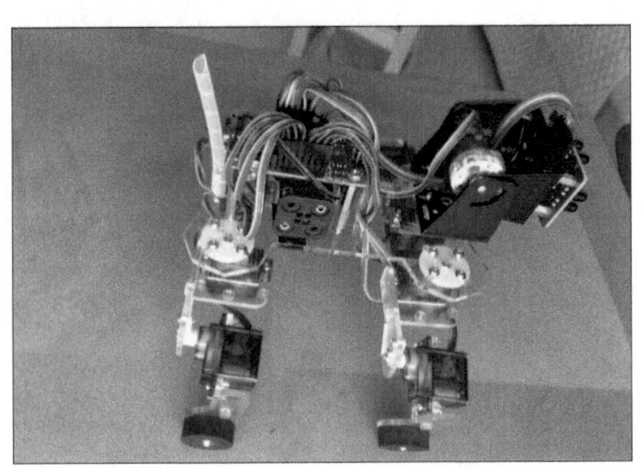

3.6.2 程序让机器狗活起来

机器狗套件附带的光盘里包含了Arduino IDE、电路板驱动和配套程序。作为一个开源项目，你也可以在大谷的技术支持网站下载到全部代码。因为Arduino软硬件具有很大的通用性，只要对这个平台稍有了解，你就可以用手头的Arduino UNO/Nano加上一些插针、跳线和舵机把这只机器狗抱回家。

Arduino IDE经过几次更新，已经越来越完善了，程序的组织方式也从一个长长的.pde文件（阅读和修改都很困难）变成了模块化设计。打开机器狗的主程序PlayfulPuppy.ino，会同时打开多个标签，这些标签相当于主程序下的一个个功能模块，和主程序的区别是没有setup( )和loop( )函数，它们只有在主程序调用时才起作用。为了调试方便，你也可以建立新的标签，只要主程序不调用，这部分就不会被编译上传（见图3-24）。这样程序员就可以像一个木偶表演艺术家一样，通过几根线（标签），把整个系统的控制权牢牢握在自己手里。

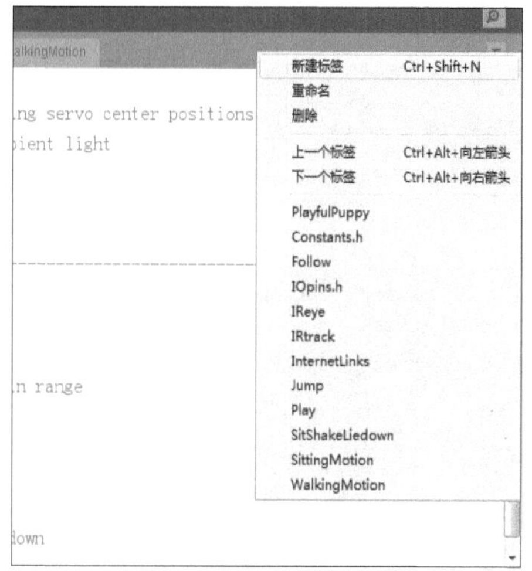

图3-24 新建一个标签（我使用的Arduino IDE的版本是1.5.6-r2）

以这个机器狗为例，假设你手里有一块标准的Arduino UNO，你可以不修改程序，只需要自制或购买一个上文提到的红外线传感器，再把涉及的I/O口引出至舵机和传感器并给它们提供电源就可以了。如果你想用自己的传感器，那么你只需要简单修改或注销掉主程序涉及IReye( )和Irtrack( )的部分，换成自己的函数。

3.6.3 一些随机想法

即使你是一位经验丰富的程序员，用AVRStudio、WinAVR这些原生平台为AVR ATmega8编写一个机器狗程序也不是一件容易的事情。对业余爱好者和创客来说，一种单片机是否简单好用应该永远摆在第一位，这样你就可以腾出更多时间考虑创意的部分。想起一个好点子，敲几行代码，马上就可以实现。不用担心熔丝，不用面对令人头疼的寄存器、定时和中断，省去了烦琐的下载器，代之以方便的串口监视器，这就是Arduino。我们不需要像从业人员那样深入过多技术细节，考虑成本、加密这些应用以外的问题。

Arduino刚开始流行时，因为过分强调它的简单，“电子积木”“教学工具”这类字眼使不少人产生了一些误解。很多刚接触单片机的玩家甚至认为Arduino只能进行简单的I/O操作，实现点亮熄灭几个小灯或启停电机这样的任何一个单片机都可以做到的小把戏。Arduino固件要占用一部分内存，并且以函数形式封装了大部分底层硬件，程序臃肿、效率低下似乎成了这个平台的代名词。网上经常会看到“Arduino也可以制作机器人？”的疑问。希望本文可以拨云见日，让你重新认识Arduino。

3.7 数控焰火——“火神”

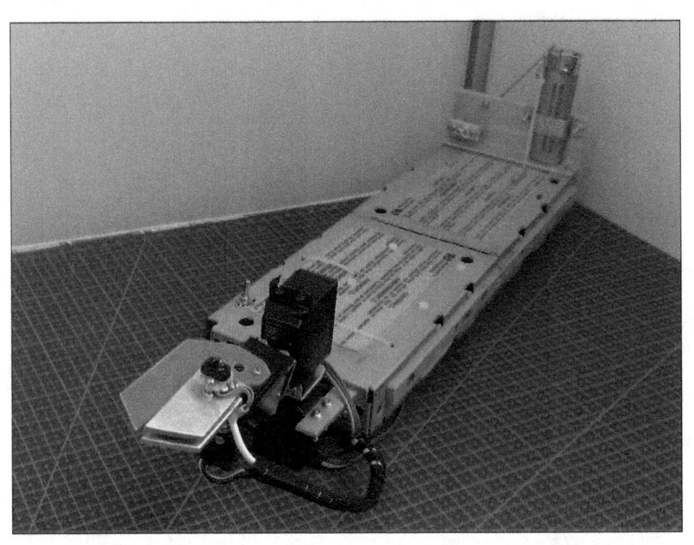

作为一个实用性机器人，题图里的这个“坏家伙”可以通过自动或遥控的方式燃放手持烟花。这个机器人只有4个自由度（4DOF），结构比前面制作的9DOF的机器乌龟和20DOF的“小六”要简单得多，但是它有一个最大的优点——实用！试想你所创造的一部机器可以漂亮地执行预先编排好的工作，它所带来的乐趣将是多方面的，既有你在设计和制作过程中的乐趣，也有遇到难题并将其解决的乐趣，更重要的是可以感染周围的人，让更多的人体会到机器人技术的神奇。

注意：这个项目涉及明火，在制作和使用过程中一定注意安全。

3.7.1 “火神”的构思

很多人都抱怨业余机器人没什么实用价值，想一想也确实是这样，除了我们这些爱好者们“以科学的名义”摆弄摆弄这些小零件，离开了实验室就基本做不了什么了……其实，你马上就可以给机器人分配一点任务，让它们也可以好好表现一番。

“火神”的灵感来自手持烟花，手持烟花是一种比较安全的焰火，燃放简单，观赏效果好，“过火”面积小，甚至小孩子都可以操作。既然这么简单，那么就把一部分工作交给机器人好了。

这个机器人的执行机构包括两部分，一个是大家都已经很熟悉的机器手，另

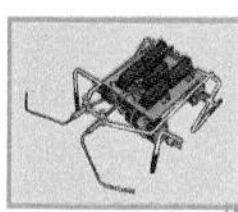

一个是点火装置。它的操作方法很简单：把烟花递给机器人，剩下就是看机器自己表演了。“火神”的名字来自一篇小说，最开始制作时只是把它称为焰火机器人，快完工时听到电台播讲的一篇惊险小说《敖德萨档案》里面有个代号叫“火神”的人物，觉得这个名字和这部机器人倒是很搭配。这也是我第一次给机器人起名字（之前都是按功能和外观笼统地称呼）。

材料：

>> 2mm厚铝板，用边角料就可以，只需要很小1块
>> 2mm厚环氧树脂板，1小块
>> 2mm厚铝条，1小块
>> 1mm厚5052铝板，1小块
>> L形铝材，1块
>> 车条，1根
>> 一次性打火机，1个
>> 洞洞板（可选），1小块，实际使用4孔×3孔
>> 底座，任何有一定分量的阻燃材料制作的底座均可
>> 舵机，对扭力有一定要求，建议13kg以上的金属齿舵机
>> M3螺丝、螺母、垫片，适量
>> M2螺丝、螺母、自攻螺丝，适量
>> 尼龙扎带，适量
>> 舵机控制板
>> 红外反射式光电传感器
>> 电池、充电器，1套
>> 开关，1个
>> 微波炉铝箔，适量
>> 绕线管（可选），1小段

制作工具：

>> M3.2钻头、台钻
>> 卡尺、画线笔、钢尺
>> 电刻笔（可选）
>> 十字螺丝刀
>> 焊接工具
>> 尖嘴钳、偏口钳、台钳、平口钳
>> 钢锯
>> 铁剪刀
>> 锉刀

3.7.2 机器手的制作

火神的机器手非常简单，分为两部分：一部分是夹持器，另一部分是一个2DOF的手腕。

1 首先制作夹持器部分。夹持器所需要的材料都是很小块的，可以使用其他项目里剩下的边角料。

2 夹子部分的静片为了获得比较牢靠的夹持效果，采用了双层结构。静片和舵机是等宽的，直接安装在舵机的“耳朵”上，对外形没有严格要求，读者可以自由发挥。

3 夹持器的动片安装在舵机的输出轴上。这是一个近似L形的零件，如果觉得这个形状不好加工，可以把铝板换成环氧树脂板，如图所示。

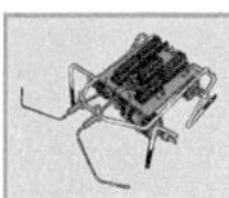

4 这是个可选步骤，用电刻笔给夹子做个标记。制作的东西太多，不做好标记很容易就忘了。电刻笔是一件适合懒人的好用具，配上钨钢笔头，基本可以在任何材料上做标记。

5 舵机的摇臂需要适当修剪一下，使它恰好能安装在动片上，不会有多余的部分。

6 在动片背面安装修剪后的摇臂，这里可以看到用电刻笔做的标记。

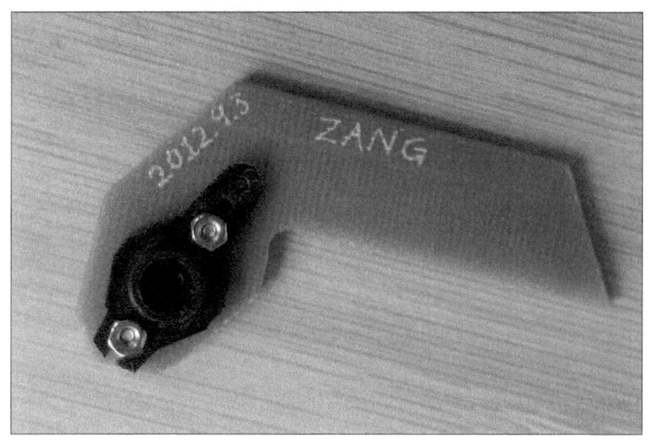

7 如果想制作全自动的机器人，需要在静片的外侧安装一个红外反射式光电传感器。

8 把传感器焊接到一小块3孔 ×4孔的洞洞板上。

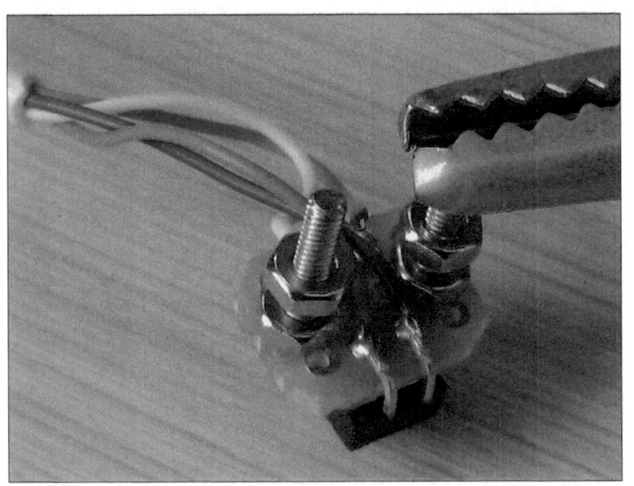

9 这部机器人上安装的红外对管是TCRT5000，电路如图所示。

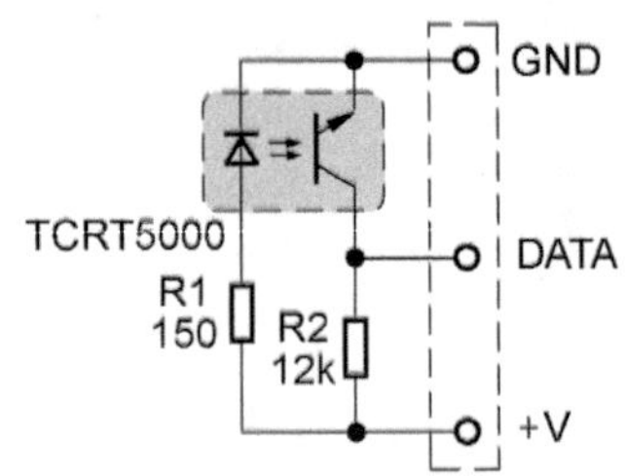

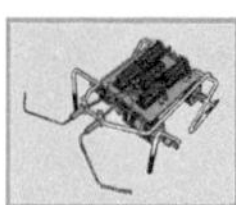

10 这是组装好的夹子，两片静片固定在舵机耳朵上，有一定间隙，动片配合在静片的间隙中。

11 安装好传感器，从这个角度可以看出动片和静片的配合。

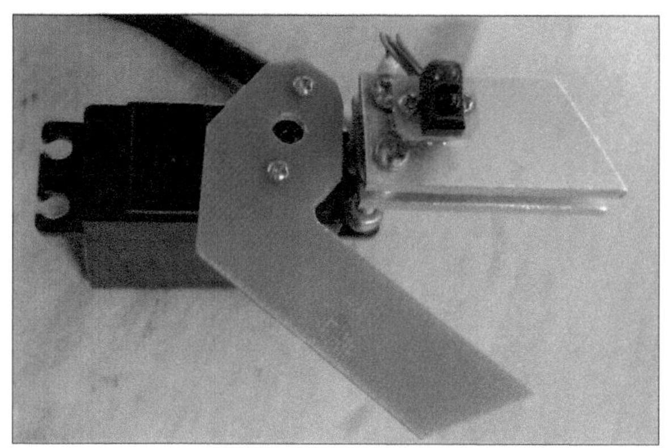

12 下面开始制作手腕部分。手腕由两个关节构成，固定在底盘上。机器人底盘材料是一对服务器硬盘的外壳。

13 把5052铝板（和舵机等宽）打孔并在台钳上折弯。为了方便加工，顺序是先打孔，再折弯，最后剪切。

14 将铝板折弯后，用铁剪刀剪成两小块。实际上就是制作两个L形小零件，起到连接舵耳和轴的作用。

15 铝板剪切以后会有一点卷边，用平口钳和砂纸稍微修整一下。

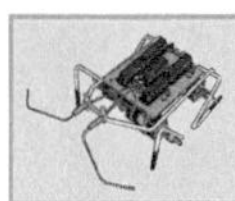

16 把舵机摇臂安装在L形小零件的外侧。

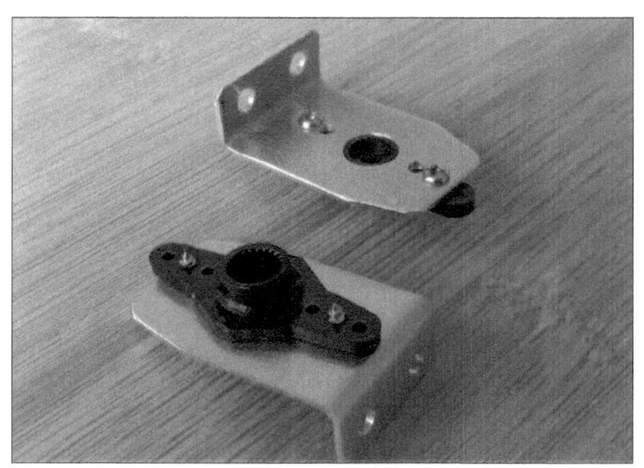

17 把L形小零件安装在舵机上，舵机在中点位置，注意两个零件是对称安装的。

18 下面加工把舵机固定在底盘上的L形支架，需要两对。一对用来固定机器手腕部舵机与底盘，一对用来固定点火装置的舵机。

19 图中所示为舵机与L形架子的安装方法。

20 把手腕部分的两个舵机组装在一起，构成一个典型的*XY*关节。

21 从这个角度可以看清*XY*关节两个舵机的关系。

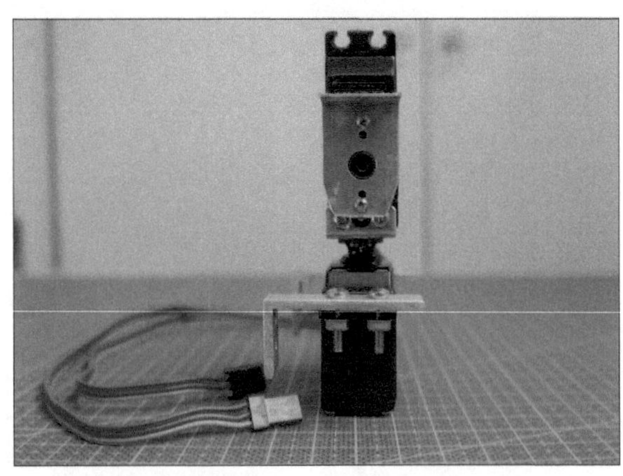

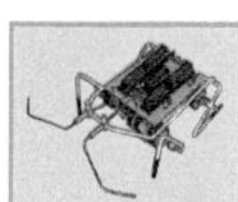

3.7.3 点火装置的制作

1 这是一个简易的拉线式点火装置，火源就是一个常见的一次性打火机。

2 用车条、L 形铝材和 1mm 的 5052 铝板加工出的点火装置的零件。

3 将零件组装在一起的样子。其实，也可以把它看成一个机器左手，固定打火机的那个 Ω 形卡子好比一个握拢了的手掌，负责压下打火机的车条好比是大拇指。

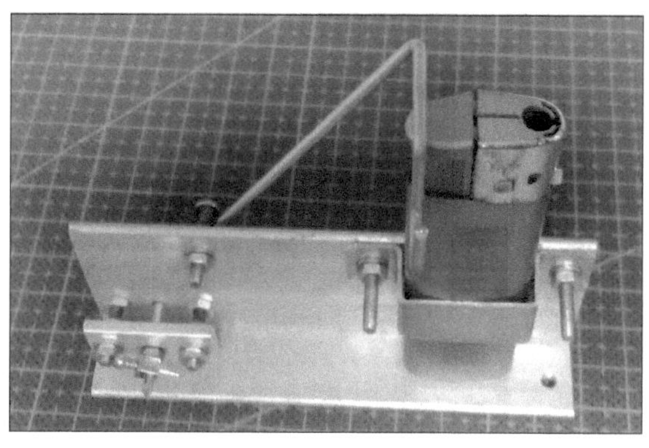

4 另一侧可以看到一个限位螺丝，防止车条过度复位从而脱出。

3.7.4 加工底盘

因为手持烟花比较长，所以我把两个硬盘外壳连接在一起，构成了一个狭长底盘，一端安装机器手，另一端安装点火装置。在相应位置打好安装孔，把两个壳体连接在一起。

3.7.5 总装

1 把点火装置安装在底盘一端。注意车条末端连接着一根尼龙扎带，穿过一个预先钻出的小孔，进入到底盘内部。

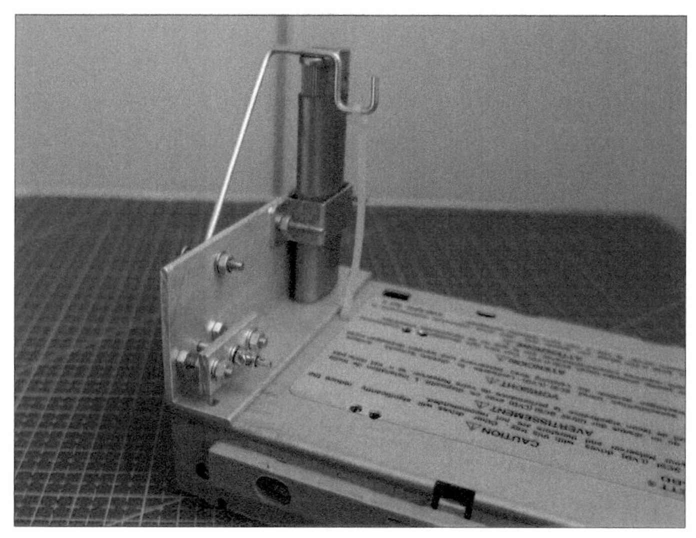

2 在底盘内部相应的位置上安装点火舵机，把尼龙扎带的另一端固定在点火舵机的摇臂上。完成以后的结构有点像老式电灯的拉线开关。

3 机器手安装在点火装置的另一端。

因为只有4个舵机，火神的控制部分比较灵活。可供使用的方案有3个。表3-1总结了这3个方案的特点。

表3-1 3个控制方案

编号	名称	价格（元）	优点	缺点
1	独立的单片机	9	价格低，扩展性好	需要底层编程
2	Arduino、PICAXE、BASIC stamp	90	价格中，扩展性好	编程环境优于方案1
3	舵机控制板	180	价格高，扩展性不如前两个	友好的图形界面，无须编程（除非外接主控）

按照目前的价格，这3个方案的价格的比值差不多是1：10：20。Arduino的编程环境基于C语言，国内用户群比较多。PICAXE和BASIC stamp的环境基于一种特殊的BASIC语言，芯片内置了解释程序。这3种单片机的特点是编程比较方便，比对单独芯片进行底层编程要简单，适合业余爱好者。当然，控制舵机最强有力的硬件还要说舵机控制板，但大多数舵机控制板不能直接连接传感器，需要外挂一个主控，在主控上连接传感器。对于这个项目，为了简化制作，我采用了舵机控制板，4个舵机（严格说是两个，就是手腕的*XY*关节舵机）是按照预定义的编组控制的，组和组之间的切换通过遥控操作。夹持器舵机和点火舵机都是通过PS2手柄的摇杆操纵的，就是说夹取烟花和点火是远程手动控制的（见图3-25）。

如果使用单片机，可以设置成一路输入I/O采集红外线传感器的信息，当传感器检测到物体时，就打开夹持器夹住烟花，然后让*XY*关节的两个舵机和点火舵机协同动作，完成点火操作，建造出全自动的“火神”。因为只有5组信号，Arduino UNO就可以满足要求。

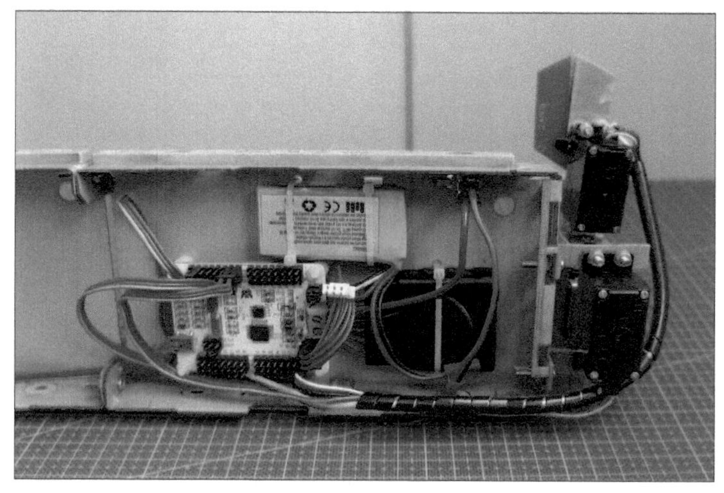

图 3-25 “火神”的电子部分。32路舵机控制板+PS2手柄是一个经典的搭配，之前制作的机器乌龟和“小六”也采用了同样的结构

3.7.6 “火神”的效果

下面4张图片大致说明了“火神”的操作过程，依次为待机、夹取、进料（把烟花送到点火装置并点燃）、挥舞（最后还有个释放动作）。

注意：为使图片看起来清晰，火焰是用Photoshop的镜头光晕滤镜做的特效，特此说明。

1 待机：“火神”的等待状态。

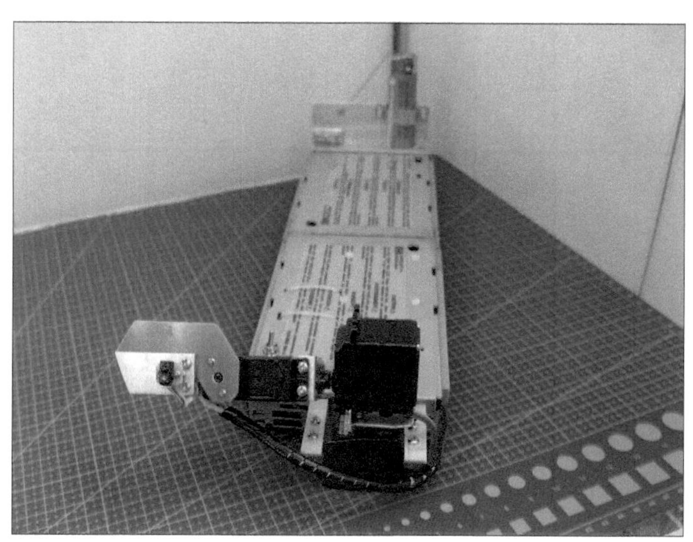

2 夹取：打开夹子，这个步骤是遥控操作的。

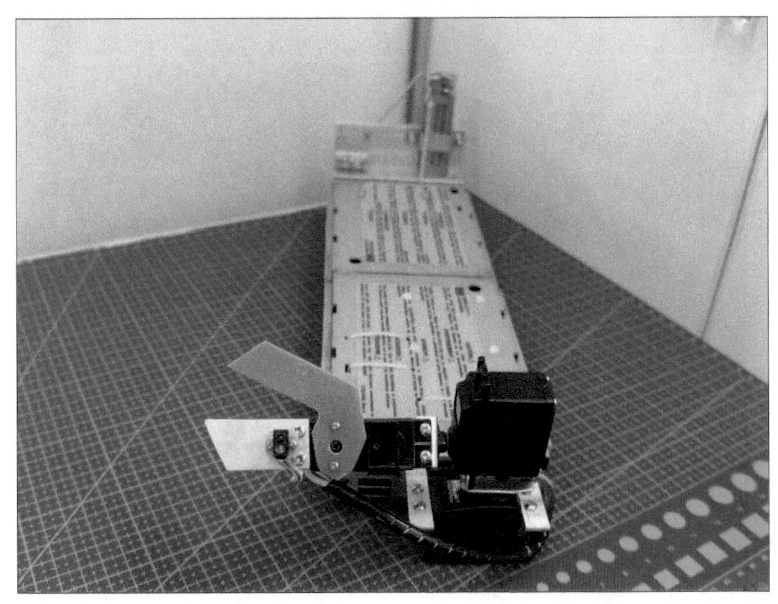

3 进料：机器手给点火装置送料，点火装置启动。注意这个动作组需要有一定的延迟时间，以保证烟花可以点燃。这部机器的夹取和点火都是遥控操作的，可以直观地调整时间。

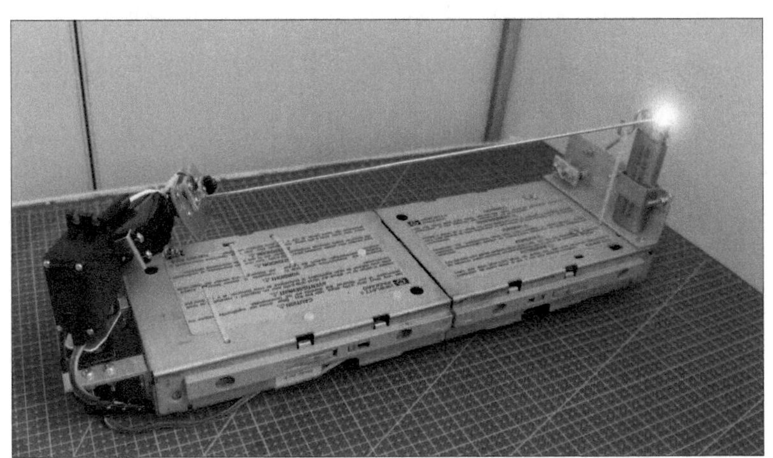

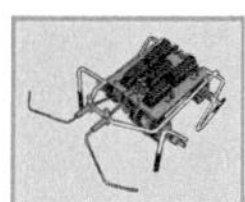

4 挥舞：机器人将烟花送到前侧，并左右挥舞，待烟花燃尽时释放。

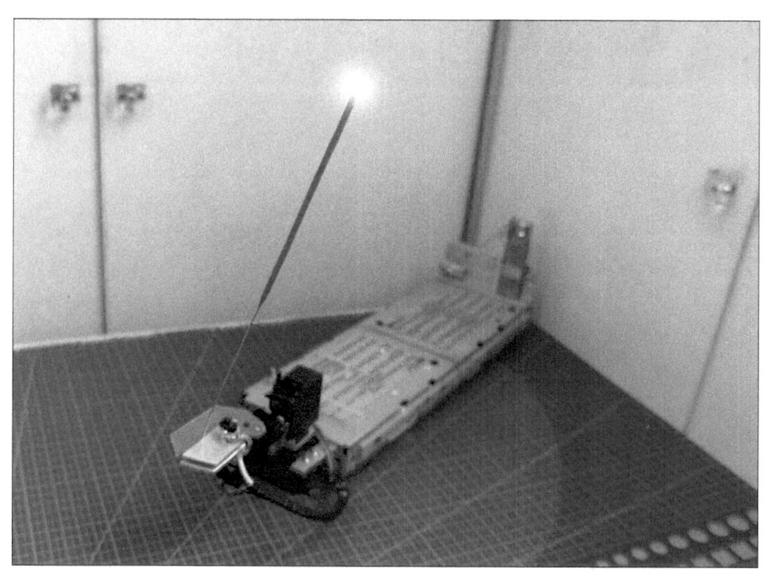

3.7.7 结论

这个项目意在给读者提供一个思路，给机器人安装上不同的执行器可以让它们执行千奇百怪的任务，只有你想不到的。可以在单纯的循线、避障和夹取东西这类传统的挑战上加以发挥。

这是一个既实用又好玩的项目，最大的受益者恐怕就是家里的小朋友了。无疑，这种机器人对喜欢动手的小家伙们来说可是有着极大吸引力呀！让孩子们从小就接触和喜欢上这类“高科技”的玩意儿，激发他们对科学的热情，也是一件让我很得意的事情。

再次声明：“授权”机器人操纵明火是有一定危险的。不需要机器人工作时，一定要把它身上的打火机和电池统统“没收”！

3.8 模块化智能小车制作全攻略

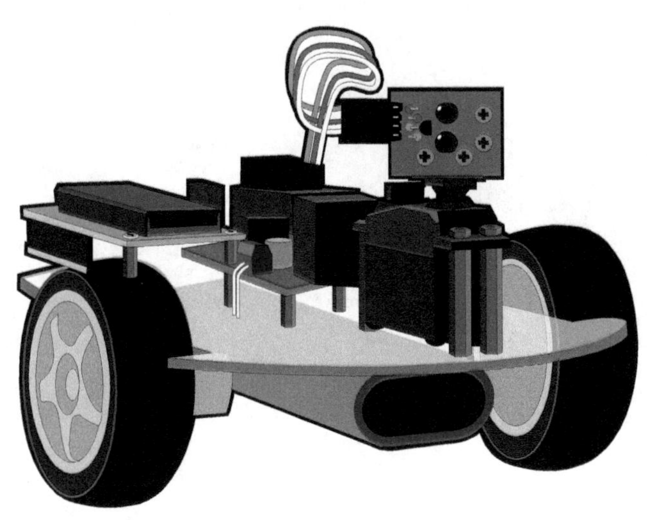

我在网上看到了一篇介绍历代火星车软硬件系统的文章——*Mars Rovers and you*，勾起了我对智能小车的兴趣。如果你对航天工程，特别是星球表面探测器的机载计算机有所了解，就会惊奇地发现，我们平时玩的单片机小车，处理能力一点也不弱。本文介绍的是用市场上能买到的廉价模块建造一辆智能小车模型的全过程。考虑到那些喜欢玩智能车又不知从哪里下手的读者，我尽量简化了系统，降低了造价，并加入了自己的一些应用体会，希望可以帮你跑起第一辆小车。

3.8.1 成品模块

从攒PC到组装无线电遥控模型，模块化建造技术早已深入到各个领域。模块化的前提是成体系的设计，Arduino做到了这一点，所以它火了。但是对机器人硬件来说却没那么简单，市场上现有的模块都是独立设计，虽然设计师已经尽可能考虑了方便连接和接口兼容的问题，但是把多个不同厂家生产的模块无缝连接起来，搭建成一个机器人系统还是需要做一些额外的工作。

本文的这辆小车，从车体到电子设备，95%的部分由成品模块和标准五金件构成，但这并不意味着只是插接连线和拧螺丝就可以完成这个制作。小车所使用的模块如图3-26所示，可以看到它们的尺寸、接口，甚至颜色都有很大差异。我要做的是给这些模块供电，把它们连接起来构成一个定制系统，并确保各接口的

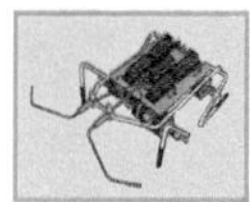

图3-26 小车电子部分所使用的模块

制作小车所需的材料清单：

>>（1）Arduino UNO ×1

>>（2）Arduino传感器扩展板 ×1

>>（3）DYP-ME007超声波传感器 ×1

>>（4）L298N电机驱动板 ×1

>>（5）LCD I^2C转接板 ×1

>>（6）1602液晶屏 ×1

>>（7）2WD小车 ×1

>>（8）SG-5010标准舵机 ×1

>>（9）7.2V/2000mAh镍氢电池 ×1

>>（10）镍氢电池充电器 ×1

>>（11）杜邦跳线、电子线适量

>>（12）洞洞板、铜柱、排针、接头，五金件适量

电平匹配。此外还有许多创客都非常在意的一点：让它们的布局看起来错落有致，赏心悦目。

下面就结合小车的制作过程，分别对这些模块的用法加以说明。

3.8.2 小车

市面上销售的小车非常多，价格也不高。图3-27所示是一辆典型的机器人小车，前边两个电机，后边一个万向轮，这种结构的正式叫法是两轮驱动移动机器人，简称2WD。

小车是以套件形式提供给用户的，需要自己组装。拿到小车以后，第一感觉比想象的要大，读者可以对比照片下面的垫板直观感受一下。不要急着组装，先规划好各个模块的位置，打好固定孔以后再揭开贴膜，防止刮花面板。布局上尽量留出足够的扩展空间，把固定孔一次打好，避免以后升级时大拆大改浪费时间。我采用的布局如图3-28所示。

小车主体材质是厚度为3mm的亚克力板。第一次加工这种材料，感觉它的可塑性比预想的要好，没有那么易碎。板材比较软，不需要打引导孔，可以用3mm

图3-27　典型的2WD小车

图3-28　设计好各个模块的布局

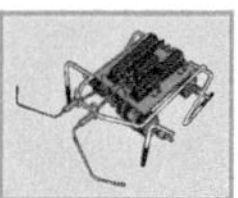

钻头一次完成。但是要注意这种材料非常爱粘钻头，虽然我的台钻转速很低，但是打2~3个孔也要停下来清除一下钻头上粘连的废料（见图3-29）。

图3-29 钻孔时要把握好速度，防止粘连在钻头上的废料影响钻下一个孔的精度

如果你不想让自己的作品长个大众脸，也可以考虑自制小车。小车的结构非常简单，可以充分使用手边现有的材料，甚至是边角料完成制作。原则上底盘尺寸越小，机动性能越好，而如何在方寸之间设计好电机、电池、控制板和传感器的布局，又会是一项挑战。这不是本文的重点，我会在后续文章里展示另一辆手工制作的升级版小车。

3.8.3 传感器

在车头装个舵机，驱动一个装有传感器的云台，可以使小车的动作看起来更拟人化。这种方式的另一个优点是控制起来更加灵活。因为舵机和车轮是独立运转的，这样小车就可以一边运动，一边查看周围的情况，传感器探测方向不受行驶方向限制。

如果没有舵机，就不得不用程序轮询多个传感器。因为传感器在车体上是固定的，只能随着车体运动，这会造成机器人视野不足。为了解决这个问题，一个办法是在机器人上安装足够多的传感器，如图3-30所示的3PA小车；另一个办法是在探测环境时让整个车体转动，但这无疑会大大降低机器人的机动性。

图3-31所示是我使用的两款超声波传感器。这两个型号的传感器在市场上很常见，性能和用法几乎完全相同，只是DYP-ME007多了一个开关量输出。为了把传感器安装在舵机上，需要自制一个结构件。最简单的办法是把排针、排座焊在一小块洞洞板上，然后下面固定一个一字摇臂（见图3-32）。传感器直接插在排座上，随时可以取下来另作他用，非常方便。如果觉得插上去不太牢靠，可以勒

一根橡皮筋辅助固定。信号通过排针引出，方便连接杜邦线。

也可以用边角料拼一个云台，合理利用手边现有的材料再加上一点想象力，就可以做出非常漂亮的云台，而成本几乎是零（见图3-33）。

舵机可以用一个U形支架固定在车体前侧。更简单的办法是用4颗长螺丝或30mm高的铜柱把它架起来（见图3-34）。

图3-30　固定3个传感器，以扩展视野

图3-31　超声波传感器，左侧为DYP-ME007，右侧为HC-SR04

图3-32　用洞洞板制成的云台，兼容4针或5针超声波传感器

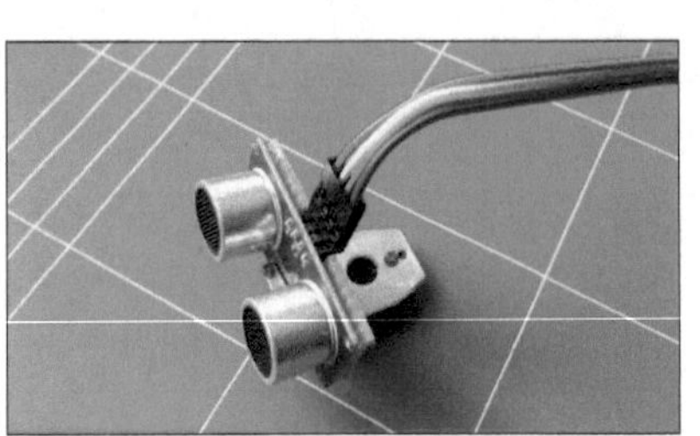

图3-33　用边角料拼成的云台

图3-34　用4个铜柱可以轻松地让一个标准舵机“蹲”在底盘上

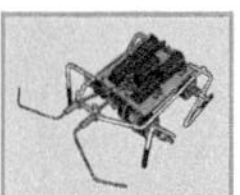

3.8.4 主控板

主控板的首选是单片机最小系统板，就是一个单片机加上晶体振荡器和几个阻容元件，通过排针引出所有I/O的一小块电路板。相对于单片机开发板，这种板子的优点是尺寸小，便于安装，没有多余功能，价格也比较低。

市面上有很多8位、16位，甚至是32位的单片机最小系统板可供使用。对小车来说，除非你做数据采集，不然32位单片机就有点太浪费了。要知道1997年登陆火星的Sojourner，机载CPU（中央处理器）的主频也不过2MHz，每秒钟只能运行25万条8bit简单指令。常见的8位单片机，如51、STC、AVR的处理能力都比它高。

这辆小车用到的Arduino UNO也相当于一个最小系统，它的核心是一个刷了Arduino固件的AVR ATmega328单片机。Arduino的优势是把硬件和IDE都系统化了，从电路板到函数都有一套固定标准，并且彻底开源。这样就使它的应用和共享变得非常容易，这也是我选择Arduino的原因。

我手头有3块不同版本的Arduino，小车上用的是DCCduino。图3-35所示是另外两块，右边蓝色的是朋友2009年送我的一块纯手工焊接的Arduino Duemilanove，现在想起来，它可能是我收到过的最好礼物了，左边红色的是Seeeduino。不同版本的Arduino基本兼容，简单说就是换硬件不用动软件，只要在IDE里选择合适的板卡，确保各个I/O口的连线对应就可以了。但是要注意一些衍生版Arduino的USB转232芯片与官方的不同，需要安装对应的驱动程序。FTDI芯片的驱动最简单，一般系统可以自动完成安装。如果是其他厂家的转换芯片，就要下载第三方驱动程序，比如DCCduino使用的就是CH340。

原始版Arduino UNO的I/O口全部是排座，这样它就无法直接用跳线连接传感器针脚。为了便于使用杜邦跳线，很多衍生版Arduino UNO在排座的基础上添加了排针。但就算引出了排针，也只能连接有限的设备，因为还要解决供电的问

图3-35 不同版本的Arduino，左侧为Seeeduino，右侧为一块标准的Arduino Duemilanove

题，于是就用到了传感器扩展板。扩展板给每个I/O都配备了+5V和GND引脚，需要注意的是，这块板子仅供连接小电流外设，因为板子上面的+5V直接取自Arduino UNO。如果用扩展板上面的接口连接舵机，会加重Arduino UNO稳压芯片的负担，并且舵机将会和敏感的传感器共享一组电源。一般情况下，可以用扩展板连接一至两个小型舵机，最好的办法是给舵机单独提供一组电源。

3.8.5 电机驱动

图3-36所示是市场上常见的几种电机驱动模块。双L293D模块是Adafruit专门为Arduino UNO设计的一款开源产品，需要安装第三方库文件。如果你对这个模块的应用感兴趣，可以看看我翻译的《学Arduino玩转机器人制作》，这本书详细介绍了用它和Arduino UNO或Leonardo组合制作机器人小车的例子。这里我们只讨论便宜好用的L298模块。

L298模块是一个通用设计，在网上可以找到很多应用，这个模块的用途不限于小车，主控也不一定非要使用Arduino。我在实际使用中发现这个模块存在一个小问题，散热片裙角压住了PCB顶层的部分走线，常见的红绿两版模块都存在这个问题。因为散热片和铜箔之间仅隔着薄薄的一层阻焊漆膜，如果安装不当或运输磕碰破坏了阻焊层，极易造成短路。如果你的模块无法正常工作，先不要急着判它死刑，把散热片拆下来试试看。L298在低压小负载下运行，完全不需要佩戴散热片。

如果你喜欢动手，也可以自制模块。直流电机的驱动其实非常简单，核心电路就是一个芯片加几个输出保护二极管，你要做的只是拉几根线把接口引出来并提供一个电源。如果是L293D这样保护管内置的芯片，则更加简单。图3-37所示是我用洞洞板制作的NANO+L293D，把小车电子部分全部集成到了一块板子上。

图3-36 电机驱动模块，左侧为L298N，右侧为双L293D

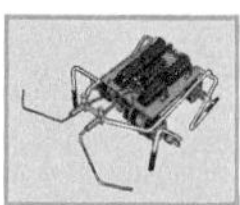

图3-37 手工焊接的小车电路板

一提到电机驱动，就会谈到PWM。我对PWM的看法是没必要为了PWM而PWM。如果小车电机的减速比很高，车轮转速比较慢，完全可以取消PWM，既可以降低资源消耗，又可以简化编程。Arduino的任意引脚都可以发送PWM，但是只有3、5、6、9、10、11这几个I/O可以使用IDE自带的analogWrite( )函数，如果换成其他引脚，就要自己写程序了。另外还要注意资源冲突问题，比如舵机库会屏蔽掉9、10脚的PWM功能。

对电机驱动来说，就是用PWM控制H桥的占空比。通常有两种连接方式，以一块L298驱动两个电机为例。第一种是用2个数字引脚控制芯片的2个使能端，用另外4根线发送PWM信号，每2根线控制一个电机，PWM控制的是桥臂的占空比。另一种是用4根线控制2个电机的正反转，把PWM信号发送到使能端，通过控制整个H桥的占空比达到调速目的。我采用的是第二种方式，因为只需要用到2个PWM引脚。

3.8.6 系统总装

系统配线方案如图3-38所示。模块之间的连接非常简单，基本上就是从传感器扩展板引出跳线连接至对应设备。需要焊接的有两个地方，一个是电机连线（见图3-39），一个是电源配线板（见图3-40）。

综合考虑，小车电源的最佳选择是无线电遥控模型上用的7.2V镍氢电池或7.4V锂电池。注意这两种电池都需要使用专用接口和充电器。模型电池的导线比较粗壮，普通的蓝色接线端子无法连接，因此需要准备一个工业级的2位10A端子排。端子、电源开关和给舵机单独供电的降压二极管和排针，均安装在一小块洞洞板做成的电源配线板上。

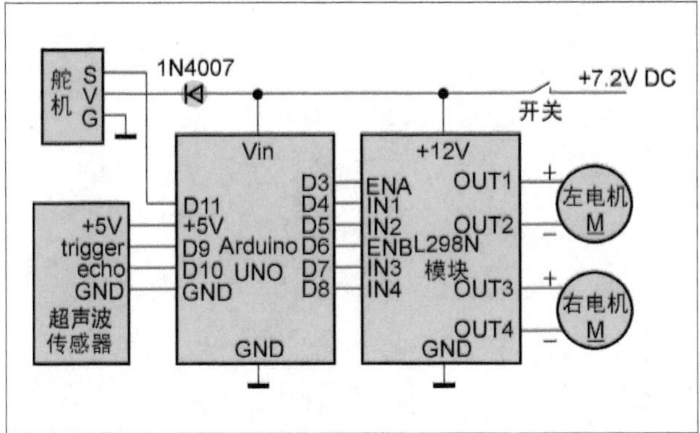

图3-38　系统配线方案

图3-39　焊接电机连线，在电极两侧跨接一个0.1 μ F消噪声电容

图3-40　电源配线板

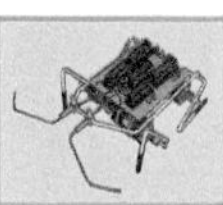

电池用扎带固定在底盘下方（见图3-41），为了防止上面的螺丝划伤电池，给它贴了两块“止痛膏”（见图3-42）。如果你经常逛超市，可以发现不少这样的替代品。最后完成的小车如图3-43和图3-44所示。下期我们将介绍最好玩的程序部分。

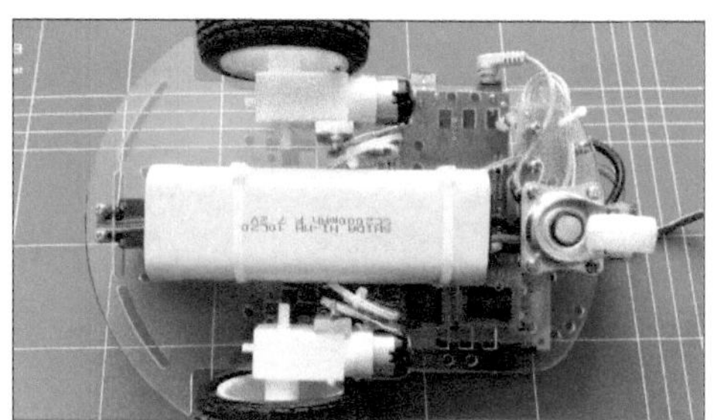

图3-41　用扎带把电池固定好

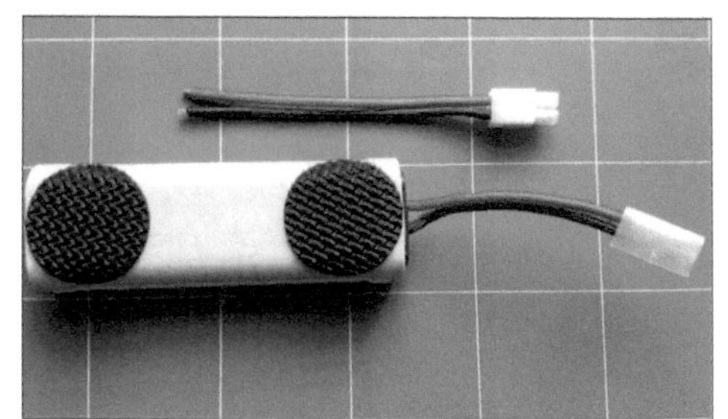

图3-42　给电池贴上超市里卖的桌椅脚垫

图3-43　组装完成的小车（顶视）

图3-44　组装完成的小车（侧视）

3.8.7 程序模块

软件是一个机器人的灵魂。首先要考虑的是通过软件让机器的动作更人性化。现在的目标很简单：让这辆小车在房间里自动漫游，在碰到障碍前及时刹车，然后让舵机驱动云台左右扫描，哪边空隙大就转向哪边。为使它的行为更接近人类，取消了后退功能，代之以180° 掉头。但动作简单并不意味着编程就会很容易。

其次要关注的是速度，把机器人的速度提上来以后，会暴露出很多问题，也会更具挑战性。给机器人编程和编写PC上的应用程序不同，即使是一个从数学角度看起来完美的程序，上传到机器里运行也会出现一些意想不到的状况。为了简化系统，小车没有装配码盘，这就意味着电机没有反馈，无法使用PID算法，控制难度其实是加大了。要想在高速下保持动作流畅，需要具备丰富的现场编程经验。好在我们不需要赶时间，可以从较低的速度开始，逐步提高。为了调试这辆小车，我给它准备了两个小伙伴，一个是DFRobot生产的商业化3PA小车，另一个是数字龟（见图3-45）。它们的核心都是Arduino，程序在一定程度上是通用的，对调试工作可以起到不小的帮助作用。尤其是数字龟，跑起来的速度是名副其实的龟速，可以观察程序在慢动作下的执行效果。

下面就开始编写小车程序。这里充分利用了Arduino的标签功能，把一些功能模块从主程序中独立出去，便于修改和阅读。

图3-45 小车和它的小伙伴

首先建立一个名为modulecar.ino的主程序。

```
// modulecar.ino，玩转智能小车主程序
#include <Servo.h> //导入舵机库
#include<NewPing.h>//导入NwePing库
// 对照系统配线方案依次指定各I/O
const int ENA = 3 ; //左电机PWM
const int IN1 = 4 ; //左电机正
const int IN2 = 5 ; //左电机负
const int ENB = 6 ; //右电机PWM
const int IN3 = 7 ; //右电机正
const int IN4 = 8 ; //右电机负
const int trigger = 9 ; //定义超声波传感器发射脚为D9
const int echo = 10 ; //定义传感器接收脚为D10
const int max_read = 300; //设定传感器最大探测距离
int no_good = 35; //*设定35cm警戒距离
int read_ahead; //实际距离读数。
Servo sensorStation; //设定传感器平台
NewPing sensor(trigger, echo, max_read); //设定传感器引脚和最大读数
//系统初始化
void setup()
{
  Serial.begin(9600); //启用串行监视器可以给调试带来极大便利
  sensorStation.attach(11); //把D11分配给舵机
  pinMode(ENA, OUTPUT); //依次设定各I/O属性
  pinMode(IN1, OUTPUT);
  pinMode(IN2, OUTPUT);
  pinMode(ENB, OUTPUT);
  pinMode(IN3, OUTPUT);
  pinMode(IN4, OUTPUT);
  pinMode(trigger, OUTPUT);
  pinMode(echo, INPUT); sensorStation.write(90); //舵机复位至90°
  delay(6000); //上电等待6s后进入主循环
}
//主程序
void loop()
{
```

```
  read_ahead = readDistance(); //调用readDistance()函数读出前方距离
  Serial.println( "AHEAD:" );
  Serial.println(read_ahead); //串行监视器显示机器人前方距离
  if (read_ahead < no_good) //如果前方距离小于警戒值
  {
   fastStop();//就令机器人紧急刹车
   waTch(); //然后左右查看，分析得出最佳路线
   goForward(); //*此处调用看似多余，但可以确保机器人高速运转下动作的连
   贯性
  }
  else goForward(); //否则就一直向前行驶
}
```

主程序用到了两个库，Servo库是IDE自带的，NwePing库是第三方库，需要下载安装。小窍门："const int ENA = 3；"不会占用内存，如果按习惯写成"int ENA = 3；"，虽然作用相同，但编译器会把它作为变量处理。

关于警戒距离：在车速较快的情况下，虽然启用了刹车功能，小车还是会在惯性作用下向前滑行一小步。但若把这个距离设置得过大，又会造成小车在waTch()和fastStop()间徘徊，影响动作的流畅性。

接下来建立一个名为move.ino的标签。

```
//move.ino，机动模块。
//刹车
void fastStop()
{
  Serial.println( "STOP" ); //串行监视器显示机器人状态为STOP（停止）
  //左电机急停（注：L298N和L293D均带有刹车功能，在使能成立的条件
  下，同时向两相写入高电平可令电机急停，详见芯片手册）
  digitalWrite(ENA, HIGH);
  digitalWrite(IN1, HIGH);
  digitalWrite(IN2, HIGH);
  //右电机急停
  digitalWrite(ENB, HIGH);
  digitalWrite(IN3, HIGH);
  digitalWrite(IN4, HIGH);
}
//前进
void goForward()
```

```
{
  Serial.println(“FORWARD”); //串行监视器显示机器人状态为FORWARD（前进）
  //左电机逆时针旋转
  analogWrite(ENA,106); //左电机PWM，可微调这个数值使小车左右两侧车轮转速相等，右电机同理
  digitalWrite(IN1, LOW);
  digitalWrite(IN2, HIGH);
  //右电机顺时针旋转
  analogWrite(ENB,118);
  digitalWrite(IN3, HIGH);
  digitalWrite(IN4, LOW);
}
//原地左转
void turnLeft()
{
  Serial.println(“LEFT”); //串行监视器显示机器人状态为LEFT（向左转）
  //左电机正转
  analogWrite(ENA,106);
  digitalWrite(IN1, HIGH);
  digitalWrite(IN2, LOW);
  //右电机正转
  analogWrite(ENB,59); //*微调这个数值，使转弯时内侧车轮起主导作用。相当于让小车向后打一把轮再拐弯。右转同理
  digitalWrite(IN3, HIGH);
  digitalWrite(IN4, LOW);
  delay (205); //*延迟，数值以毫秒为单位，调节此值可使机器人动作连贯
}
//原地右转
void turnRight()
{
  Serial.println(“RIGHT”); //串行监视器显示机器人状态为RIGHT（向右转）
  //左电机反转
  analogWrite(ENA,53);
  digitalWrite(IN1, LOW);
```

```
  digitalWrite(IN2, HIGH);
  //右电机反转
  analogWrite(ENB,118);
  digitalWrite(IN3, LOW);
  digitalWrite(IN4, HIGH);
  delay (205); //*调节此值可使机器人动作连贯
}
//原地掉头（暂时用不到）
void turnAround()
{
  Serial.println("TURN 180"); //串行监视器显示机器人状态为TURN 180
  （原地顺时针旋转180°）
  //左电机反转
  analogWrite(ENA,106);
  digitalWrite(IN1, LOW);
  digitalWrite(IN2, HIGH);
  //右电机反转
  analogWrite(ENB,118);
  digitalWrite(IN3, LOW);
  digitalWrite(IN4, HIGH);
  delay (500); //*
}
```

我的小车左电机转速比右电机快，所以在程序中把它的PWM值降低到了右电机的90%。为了实现流畅的拐弯效果，把内侧电机的PWM值设定成了外侧的一倍。程序注释中打*的语句，均会影响小车在高速运转下的性能。

因为用到了库，测距功能只需简单几行就可实现。NewPing比IDE自带的示例程序功能强很多，并且内置了数字滤波器，降低了误码率。

```
// ping.ino，测距模块
int readDistance()
{
  delay(30); //声波发送间隔30ms，大约每秒探测33次。受系统所限，此值不
  可小于29ms
  int cm = sensor.ping() / US_ROUNDTRIP_CM; //把Ping值（μs）转换为cm
  return(cm); //readDistance()返回的数值是cm
}
```

最后是驱动云台扫描并分析左右两侧距离的watch.ino模块

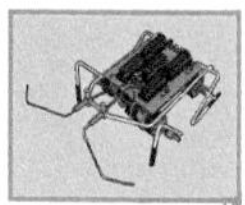

```
// watch.ino，查看模块
void waTch()
{
  //测量右前方距离。
  //*注意舵机旋转方向，SG5010为逆时针旋转
  sensorStation.write(20); //*舵机右转至20° 。调节此值会影响传感器扫描区
  域，夹角越小，机器人转弯越谨慎
  delay(1200);//延迟1.2s待舵机稳定
  int read_right = readDistance(); //调用readDistance()函数读出右前方距离
  Serial.print( "RIGHT:" );
  Serial.println(read_right);
  //sensorStation.write(90);//*舵机复位至90° 。廉价舵机大角度旋转会产生抖
  动，要加上这两行以求读数准确
  //delay (500); //延迟0.5s
  //测量左前方距离
  sensorStation.write(160); //舵机左转至160°
  delay(1200);//延迟1.2s待舵机稳定
  int read_left = readDistance(); //调用函数读出距离左前方距离
  Serial.print( "LEFT:" );
  Serial.println(read_left);
  sensorStation.write(90); //这一行确保只要小车处于行驶状态，传感器就面
  向正前方
  delay (500); //延迟0.5s
  // 分析得出最佳行进路线。
  if (read_right > read_left) //如果右前方距离比较大
  {
    turnRight(); //就向右转，
  }
  else turnLeft(); //否则就向左转
  //此处也可以加入另一层逻辑:如果左右两侧读数相等就调用turnAround()原
  地掉头。但实际上触发的概率不大
}
```

多数舵机会顺时针旋转，但我用的SG5010正好相反，小角度向右，大角度向左。如果你使用的是顺时针旋转的舵机，需要把程序中的左右对调。廉价舵机内部使用的是低成本专用芯片，只有简单的误差比较和驱动功能，而高级舵机把PWM信号解码以后还要加入PID调节。这个区别使舵机在大角度旋转时表现出明

显的性能差异。如果你发现舵机从左摆到右（反之亦然）抖动过大，可以在中间加个复位让它稳定过渡一下。

3.8.8 显示模块

Arduino IDE自带的串行监视器虽然方便，但是总让机器人拖一根线连着电脑调试会很麻烦，最好给它配备一个机载显示器。对于一个单片机组成的系统，最简单的办法就是加上一块液晶屏，比如市面上最常见的1602和2004小型液晶屏（见图3-46）。1602指的是这块液晶屏每行可显示16个字符，一共可显示2行信息；2004则是每行可显示20个字符，一共可显示4行。用爱好者为Arduino编写的LiquidCrystal_I2C库和一块国产的LCD I2C转接板，只需2个I/O就可以轻松点亮1602液晶屏。

拿到液晶屏和转接板以后，马上就可以用Arduino NANO搭个简单的测试环境，如图3-47所示。只需要准备4根杜邦跳线，连接好+5V和GND，再把转接板的SDA连接至Arduino的A4，SCL连接至A5。这两个模拟引脚是系统默认的，不需要

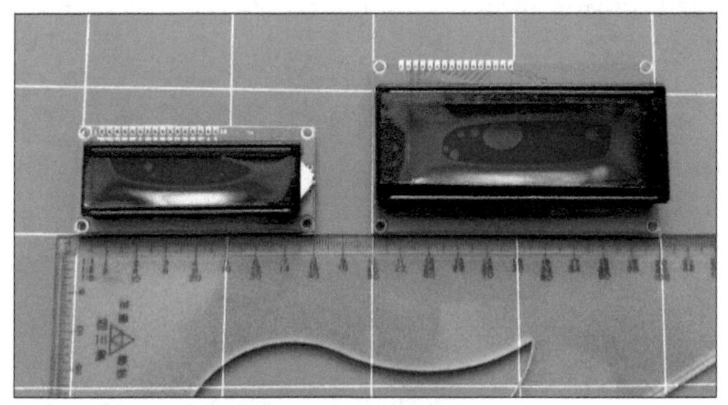

图3-46　1602（左）和2004（右）液晶屏

图3-47　测试1602液晶屏

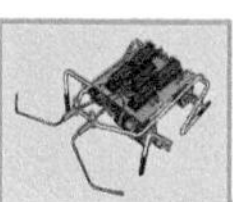

在程序中另行声明。

```
// I2C液晶测试程序，Arduino版本1.5.6-r2，LiquidCrystal_I2C库版本2.0
#include <Wire.h>
#include “LiquidCrystal_I2C.h” //导入I2C液晶库
LiquidCrystal_I2C lcd(0x27,16,2); //设定I2C地址及液晶屏参数
void setup()
{
  lcd.init(); // 始化液晶屏
  lcd.backlight();
  lcd.print(“Hello, world!”); //开始打印信息
  lcd.setCursor(3,1); //设定显示位置，第3列，第1行
  lcd.print(“ZANG.HAIBO”);
}
void loop()
{
}
```

造成液晶屏显示不正常的原因一般是寻址失败或引脚顺序有误。首先看一下转接板上面的芯片型号，PCF8574的地址是0x27，如果是PCF8574A，就要把地址换成0x4E。有的液晶屏引脚从左往右依次是L+、L-、1~14，就像我用的这块（见图3-48）。而转接板的顺序是1~14、A、K。所以我只能往右错两个引脚，虽然可以显示，但没有背光。还有一个原因是对比度太浅，以至于看不到字，可以试着调一下转接板上的电位器。

给小车程序加上液晶屏显示也很简单，只要导入I²C液晶库，初始化液晶屏，剩下的就基本和串行监视器一样了。把Serial.print()的部分换成lcd.print()，并注意

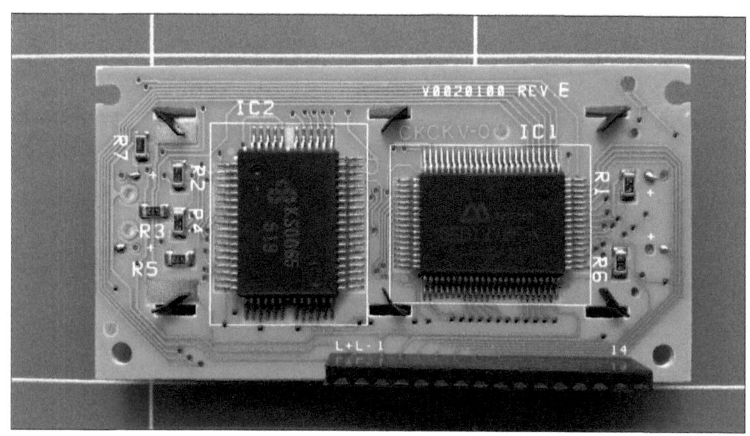

图3-48 液晶屏引脚与转接板不兼容，无法点亮背光

设定好字符显示位置等参数就可以了。

3.8.9 自制模块

喜欢硬件的玩家会觉得使用现成模块不够过瘾，这种心情可以用《整垮珂萝米》（威廉·吉布森在这篇小说里首次创造性地提出了赛博空间的概念。）中的一句话来形容："我把它翻修、改造了无数次，里面那么多芯片，你连1mm²的工厂标准线路都甭想找到。"下面我们就自制几个模块给小车来个超改造。

首先给小车加入手动调整功能。小车在调试过程中需要反复修改一些数值，比如左右电机的PWM、转弯延时、警戒距离，甚至舵机转动的角度等。虽然Arduino UNO上传程序已经很方便了，但是每修改一个参数就要插拔一次USB，重新编译、上传，观察运行效果，还是感觉有点烦琐。用蓝牙或无线数传模块虽然可以省掉接线，但仍离不开计算机。有没有更简单的办法?

我采取了一个有点复古的方法——把关键参数绑定到一组电位器。这样就可以把上位机丢在一边，拿一把螺丝刀调节车体性能了（见图3-49）。实现起来非常容易，以goForward()函数为例，手动设定左右电机的转速。准备2个电位器，每个电位器连接至一个模拟口，用analogRead()读取上面的电压，再用map()把它映射为0~255的PWM值，最后把速度用analogWrite()写入电机驱动模块就可以了。

```
//前进
void goForward()
{
  Serial.println("FORWARD"); //串行监视器显示机器人状态为FORWARD
  （前进）
  //左电机逆时针旋转
```

图3-49　手动调整模块

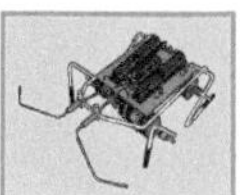

```
    int val1 = analogRead(A0); //手动调整左电机转速。电位器两端分别接至+5V和GND，中心抽头接至A0
    int leftSpeed = map(val1,0,1023,0,255); //把读数映射为PWM
    analogWrite(ENA,leftSpeed); //写入速度。下面的右电机同理
    digitalWrite(IN1, LOW);
    digitalWrite(IN2, HIGH);
    // 右电机顺时针旋转
    int val2 = analogRead(A1);
    int rightSpeed = map(val2,0,1023,0,255);
    analogWrite(ENB,rightSpeed);
    digitalWrite(IN3, HIGH);
    digitalWrite(IN4, LOW);
}
```

为了精细调整数值，我使用了3个5kΩ多圈电位器，将它们安装在一小块洞洞板上。通过程序可以指定任意参数，不用改动接线，非常方便。如果你喜欢，可以保留这些电位器，便于随时调整。或者用液晶屏打印出数值，在车体调整至最佳状态以后，把定值写入程序（见图3-50）。

用类似方法还可以加入电池电量报警功能。把两个电阻串联跨接在电池两端，利用电阻分压原理把电池电压降低到一个合理范围，用analogRead()读取这个电压，如果低于一定数值，就让Arduino UNO的板载LED闪烁报警。这样你就可以非常直观地知道何时该给机器人补充能量了。

接下来是自制红外测距传感器。超声波传感器虽然便宜好用，但是存在盲区。如果小车以比较小的角度驶向物体，发出的声波向外反弹，传感器有可能失灵（见图3-51）。

图3-50　用液晶屏打印出警戒距离和左右电机的PWM值

换成红外线会不会有所改善？说干就干，市面上的红外测距传感器比超声波传感器贵很多，既然这样，就自制一个吧。受Russell Cameron的红外线传感器启发，我设计了下面的红外测距模块，电路和实物见图3-52、图3-53。

接下来给模块编写一个驱动程序。如果你想在小车上使用这个模块，只要修

图3-51　这个角度超声波传感器会无法准确响应

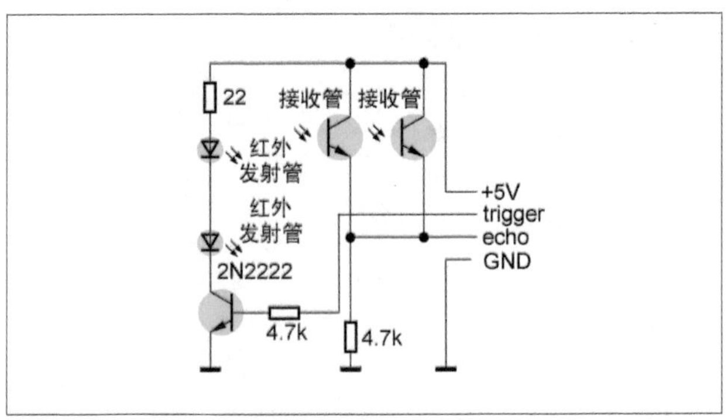

图3-52　红外测距模块电路图

图3-53　用洞洞板制作的红外测距传感器

改ping.ino标签和主程序中的引脚定义就可以了。

```
// ping.ino，红外测距模块
// trigger脚沿用D9，echo脚换成A3
int readDistance()
{
  digitalWrite(trigger,HIGH); //点亮红外发射管
  delayMicroseconds(200); //给接收管留出200μs响应时间
  IRvalue=analogRead(echo); //读取自然光和红外线下反射值的总和
  digitalWrite(trigger,LOW);//关闭红外发射管以读取自然光下的反射值
  delayMicroseconds(200); //留出200μs响应时间
  IRvalue=IRvalue-analogRead(echo); //刨除自然光得出实际值（红外发射管
  产生的部分）
  return map(IRvalue, 120,930,30,0); //用map()函数把读数转换为距离
}
```

经过测试，这个自制模块在室内自然光条件下的有效距离为30cm左右。用串行监视器查看analogRead读取echo脚的数值在120（远）~930（近）之间。map()函数除了可以正向映射，还可以反向映射，最后把数值转换成0~30cm的实际距离。因为接收管是非线性的，函数返回的距离存在一定误差（谁有更好的算法一定要分享出来哟），但对小车来说已经足够分辨物体和方向了，实际运行效果明显好于超声波传感器。

以上就是一辆初级智能小车的装调全过程。希望可以对你有所启发，让更多机器人爱好者体会到玩车的乐趣。

3.9 简单好玩的入门级双足机器人

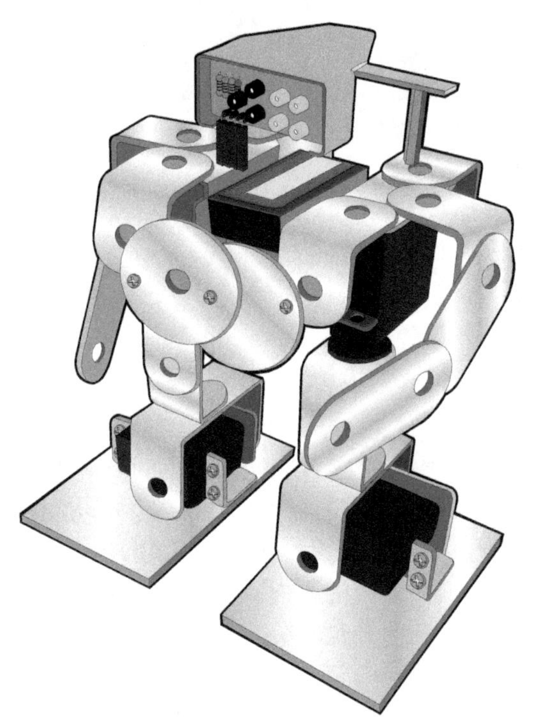

和朋友聊天，谈到我制作过的机器人从2个自由度的4足机器人到18+2个自由度（多出来的2个是机器爪）的6足机器人，总共有十余部，为什么唯独没有做过一部双足机器人，原因很简单——双足机器人的造价太高。大多数DIY玩家都会有这样的感触：凡是钱能解决的问题，趣味性就会大大降低。而我们要是用价格适中的材料制作一个不算太复杂的人形机器人，比如11个自由度（每条腿3个，手臂2个，头部1个）的，最后的结果往往是自讨苦吃，花了不少心思和时间，效果还不怎么样。

造成这个问题的主要原因是双足机器人的重心比较高，平衡不好控制，机器人的腿部既要支撑起整个身体的重量，又要做到灵活运转，对关节驱动器的要求非常高。为了解决这个问题，首先要在硬件上加大投入，使用大扭矩的高性能舵机，相应还要配备能够提供大电流输出的动力电池，这部分的投资通常会占去整部机器人造价的一多半。另外，为了保持平衡，还要加入陀螺仪或重力计，这又会增加系统和程序的复杂性。有没有可能用标准舵机搭建一部效果令人满意的双足机器人，并且具有一定的学习价值呢？答案是可行的，现成的例子也很多。下面就以我最近制作的一部4自由度双足机器人为例，分享一些个人的心得体会。

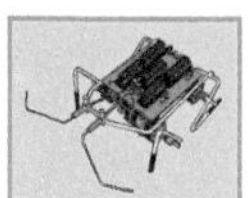

3.9.1 机器人的结构设计

其实机器人不一定是人形，也不一定非要通过计算机控制，我想现在很多读者已经认同了这一点。比如我以前制作过的一部迷你小6足机器人（见图3-54、图3-55），这部机器人是纯机械的，靠齿轮、曲轴和连杆驱动6条腿产生动作，因为主要零件只有一个减速电机和几个曲别针，造价自然超低。

当然，我们也可以采用类似的纯机械方案制作一部双足机器人，也会有很多乐趣。但是相信绝大多数爱好者制作机器人模型的目的是通过实践深入了解程序设计或CAD、CAM，而且单个驱动器能够实现的动作也非常有限。我们可以采取一个折中的办法，不完全模仿人体结构，在人形的基础上做大幅度简化，把重点放在腿部，达到减少自由度、降低重心和简化系统的目的。这个思路在科幻电影和游戏中已经屡见不鲜了，比如电影《第九区》中的战斗机甲和游戏《战争机器3》里面的搬运机器人和银背装甲。按照经验，在近未来科幻作品中出现过的东西，离现实就不太远了。网上的机器人社区里也有不少成熟作品，比如4~8个自由度的各种Biped机器人，开源的BoB就是一个典型例子。

我的双足机器人每条腿用了2个舵机，呈*XY*排列（还有一种水平排列的结构，留待以后测试），从结构上看有点像一个放大版的BoB。为了让机器人的外观更有气势，采用了全金属结构的骨架，并配备了标准舵机。因为只有4个自由度，又都是通用部件，整机造价很低。使用标准舵机的另一个优点是电源很好处理，只要在7.4V锂电池上串两个大电流二极管给舵机供电即可，微型舵机可享受不到这样的福利。

注：7.4V锂电池充满电以后输出电压可达8.4V，经两个二极管降压，实测电压在7V左右，可以满足大多数标准舵机的供电要求。但是要注意个别舵机可能会对电压有较高要求（4.8V/6V），为安全起见，最好参考厂家说明，以防烧毁。

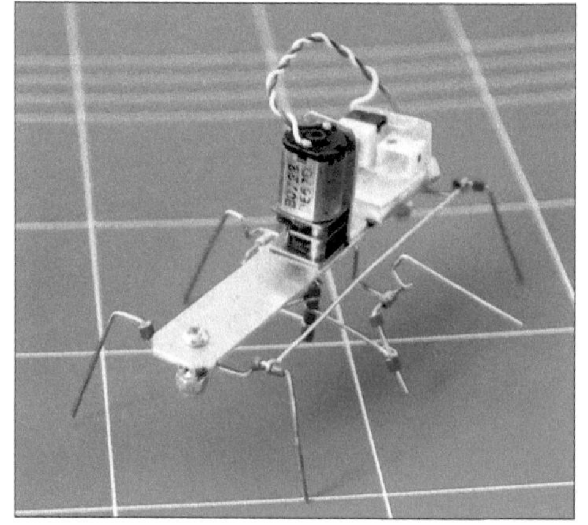

图3-54 机械版迷你小6足机器人，左侧视图

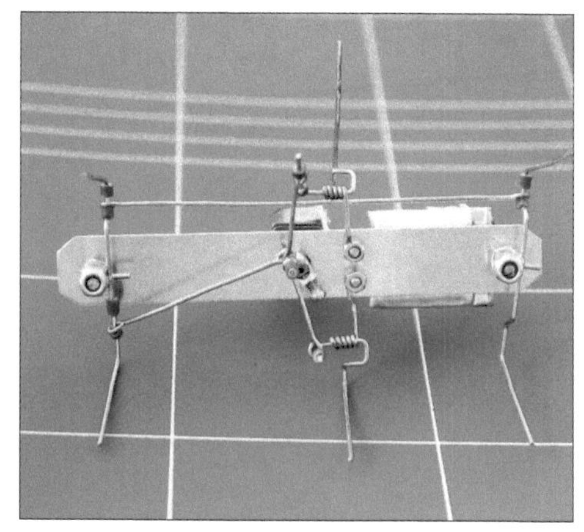

图3-55 迷你小6足机器人，底视图

3.9.2　结构部分的制作

下面开始制作结构部分，主要材料如下，实物如图3-56所示。

现在市场上机器人配套材料已经很多了，拿舵机来说，配套的支架、U形框、金属舵盘和轴承等都有现成的预制件，且具有一定的通用性，也可以单独购买。一种更适合初学者的产品是国内各家创客团队开发的机器人拼装套件，这种套件包含多个可以任意组合的单元，设计的目的是为了尽可能多地组装出不同的机器人结构，实现不同的实验。我的观点是从厂家生产好的标准件或套件入手（试想花一个周末的时间，重复制作几个舵机支架也实在没什么意思），充分利用现有材料的组合，尽可能做到物尽其用，而一些在设计上对孔距、间距、夹角等有特殊要求的部位再自制。

我使用的结构件和舵机是奥松机器人开发的百变之星创意拼装套件，里面有4套标准舵机，正好满足这个4自由度双足机器人的设计要求。我曾经用这个套件做过一部绘图机。机器人的脚掌使用的是两块从残料堆里翻出来的厚铝板，虽然表面光洁度很差，但是对这个设计来说有种很独特的沧桑感，最终效果还不错。头部的传感器支架用铝合金边角料制作而成，支撑传感器组件的“脖子”使用的则是一根随处可见的雪糕棒。

机器人的结构是从下往上搭建的，首先制作一对脚掌。2mm厚的铝板有一定分量，可以保证机器人的重心平稳。为了看上去比例更协调，我把铝板切割成了65mm × 100mm的两块。使用厚板材的另一个好处是可以加工出沉孔（见图3-57），这样沉头螺丝可以从下往上穿过去固定舵机支架，而脚掌与地面接触的部分是一个大平面，对提高稳定性很有好处。

材料：
- >> 标准舵机，4个
- >> 舵机支架，4个
- >> U形框，2个
- >> 2mm厚铝板，2块（制作脚掌）
- >> 其他结构件、紧固件，适量

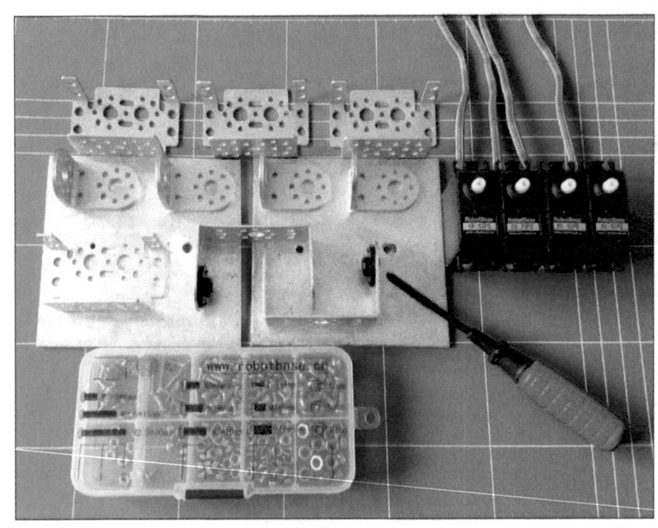

图3-56　双足机器人的主要结构件

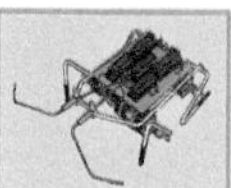

接下来是动力部分的组装，涉及4个舵机和配套的结构件，完成后得到了3个组件（见图3-58）。左边2个是安装好脚掌的脚部，右边是髋部组件。髋部的组装稍微花了点心思，为了给脚部留出足够的活动空间，并保证一定的强度，2个关节之间用了8个铜柱（仍然是套件标配）组合固定。

不管是使用套件还是自己制作，都要注意一点，因为机器人脚部负重比较大，需要给脚部的2个舵机安装U形框和轴承，以减轻运动时的晃动（见图3-59）。

最后把3个组件结合在一起，机器人的结构部分就大体完成了（见图3-60）。

图3-57 脚掌底视图。先打M3安装孔，再控制好深度，用M6.5钻头加工出沉孔

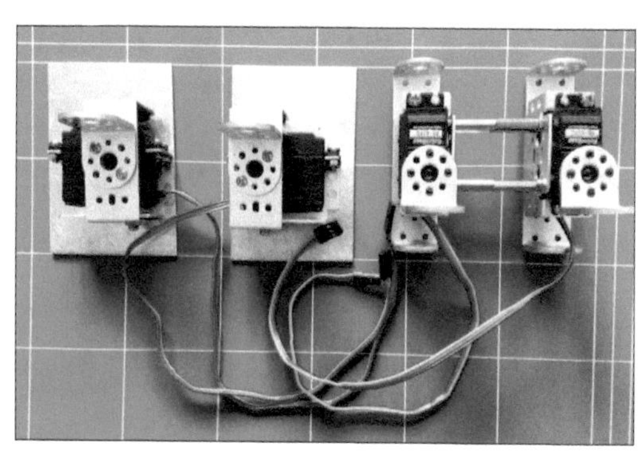

图3-58 完成后的3个动力组件

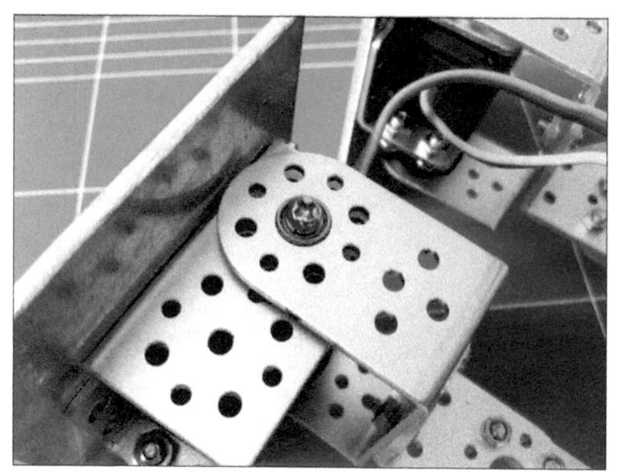

图3-59 左脚舵机的U形框和固定在虚轴部位的轴承

图3-60 双足机器人的结构部分

3.9.3 电子部分的制作

接下来制作电子部分。所需材料如下，系统配线方案如图3-61所示。系统这么连接，除了简单还有一个优点，就是在断开电源、插着USB电缆调试程序时，舵机是不通电的，机器人不会乱动。

这次切割洞洞板试用了一下钩刀（见图3-62），效果还不错。使用钩刀的优点是不浪费材料，如果用钢锯切割，锯缝部位往往会废掉一排焊盘。

材料：

>> Arduino NANO、MICRO或其他兼容板，1块

>> 1N5408二极管，2个

>> 小开关，1个

>> 洞洞板，1小块

>> 7.4V/850mAh/15C锂电池配充电器，1套

>> 插针、插座，适量

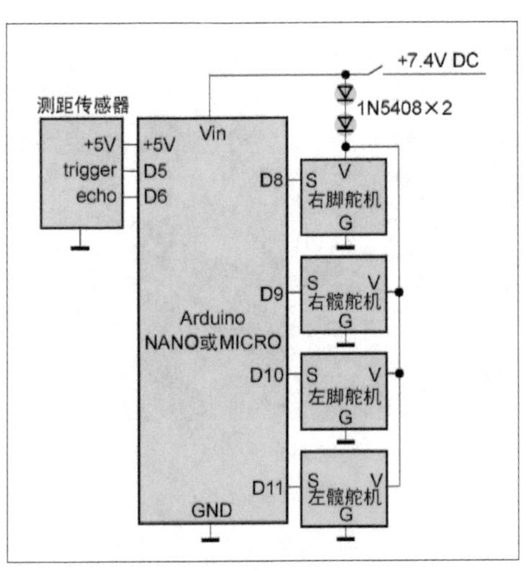

图3-61　机器人的系统配线方案

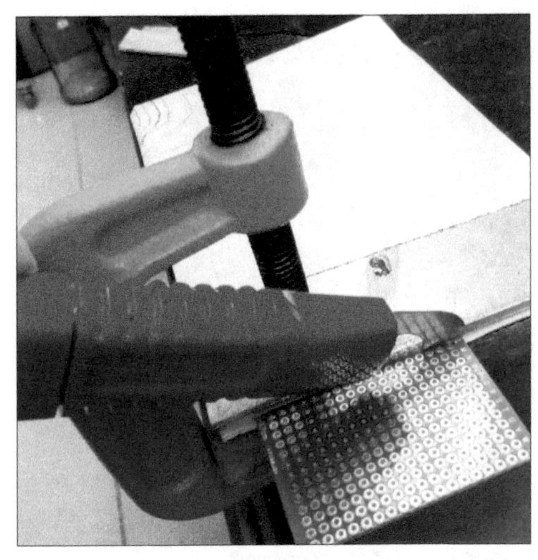
图3-62　钩刀可以沿着两列焊盘的间隙切割，节省材料

请注意：钩刀的刀片比美工刀还薄、还锋利，操作时一定要佩戴护目镜，妥善固定好待切割的材料，防止刀片崩断弹出伤人。

这样下来，把一块常见的5cm × 7cm洞洞板一分为二切割成2片，即使为了美观去掉边沿，也足够做2个控制器。图3-63所示是我这次制作的两个版本的控制器和给机器人准备的锂电池，左边是今年新问世的Genuino MICRO，中间是Arduino NANO 3.0兼容板，右边是电池。

注：模型专用动力电池上的参数除了常见的V（电压）和mAh（容量），还有一个表示放电倍数的C。比如我使用的这块标称850mAh/15C的电池，允许的最大放电电流就是0.85 × 15=12.75（A），同时驱动4个标准舵机绰绰有余。

机器人的总装从上往下进行。首先安装头部的传感器组件，电池放在头部下方的两个髋关节之间（见图3-64）。为了使作品更具个性化，使用了一个自制的红外测距传感器。这个传感器的尺寸和引脚与常见的超声波测距传感器是一致的，硬件替换非常方便。相应的测距程序需要单独编写，可以参考上一节。

头部组件是用一根雪糕棒和几个铜柱架起来安装的，Arduino控制器安装在机器人后背，对照图3-65可以对整体布局有个清晰了解。因为找不到合适的金属

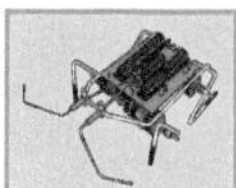

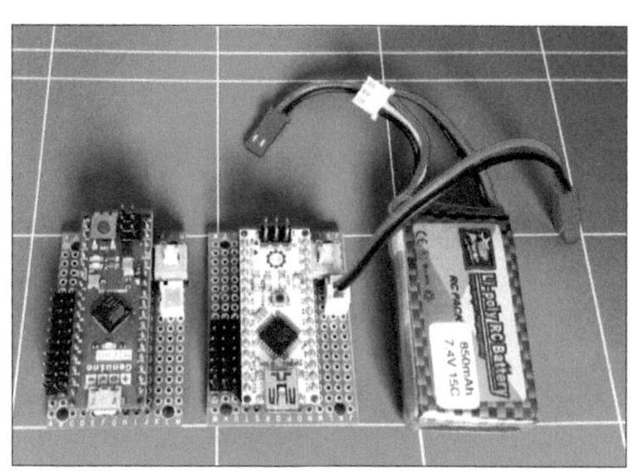

图3-63 两个版本的控制器和动力电池

图3-64 安装在机器人头部的红外测距传感器组件

图3-65 机器人左侧视图，可以看到雪糕棒支持起的头部组件和托在后背的控制器

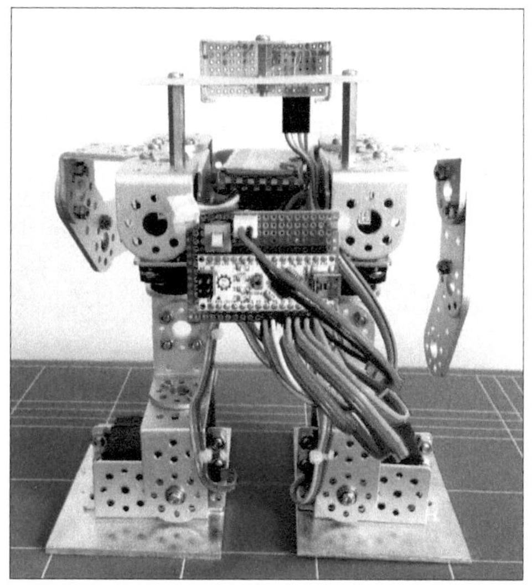

图3-66 机器人后视图，可以看到控制器部分的连线

件，雪糕棒完全是个临时起意的想法，但最终效果还不错，试想观众在一部充满“高科技”感的机器人上看到一个在生活中常见的材料，会觉得很亲切，事情也会变得更戏剧化。前方护板和两条手臂由套件里的标准件组成，起到纯装饰的作用。

接着连接好下方髋关节和脚关节的4个舵机，这部双足机器人的硬件部分就大功告成了（见图3-66、图3-67）。

图3-67 制作完成的机器人，仰角低拍

3.9.4 程序部分

程序部分也比较简单，其实就相当于把Arduino当作一块可以自定义的舵机控制板来使用，同时控制4个舵机以不同的方向和速度动作。网上可以实现类似功能的舵机控制程序有很多，我习惯导入舵机库后采用下面这种方式进行控制（注意里面给出的参数只是为了说明问题，没有实际意义）。

```
for(n=0;n<=180;n+=2)
{
  pos1=map(n,0,180,60,100);
  pos2=map(n,0,180,120,90);
  pos3=map(n,0,180,100,60);
  pos4=map(n,0,180,120,90);
  Servo1.write(pos1);
  Servo2.write(pos2);
  Servo3.write(pos3);
  Servo4.write(pos4);
  delay(10);
}
```

不管你准备用哪种方式编写程序，都建议参考一下Jonathan Dowdall为BoB开发的Project Biped项目。这是一个非常完善的项目，应用到了Arduino的高级编程思想——OOP（面向对象编程），用类和方法对机器人的姿态进行控制。作者甚至还用Visual Studio编写了一个上位机BoB Poser，使你可以通过USB接口，像操作一块商业化的舵机控制板一样对机器人进行控制，实时调整和设定多组动作，软件界面如图3-68所示。

因为我们制作的这个双足机器人的结构具有一定兼容性，可以直接使用BoB程序进行试验，你需要做的只是在程序的开头部分重新指定几个传感器和舵机的引脚。另外一个要注意的问题是，BoB原始设计上使用的9g微型舵机和标准舵机的转速不同，可能需要根据实际情况调整一下舵机和动作组的延迟时间。

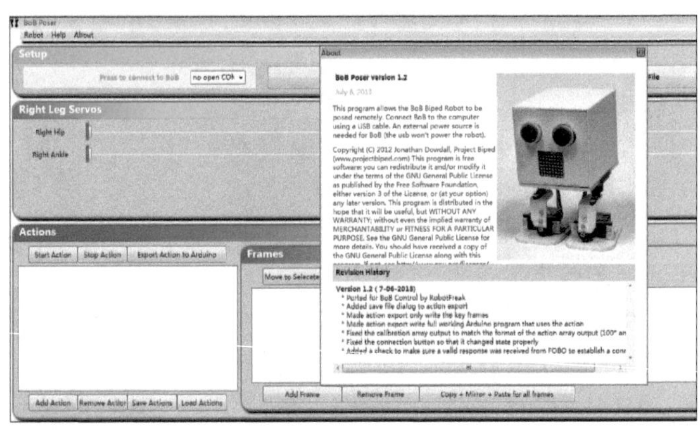

图3-68 BoB Poser上位机软件界面

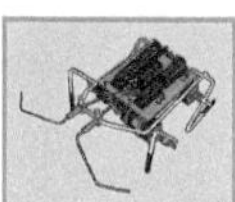

3.10 用步进电机打造一辆绘图小车

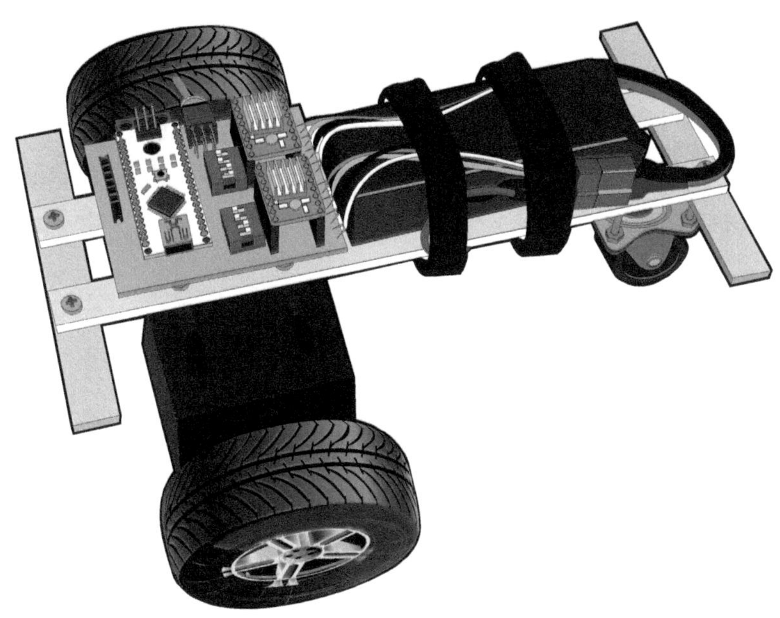

对于业余爱好者来说，一个制作只要牵扯到步进电机，难度系数往往就会一下子增大好多。其中一个主要原因是数控设备普及的程度不够，作为核心部件的步进电机很难买到，价格也比较高。另一个原因是步进电机的控制方法比较复杂，往往离不开单片机，不了解电机的结构和工作原理很难编写出理想的驱动程序。这几年随着雕刻机、3D打印机等小型数控设备的普及，相应的配套零件在市场上也多起来了。本节介绍的是一个用3D打印机上常用的42步进电机和A4988驱动模块制作低成本绘图小车的方案。

3.10.1 42步进电机

42步进电机是小型数控设备上的主角，一般用作几个轴向上的驱动，3D打印机的x、y、z轴和挤出机用的都是这种电机。“42”的含义是电机每个边的长度为42mm（见图3-69）。常见的还有57、86等规格的步进电机，数字越大，体积越大，输出扭矩也相应增大。

本文中的小车使用一对42步进电机驱动两个直径65mm的车轮，主要考虑的是这个规格的电机和车轮的搭配具有一定通用性，尺寸适中，对驱动模块和电源的

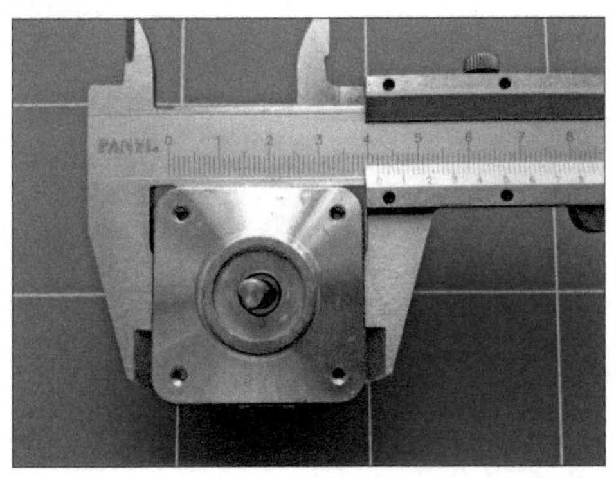
图3-69　42步进电机顶视图，电机边长42mm

图3-70　步进电机的“手拉手”测试

要求也不高。步进电机和直流减速电机不同，使用的是专用接口，一般是小号的4或6针JST接口，不太常见，采购时别忘了让商家提供配套连线。此外步进电机还涉及很多参数，同规格电机的安装孔是通用的，但不同型号的性能会有较大差异，注意收集好资料。为了便于连接轴连器，最好选择直径为5mm的D型轴。

我购买的是库存电机，成本不足10元，用来做实验非常合算。拿到电机以后，我先做了两个简单测试。首先是单个电机的测试，步进电机在不连线的情况下，输出轴拧上去的手感应该比较顺滑，能感觉到转子一挡一挡的细微变化。把A相的两根线A+和A-，以及B相的两根线B+和B-分别短路，拧上去应该感觉到阻力明显增加了。我给这个测试起了个名字，叫“握手”。

另一个测试需要两个电机一起进行，把两个电机的连线按颜色连接在一起，顺时针拧一个电机的输出轴，另一个电机的轴就会跟着一起正向旋转，换成逆时针就变成了反向旋转。我把这个测试称作“手拉手”（见图3-70）。这两个测试可以在不借助任何仪器的情况下快速判断步进电机的好坏。

步进电机有很多参数，对玩家来说最重要的是步距角和扭矩。步距角与电机的线数和相数有一定关系。我使用的是6根线的混合步进电机，可以工作在4相5线或2相4线模式。实际使用中去掉了2根线，让它们工作在常见的2相4线模式，步距角为1.8°，换句话说就是电机转一圈需要走200步。步距角决定电机转子的角位移，对小车来说就是电机每走一步车轮向前行驶的距离。由此可以计算出直径为65mm的车轮在单个步进下前进的距离是$\pi \times 65 \times 1.8/360 \approx 1.02$mm。如果换成细分驱动，以1/4细分为例，步距角变成了0.45°，车轮前进的距离就是1.02/4=0.255mm。如果驱动脉冲的频率保持不变，车轮转速就会相应降低1/4。关于步进电机的驱动和细分，下面会进一步说明。

步进电机的扭矩可以简单理解为理想状态下的保持扭矩或称静力矩，它决定电机可以带动多大负载。说明书上使用的单位通常为N·m（牛·米）、mN·m（毫牛·米）或N·cm（牛·厘米），也有大家习惯的公制单位kgf·cm（千克

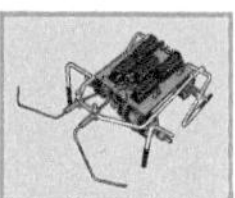

力·厘米）。3D打印机上常用的规格是0.4N·m，除以重力加速度g，可以换算得出4kgf·cm。

还有一个需要注意的参数是电流，这涉及电源的选择。步进电机的额定电压=相电阻×相电流，工作电压可以是额定电压的数倍，常见的有12V、24V或48V。小型机器人模型使用12V以上的电压就有点夸张了，实际上我们也不太可能让小车驮着一块大电池满处跑。在要求不高的情况下，注意不要让驱动电流超过步进电机的额定电流就。举例说明：一个手册上给出8Ω、0.6A参数的步进电机，可以算出额定电压为4.8V，工作电压可以取9V、12V或24V。根据芯片手册提供的电流算法$I_{TripMAX}=V_{REF}/8R_S$，只要调整A4988模块（以红色的为例，绿色的需要重新计算。常见的红色模块R_S为0.2Ω，绿色模块R_S为0.1Ω）上的电位器，把VREF控制在0.96V以下就可以了。

因为步进电机消耗的电流比较大，不适合使用普通碱性电池供电，比较理想的选择是模型动力电池。我在小车上使用的是一块11.1V、2200mAh的锂离子电池。

3.10.2 A4988驱动模块

步进电机的驱动离不开环形脉冲分配器。对42这个级别的步进电机来说，往常的方法是使用L298N（L293D也可以，只是负载不能太重），通过软件产生环形脉冲。L298N的确是一块上下通吃的万能驱动模块，既可以驱动直流电机，也可以驱动步进电机。但是现在我们有了更好的选择，那就是开源3D打印机上专用的A4988步进电机驱动模块。图3-71所示是市场上常见的红绿两款A4988驱动模块和单个L298N模块的对比。

从图3-71中可以看出A4988驱动模块非常迷你，接口为双排针引出形式，占用

图3-71 两种A4988驱动模块（左）和L298N驱动模块（右）

洞洞板的5×8个孔位。如果只看驱动能力，A4988比L298N要差一些，它的优势是体积小且支持硬件细分，非常适合安装在可移动机器人平台上实现高精度控制。表3-2列出了几款常见的42步进电机驱动模块及其参数。

表3-2 组件清单

型号	动力供电	额定输出	硬件细分	直流电机	造价
L298N	4.5~46V	2.5A	不支持	支持	中
L293D	4.5~36V	1.2A	不支持	支持	中
A4988	8~35V	2A	支持	不支持	低
TB6560	10~35V	3A	支持	不支持	高

细分驱动通过精确控制步进电机的相电流，将电机的固有步距角分割成若干小步，它本质上是一种电子阻尼技术。细分的最大好处是可以改善步进电机的运行性能。从图3-72和图3-73所示的波形对比可以看出，A4988在采用1/4细分时，定子的相电流并不是一次跃升到位，也不是一下子跌落到0，细分数越大，相电流的变化越平缓，转子运转时所受的力也更均匀。由此不难理解，合理利用细分可以达到减轻电机振动和噪声的目的。细分的另一个好处是提高精度，比如前面说的42步进电机在1/4细分驱动时，步距角相应地减小了1/4，这样200步转一圈的电机就变成了需要800步才能转满一圈，相当于牺牲了速度，换来了精度。

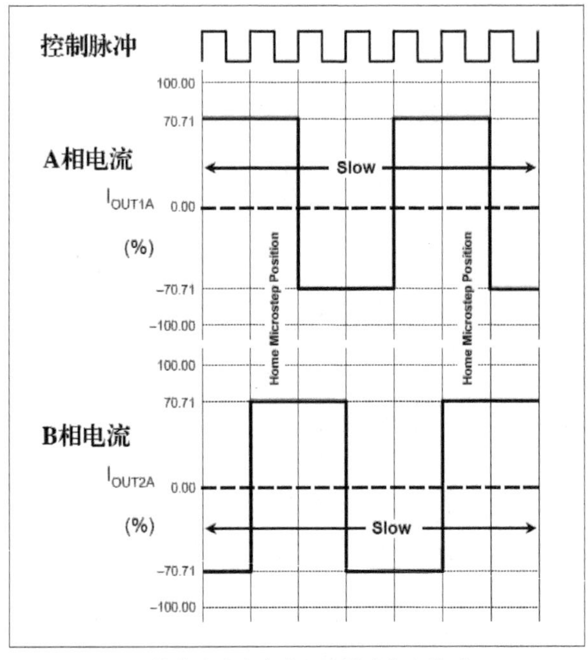

图3-72　A4988的整步或全步进驱动模式电流波形

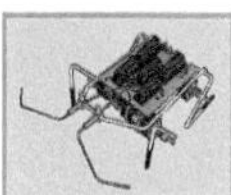

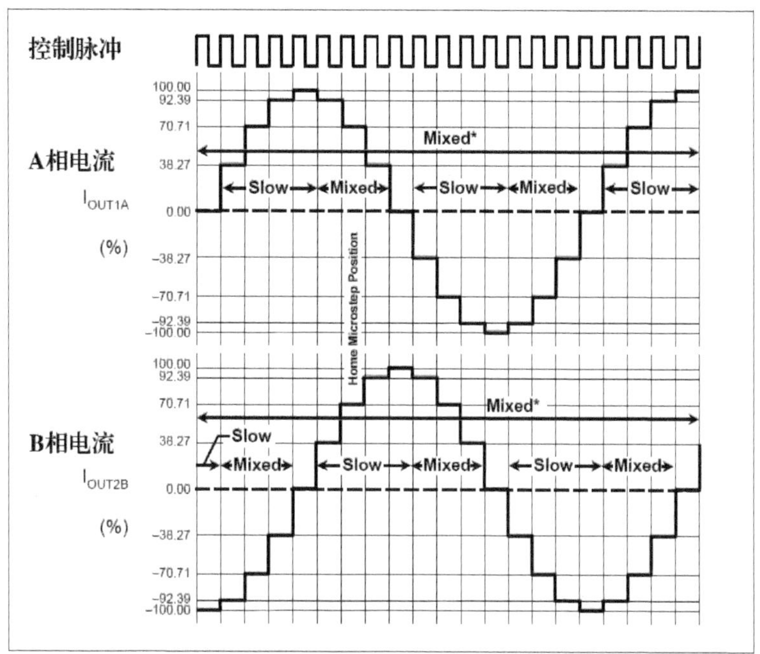

图3-73 A4988的1/4步进驱动模式电流波形

对L298N这样的通用模块来说，为了实现细分，需要在单片机上编写专用的细分驱动程序，通过改变发送到模块4个通道的输入脉冲来控制电机相电流的变化。用这种模块控制2个步进电机，需要占用单片机的8个I/O，还要考虑细分模式下的切换机制，比较浪费资源。换成A4988这样的专用驱动模块，问题就会简单得多。A4988的细分功能固化在芯片内部，不需要程序支持，可以直接通过3个端口的电平组合设置多个模式，见表3-3。因为集成了硬件的环形脉冲分配器，控制上需要占用单片机的2个I/O，只要计算好发送到模块的脉冲数（一个脉冲前进一步）和转向电平（高电平正转，低电平反转）就可以精确控制步进电机双向运转了。

表3-3 A4988步进模式设置（低=0V，高=+5V）

MS1	MS2	MS3	精度
低	低	低	整步
高	低	低	1/2步
低	高	低	1/4步
高	高	低	1/8步
高	高	高	1/16步

3.10.3 制作小车

拿到订购的零件以后，我遇到的第一个问题是电机和支架的重量比常规直流减速电机的配置重了很多（见图3-74）。另一个问题是库存电机年代久远，查不到详细参数。42步进电机的扭矩一般为5~50N·cm，个别可以到60N·cm，我根据电机的重量估了一个30N·cm。由此可以计算出电机不经过减速箱直接驱动3.25cm半径的车轮，出力为9.23N，除以重力加速度g，换算成重量为0.94kg。因为供电电压比较低，再加上摩擦损耗和库存电机的老化等因素，我希望把整车重量（包括电池）控制在1kg以下，以减轻电机负荷。针对这种情况，车体设计成了镂空的框架形式，这种布局可以大幅度降低底盘重量，并且可以很方便地在架子上捆扎固定电子部分。车体所需材料如图3-75所示。

小车的结构比较简单，两根300mm铝条作为车体主梁，另一根一分为二，固定在车头、车尾担当保险杠，连接部位要打M3螺丝固定孔（见图3-76）。

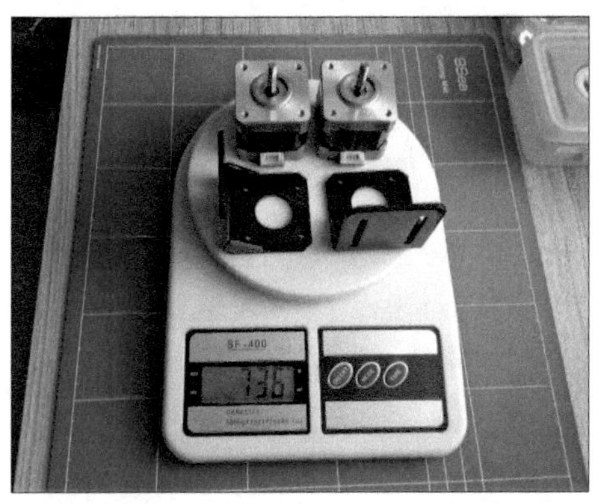

图3-74　两套42步进电机和支架的重量超过了700g

图3-75　车体所需材料

图3-76　车体的加工

车体所需材料：

>> 65mm橡胶轮胎，2个

>> 42步进电机（推荐参数：2相4线、步距角1.8°、额定电流1.4A、2.8Ω、扭矩40N·cm、D形轴、直径5mm），2个

>> 42电机支架，2个

>> 5mm轴连器，2个

>> 1英寸万向轮，1个

>> 2mm厚、10mm×300mm铝条，3根

完成后的车体如图3-77所示。步进电机通过支架固定在主梁上，保险杠两侧预留了碰撞开关等传感器的安装位置。整车布局是电机一侧为车头，万向轮一侧为车尾。

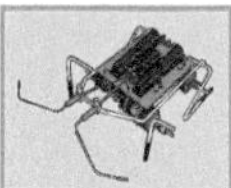

图3-77 完成后的小车

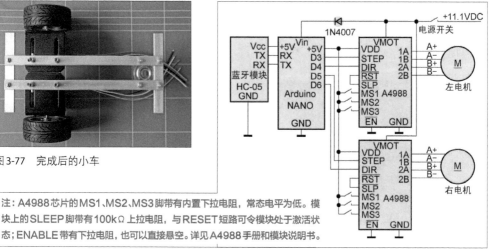

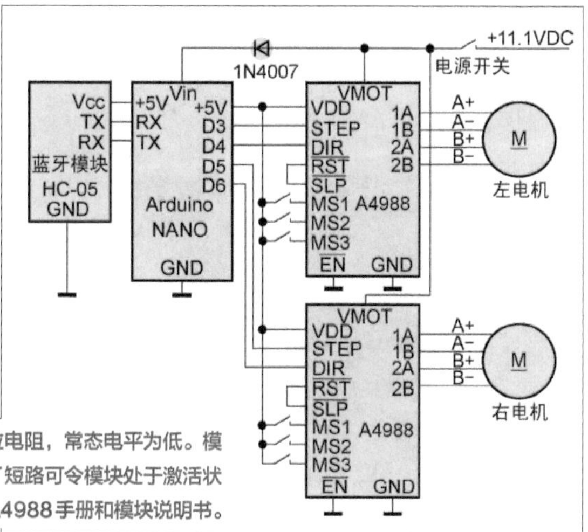

注：A4988芯片的MS1、MS2、MS3脚带有内置下拉电阻，常态电平为低。模块上的SLEEP脚带有100kΩ上拉电阻，与RESET短路可令模块处于激活状态；ENABLE带有下拉电阻，也可以直接悬空。详见A4988手册和模块说明书。

图3-78 系统配线方案

3.10.4 电子部分

因为用上了模块，电子部分变得非常简单。整个系统包括1块Arduino NANO兼容板、2个A4988步进电机驱动模块、2个拨码开关和1个HC-05蓝牙串口模块，配线方案如图3-78所示。电路焊接在一小块20 × 24孔的洞洞板上，通过排座用跳线连接好对应接口，最后把模块插上就可以了（见图3-79）。要注意A4988的电流如果超过1A，最好配置小型散热片。

对于系统的供电部分，为了降低干扰，最好设置两组电源分别给动力部分和逻辑部分供电。电机驱动部分使用一块大容量的11.1V动力锂电池，Arduino NANO使用一块7.4V小型锂电池。为了简化制作，也可以从11.1V锂电池串个类似1N4007的二极管给Arduino NANO供电，毕竟这个项目的实验意味更大一些。步进电机和电路板的连接使用的是弯成倒U字形的电阻引脚，既缩小了接口面积，又降低了成本，另一个好处是示波器探头的钩子可以直接挂在上面，观看波形非常方便（见图3-80）。

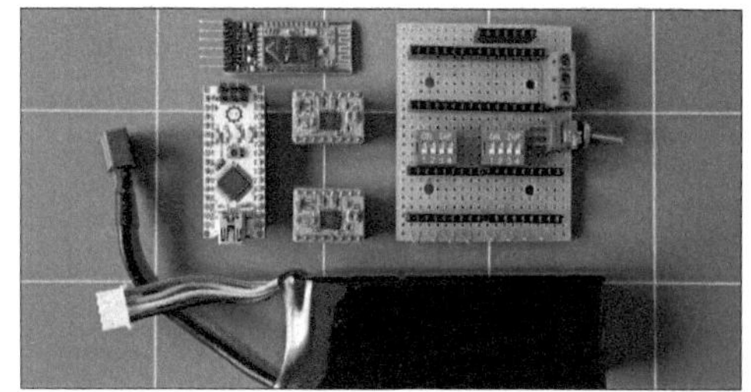

图3-79 电路板、模块和动力锂电池

图3-80 小车控制电路，右侧为步进电机接口

完成后的小车如图3-81、图3-82所示。电池没有使用常见的尼龙扎带固定，因为扎带比较硬，很容易在电池上勒出讨厌的印子。这次使用的是搭扣，拆装非常方便。

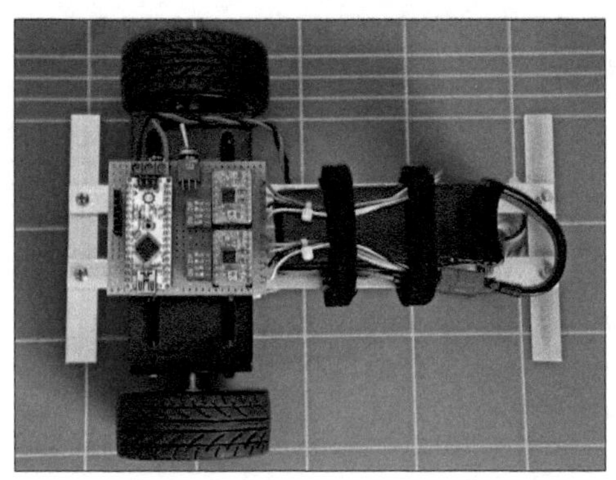
图3-81　步进小车顶视图

图3-82　步进小车前视图，安装了握笔机构、蓝牙模块，A4988配置了散热片

3.10.5　绘图小车

这辆小车在走位精度上有很大优势。不夸张地说，它就相当于一台可以在地上跑的“机床”。实际上，受轮胎变形和地面因素的影响，最终效果比不上丝杆和同步带的传动方式，但是和传统机器人小车，特别是不带反馈的小车相比，精度已经上升了好几个台阶。

下面给小车编写一个绘图程序，让它可以在纸上画出任意图形。首先要解决的是定位问题，因为小车的两个电机分布在一个轴向上，且对小车来说，它面对的是一个未知平面，这样就不能使用传统的*xy*轴定位方式。通常绘图小车采用的是类似船舶的定位方法，即航向和航程。以绘制一个100mm的正五角星为例，我设计的是先让小车向前跑100mm，原地顺时针旋转324°以后继续向前行驶100mm，如此反复4次，最后回到初始位置。注意这种走法和下面给出的程序都不是最优的，只是为了便于理解。你也可以让小车逆时针旋转或倒退着行走，以更少的时间跑完全程。

```
// stepcar.ino，绘图小车主程序，绘制100mm正五角星
const int leftStep = 3;
//左电机脉冲输出
const int leftDir = 4;
//左电机转向输出
const int rightStep = 5;
//右电机脉冲输出
```

```
const int rightDir = 6;
//右电机转向输出
// 系统初始化
void setup()
{
  pinMode(leftDir, OUTPUT);
  //依次设定4个I/O属性
  pinMode(leftStep, OUTPUT);
  pinMode(rightDir, OUTPUT);
  pinMode(rightStep, OUTPUT);
  delay(6000);
  //上电等待6s，进入主循环
}
// 运动函数
void move(boolean Ldir,boolean Rdir,int steps)
{
  digitalWrite(leftDir,Ldir);
  digitalWrite(rightDir,Rdir);
  delay(50);
  for(int i=0;i<steps;i++)
  {
    digitalWrite(leftStep, HIGH);
    digitalWrite(rightStep, HIGH);
    delayMicroseconds(800);
    digitalWrite(leftStep, LOW);
    digitalWrite(rightStep, LOW);
    delayMicroseconds(800);
  }
}
// 主程序
void loop()
{
  move(false,true,784);
  //直行100mm，细分数为8时需要784个脉冲
  delay(500);
  for(int i=0;i<4;i++)
```

```
  {
   move(false,false,1440);
   //顺时针原地旋转324°
   delay(500);
   move(false,true,784);
   delay(500);
  }
 delay(6000); //停机等待6s
}
```

实验发现，电机在全步进驱动模式下动力稍显不足，启动瞬间，车架振动明显。我采取了两个措施，一个是把尼龙万向轮换成橡胶的，另一个是修改驱动模式，最后把细分数定为8，获得了不错的效果。这样电机转一圈需要1600个脉冲，车轮前进距离204.1mm，理论定位精度±0.1mm。由此可以很容易计算出小车前进100mm所需的脉冲数为100/204.1×1600=784。324° 对应的是1600×324/360=1440个脉冲，根据两轮差速小车原理，只要让左右两侧电机同时反转1440个脉冲，就可以让小车原地顺时针旋转324° 了。

绘图使用的是一支普通铅笔，笔尖落在两个电机轴线正中垂直到地面的点上，这样可以保证小车在转弯时，笔尖原地不动。我设计了一个临时机构，笔用夹子固定在一小片厚塑料板上面，利用塑料板的弹性让笔尖在纸上着力，技术分解如图3-83、图3-84所示。

五角星的最终绘制效果如图3-85所示。小车从*A*点出发，经*B*、*C*、*D*、*E*，从*F*点返回。从图中可以看出：直线行驶距离控制得比较准确，实测误差在±1mm以内；因为塑料板比较软，加上纸张不够平整，造成了笔尖在行驶和转弯时偏离中点，肉眼可以看出线有弯曲，角有错位，起点和终点不一致。可以考虑重新设计握笔机构，理想方案是把笔固定在两个电机正中，与地面垂直，这样可以有效避免笔

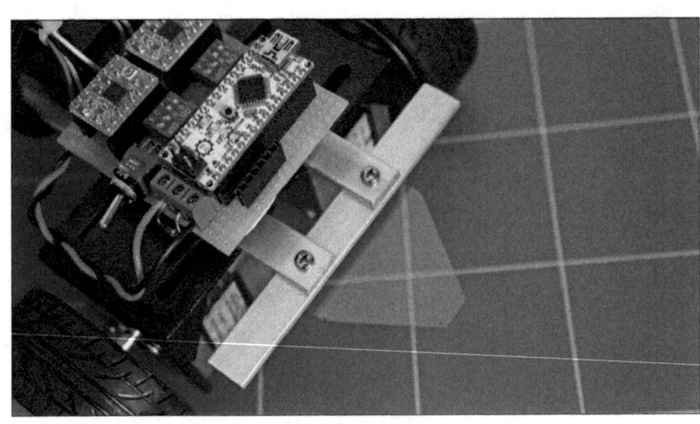

图3-83 固定在前保险杠上的塑料板

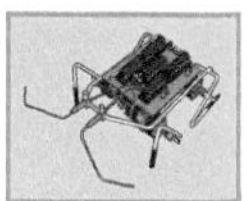

图 3-84　翻下塑料板，用夹子固定好铅笔，调整好笔尖落点

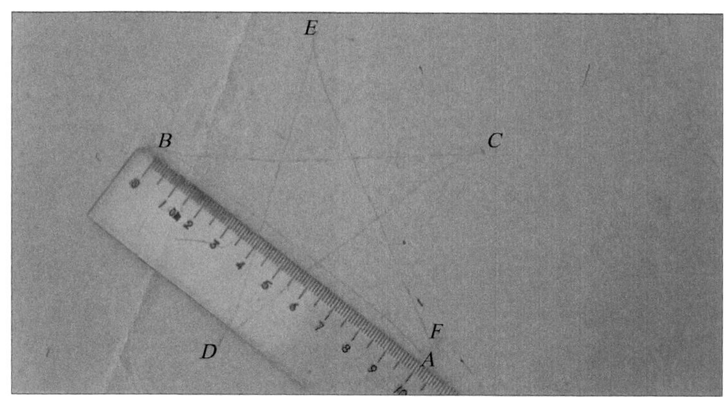

图 3-85　五角星的绘制效果

尖左右摇摆的问题。

因为很多零件都是通用的，这辆小车的造价很低。步进电机让它可以实现高精度定位，在此基础上可以用距离和角度画出比较复杂的图形。小车的另一个优点是A4988很好控制，程序简单易懂，即使不掌握专业知识也可以让电机转起来，非常适合业余玩家。这里使用的算法并不高明，严格来说都称不上什么算法，只是把步数列出来，让单片机转换成脉冲发送给驱动模块罢了，还有很大潜力可挖。

现在的小车只能绘制连续线条，可以考虑给它加上一个舵机，实现起笔和落笔的控制。还可以通过蓝牙模块，把PC或手机上的数据实时发送给小车。或者利用Arduino与Processing的组合，制作出更友好的图形界面。

基本上弄明白了步进小车的控制方法，其他数控设备的原理就很好掌握了，实际上机床使用的x、y、z坐标定位方式更简单一些。更高级的玩法是把主控模块换成功能强大的树莓派或Edison，剩下的就考验你的想象力和编写App/软件的功夫了。

3.11 Arduino+Processing 制作极客风格绘图机

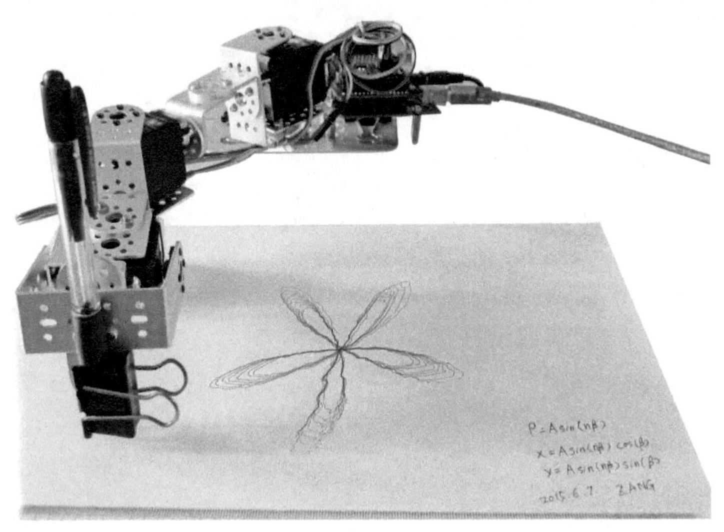

面对学习哪种编程语言更好的问题，我的观点是自己感觉简单、好用就足够了。因为不论哪种计算机语言，起到的不过是一种人机对话的作用，方便程序员编写程序。真正让机器活起来的角色是算法（数学）。本文将通过一台极客风格绘图机的设计和制作过程，向你展示隐藏在程序背后的算法的巨大力量。

3.11.1 硬件

从结构上看，大多数绘图机不管是滚筒式还是平台式，都是建立在直角坐标系的基础上。这种结构对业余玩家来说，最大的问题就是造价过高，因为你必然会用到丝杆、导轨、滑台或同步轮、同步带这类的零件。很多时候电机本身并不贵，但是配上一根精度说得过去的丝杆，成本就会翻上数倍，从学习、实验的角度看就得不偿失了。有没有什么好的办法造一台既简单又炫酷的绘图机呢？

对极客来说，每个问题都是一剂激发创意的催化剂。下面就请读者跟着笔者扮演一回极客，试试用极客的思路解决问题，看看能不能用常见的材料制作一台绘图机。既然成品丝杆电机比较贵，就试试别的驱动器吧。模型和机器人上常用的舵机就是一个选择，但是舵机有一个问题，就是它输出的是角位移，这样你就无法照搬常规绘图机的结构和控制思路。这个问题也不难解决，可以参考工业机器人的手臂式结构。既然工厂里的机器臂可以做到能穿针引线的精度，那么用几个舵机驱动手臂绘图也一定可行。

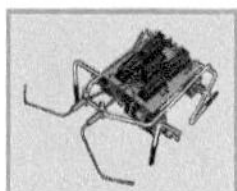

为了简化制作，我把手臂设计成了3个自由度的，1个舵机控制笔尖的起落，另外2个舵机驱动肩关节和肘关节，控制器为Arduino。因为手头正好有一套奥松机器人的百变之星创意拼装套件，绘图机结构部分的制作变得轻松了许多。

手臂的主要材料是3套配支架和U形框的标准舵机，如图3-86所示。此外还有一些钣金件和紧固件。

为了便于建模和计算，我制作的是一条仿生右臂，如图3-87所示。结构上，大臂和小臂的长度相等，完成后的手臂从肩关节到肘关节、从肘关节到笔尖的长度均为115mm，如图3-88所示。

肘关节到笔尖的距离可以微调。落笔舵机在90° 时，笔尖与纸面垂直，减小角度可以使笔尖向外倾斜，增加距离，反之则缩短距离。我设置的是85° ，这样笔尖稍微向外倾斜，距离正好为115mm，如图3-89所示。如果想自己DIY，一个要注意的问题是给舵机加上虚轴，从结构上减小抖舵造成的影响。还可以在关键部位加上一块泡沫，构成减振缓冲垫，减小因手臂摆动幅度过大而产生的晃动，我在机器人的肘部就加了一块（见图3-89）。你也可以发挥想象力，根据手头现有的材料设计出更好的结构。

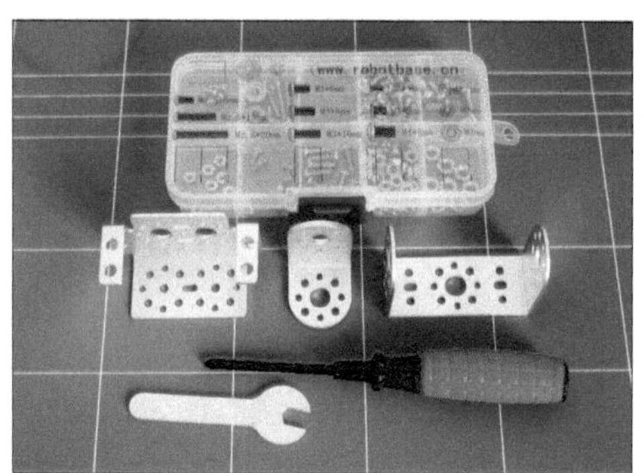

图3-86 单个关节的结构件和组装工具

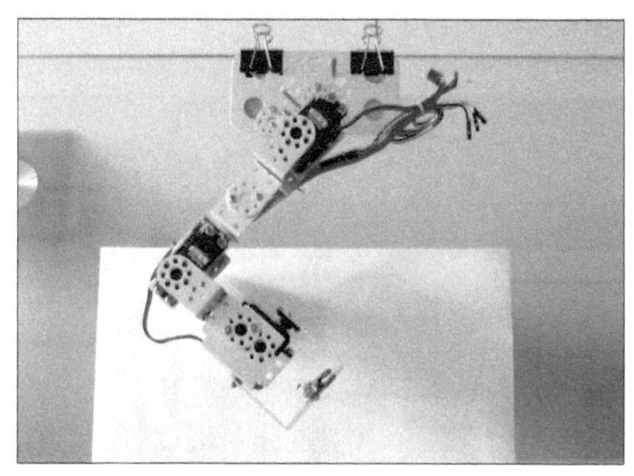

图3-87 机器右臂俯视图（假设机器人在你对面）

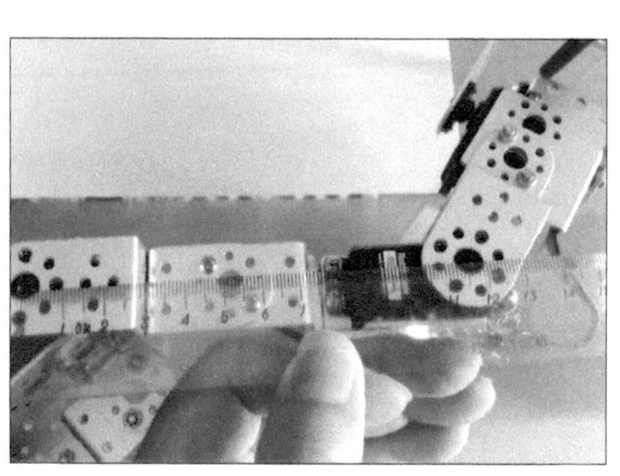

图3-88 肩关节与肘关节的实测距离为115mm

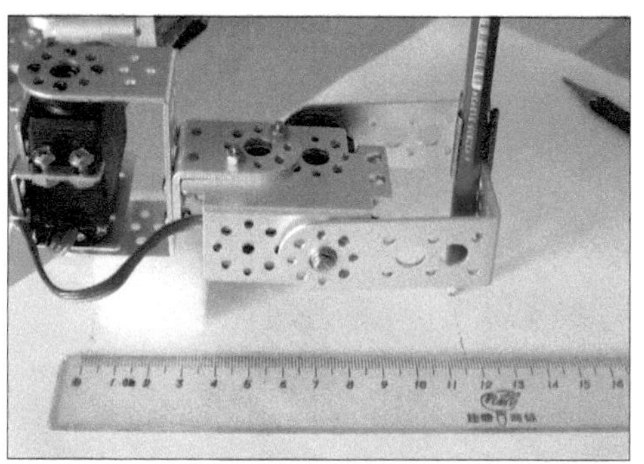

图3-89 调节舵机落笔角度，校正肘关节到笔尖的距离。肘部下面用双面胶粘了一块泡沫以减振

另一个要注意的是舵机的供电问题。标准舵机消耗的电流比较大，用Arduino上自带的稳压芯片给2个舵机供电是可以的，3个就有点勉强了，最好给舵机单独供电。

3.11.2 软件

系统控制思路非常简单。让手臂随着鼠标的动作实现定位，用鼠标的单击控制笔尖的起落进行绘制。绘图机的软件分为Arduino和Processing两个部分。我使用的软件版本为Arduino-1.6.4和Processing-2.2.1。这个项目主要研究的是算法和编程，为了方便初学者参考，我会把各个步骤尽量细化并加以说明。

Arduino部分非常简单。只要连接好USB电缆，在IDE中选择对应的板卡和端口，把示例中的Firmata\ServoFirmata上传到控制板就可以了。这个操作相当于把Arduino刷成了一个舵机控制器，不需要给Arduino编写任何程序。

Firmata是Arduino平台下的一个PC与单片机通信的协议，支持多款单片机和上位机，如Processing、Pure Data、Linux C++。Arduino IDE中已经包含了这个协议，但是我建议把它替换成最新的。

所有运算都在Processing上实现。程序跟踪鼠标的移动和单击操作，生成实时动作组，最后通过Firmata协议控制连接在Arduino上的3个舵机驱动手臂运转。首先要给Processing安装一个Arduino库，这样它就可以利用Firmata协议与刚完成的Arduino舵机控制器进行通信了。把processing2-arduino.zip解压后复制到Processing根目录下的modes\java\libraries。因为Processing是基于Java开发的，你可以发现这个库的核心是一个名为arduino的jar包。

接下来要在Processing里给绘图机建立一个数学模型，如图3-90所示。

Processing绘制的坐标原点位于窗口左上角，即图3-90中的*A*点，这是一个直角坐标系，*x*轴向右为正，*y*轴向下为正，1像素对应现实世界中的1mm。图3-90

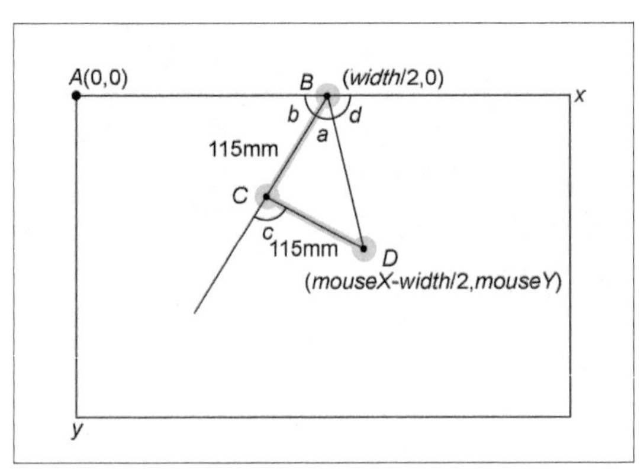

图3-90　绘图机数学模型示意图

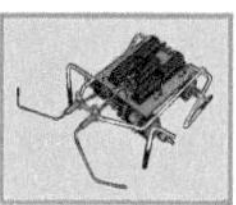

中蓝色部分为绘图机的两段手臂，*B*点为肩部舵机，*C*点为肘部舵机，*D*点为笔尖落点。为什么不把肩部舵机放置在*A*点？原因很简单，我用的舵机是逆时针旋转的，从左转到右，对应着0° ~180° ，如果放在*A*点，0° ~90° 的部分就超出了窗口定义的范围。所以先要进行坐标平移，把基准点从*A*平移到*B*，*x*坐标取窗口宽度的一半，*y*坐标不变，这样舵机的运动范围就完全包含在窗口以内了。不过这样一来鼠标坐标也跟着向右平移了1/2个窗口宽度，需要进行修正，最后得出笔尖落点*D*的坐标为(*mouseX-width*/2,*mouseY*)。

从图3-90中可以看出，用手臂定位*D*点只需要确定两个关节旋转的角度就可以了。角*b*为肩部舵机角度，角*c*为肘部舵机角度。下面转到极坐标系，以*B*为极点，*Bx*为极轴，可以用dist()函数计算出*D*点的极径，用反正弦函数计算出极角*d*，用反余弦函数计算出角*a*。每段手臂的长度115mm是已知的。有了这些数据，就可以在屏幕上画出手臂的仿真图形。最后，把弧度转换为角度，调用Arduino库的servoWrite()函数把角度写入对应的舵机。

别忘了还有一个控制笔尖起落的舵机，这个舵机的控制是用Processing对鼠标左键单击的响应来实现的。注意下面程序中涉及图形绘制部分采用的是弧度制，硬件控制部分采用的是角度制，不要弄混。最后发送到肩部舵机的角度$b=180-a-d$，肘部舵机的角*c*是手臂围成的大三角形的外角，因为两段手臂长度相等，可以得出$c=2a$。

到这里，一些读者可能会觉得要实现这么多功能，程序编写起来会有一点难度。不用担心，Processing是一种基于感官的程序语言，强调的是实用和互动。举个例子，我想在屏幕上画个圆，只要敲一行代码，调用ellipse()函数，给出几个参数就可以了。而换成传统的程序设计语言，可能要学习半个学期，写数十行代码才能实现。Arduino是在Processing的基础上开发的，因为血缘的关系，你会发现它的编程方式和Arduino很相似，只是Arduino更偏向C，Processing更偏向Java。

接下来按照上面整理的思路给绘图机编写一个Processing驱动程序。为了方便阅读理解，我把软件仿真部分标为黑色，把硬件控制部分标为红色。

```
import processing.serial.*; //导入串口库
import cc.arduino.*; //导入Arduino库
Arduino arduino; //关联硬件
int servo1pin = 9; //设定落笔舵机端口
int servo2pin = 10; //设定肘部舵机端口
int servo3pin = 11; //设定肩部舵机端口
//设定2个关节的初始位置为0° ，上电以后，手臂摆动到左上角
float c = 0; //肘部舵机初始角
float b = 0; //肩部舵机初始角
//系统初始化
```

```
void setup(){
  size (800, 600); //设定窗口尺寸
  smooth(); //平滑绘制
  stroke(0,0,255,20);  //设定画线为蓝色透明
  arduino = new Arduino(this, Arduino.list()[0]); //查找可用的Arduino硬件
  arduino.pinMode(servo1pin, Arduino.SERVO); //依次设定3个端口模式
  arduino.pinMode(servo2pin, Arduino.SERVO);
  arduino.pinMode(servo3pin, Arduino.SERVO);
}
void draw(){
  translate(width/2, 0); //坐标向右平移半个窗口宽度
  float penX = mouseX-width/2; //计算笔尖x坐标
  float penY = mouseY; //笔尖y坐标就是鼠标的y坐标
  //起落笔控制
  if (mousePressed) {
    fill(0);
    arduino.servoWrite(servo1pin, 85);
    //落笔，调节这个角度，使肘关节至笔尖的距离为115mm
  }
  else {
    fill(255);
    arduino.servoWrite(servo1pin, 70);
    //调节这个角度使笔尖离开纸面
  }
  //转到极坐标系进行计算
  ellipse(0, 0, 5, 5); //绘制极点
  ellipse(penX, penY, 5, 5); //绘制笔尖
  line(0, 0, penX, penY); //绘制极径
  float BD = dist(0, 0, penX, penY); //测量D点极径
  float d = asin(penY/BD); //计算极角d
  if (penX < 0) { d = PI - d; }
  //物理限位，最长不能超过115+115，最短不能小于115
  if (BD > 230) { BD = 230; }
  if (BD < 115) { BD = 115; }
  float a = acos(BD/2/115); //计算角a
  float bc = a + d; //计算BC的弧度
```

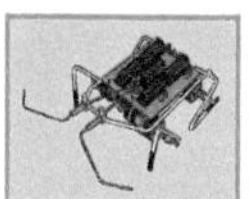

```
//绘制上臂
rotate(bc); //旋转极坐标
line(0, 0, 115, 0); //画线
translate(115, 0); //坐标移动，极点从B移动到C
float cd = - 2 * a;
// CD以C为极点顺时针旋转，弧度为cd = TWO_PI - 2 * a = -2 * a
arduino.servoWrite(servo3pin, 180 - round(degrees(bc)));
//把弧度转换为角度，写入肩部舵机
delay(30); //留出舵机动作时间，修改数值可调节系统动态特性
//绘制小臂
rotate(cd); //旋转极坐标
line(0, 0, 115, 0); //画线
arduino.servoWrite(servo2pin, - round(degrees(bcd))); //角度写入肘部舵机
delay(30); //留出舵机动作时间，修改数值可调节系统动态特性
}
```

3.11.3 测试

3个舵机的初始位置为肩0°、肘0°、笔90°。运行程序后，手臂会摆到左侧，笔尖为抬起状态，如图3-91所示；屏幕上会出现一个800像素×600像素的窗口，缓慢移动鼠标，可以看到机器人的仿真图形，如图3-92所示。绘图机随着鼠标移动而开始工作，单击鼠标左键控制笔尖落下，就可以开始绘图了，如图3-93所示。

图3-91 绘图机初始化

图3-92 机器人的仿真图形，黑色的为鼠标单击操作，浅蓝色的线条为手臂姿态

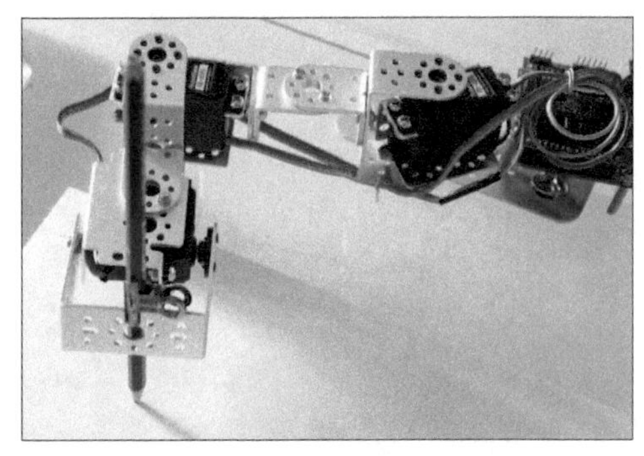

图3-93 单击鼠标左键放下笔尖，开始绘图

3.11.4 优化

用Processing建立的数学模型可以精确到1个像素，与之相对应的绘图机硬件可以达到±1mm的定位精度，但这只是从单纯的数学角度得出的结论。机器人的实际运行情况会受到两个因素的制约：一个是鼠标，另一个是舵机。

这个系统的核心思路是用Processing采集鼠标指针坐标进行运算。鼠标移动的物理点对应着屏幕上的逻辑点（不一定是单个像素）。鼠标的操作应该尽量放缓，防止动作过于突兀，出现丢点现象。但是即使鼠标的分辨率足够高，这种手工定位的方法也会产生一定误差，不能体现出这个设计的真正实力。最根本的解决办法是把手动换成数控，用软件生成坐标，控制绘图机运转，比如下面这段程序。

```
// 绘图机数控程序，绘制一条阿基米德螺旋线
import processing.serial.*;
import cc.arduino.*;
Arduino arduino;
int servo1pin = 9;
int servo2pin = 10;
int servo3pin = 11;
float angle = 0.0;
float offset = 60;
float scalar = 2;
float speed = 0.005;
void setup() {
  size(800,600);
  fill(0);
  smooth();
```

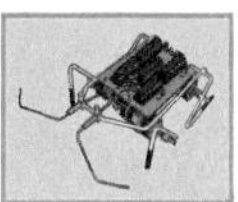

```
  arduino = new Arduino(this, Arduino.list()[0]);
  arduino.pinMode(servo1pin, Arduino.SERVO);
  arduino.pinMode(servo2pin, Arduino.SERVO);
  arduino.pinMode(servo3pin, Arduino.SERVO);
  arduino.servoWrite(servo1pin, 70); //抬笔
  delay(300);
}
void draw() {
  translate(width/2, 0);
  float x = offset + cos(angle) * scalar;
  float y = 100 + offset + sin(angle) * scalar; //把初始y坐标设定在一个适中的位置
  ellipse( x, y, 2, 2);
  angle +=speed;
  scalar +=speed;
  float penX = x;
  float penY = y;
  float BD = dist(0, 0, penX, penY); //测量D点极径
  float d = asin(penY/BD);
  if (penX < 0) { d = PI - d; }
  if (BD > 230) { BD = 230; }
  if (BD < 115) { BD = 115; }
  float a = acos(BD/2.0/115);
  float b = PI - a - d;
  arduino.servoWrite(servo2pin, round(degrees(2 * a))); //肘关节角度
  arduino.servoWrite(servo3pin, 180 - round(degrees(a + d))); //肩关节角度
  arduino.servoWrite(servo1pin, 85); //落笔
  println("b = " + round(degrees(PI - a - d))); //肩部舵机角度回显，方便调试
  println("c = " + round(degrees(2 * a))); //肘部舵机角度回显，方便调试
}
```

绘图机的测试视频请在搜狐视频搜索“绘图机测试1”“绘图机测试2”“绘图机测试3”观看，发布者为小狐狸234083410。我做了3次测试，你可以看到每修改一次，性能都会得到一定程度的提升。测试1中，舵机没有加延迟，手臂没作减振处理，所以抖动严重。测试2是手臂和程序做了优化以后的效果，抖动减轻了很多，但是鼠标手动绘图的精度还是不够。测试3进行的是数控绘制，已经可以感受到浓厚的极客味道了。

现在除了原生的Processing，许多功能强大的计算机图形分析和仿真软件都加

入了对Arduino的支持，比如MATLAB，感兴趣的读者可以一试。为了让程序更加通用，可以把手臂的算法打包成一个函数，调用时只需输入*x*、*y*坐标和笔尖状态即可。

这里为了简化程序，舵机采用的是角度控制，Processing发送给舵机的指令只能精确到度。绘图机每段手臂的长度为115mm，由此可以计算出在手臂完全伸展的极限情况下，笔尖的定位精度为（115+115）×2×3.14÷360≈4mm，这个误差还是比较大的。从本节题图所示的绘制五叶玫瑰曲线可以看出，手臂远端的叶片出现了较大的失真，也很好地验证了这一点。另外的问题是，舵机从一个角度转动到另一个角度需要一定的时间，而程序运行的速度比舵机快出很多，如果舵机还没有到达预定角度就又接收到了新的指令，会因为系统来不及响应而造成手臂晃动。从图3-94所示的阿基米德螺旋线绘制效果就可以看出来，线条的平滑度不够。

一个优化系统动态特性的思路是把舵机固有的转速降低。一些高级数字舵机

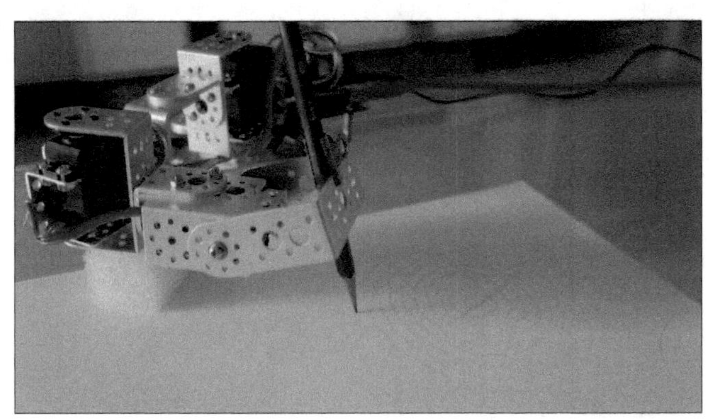

图3-94　阿基米德螺旋线绘制效果

自带编程功能，用户可以修改舵机内部的多个参数，包括速度。普通舵机的调速就比较麻烦了，可以考虑给每个舵机建立一个数组，用插值算法让舵机平滑过渡到下一个位置。其实这个绘图机的算法严格来说应该包括两部分，一部分是手臂的仿真，另一部分是舵机的精细控制。网上有很多与舵机相关的资料，为了节省篇幅，文中就不展开讨论了。

为了提高绘图机的精度，还可以试试用脉宽调制技术控制舵机。标准舵机的控制脉冲为0.5~2.5ms，内部控制电路定义的位置级数一般为1024。由此可以计算出舵机在0°～180°范围下的角位移可以达到180°/1024≈0.18°，脉宽分辨率为(2500－500)/1024=2μs。和前面的角度控制比起来，精度可以用恐怖一词来形容。就是说你可以调用Arduino舵机库的writeMicroseconds()函数向舵机发送精度为2μs的脉冲，舵机应该能够识别并产生动作。当然，这只是理想状态下的结论，实际上受机械部分的限制，以直流电机和齿轮减速箱为核心的普通舵机很难做到这么高的精度。要知道2相4线步进电机的1/8细分也只能精确到0.225°。

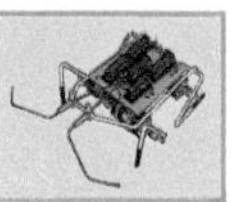

3.11.5 硬件升级

这个项目最大的意义在于用比较简单的软硬件实现了Arduino和Processing的互动式应用，说明了算法在其中起到的重要作用，并且帮助读者加深了对舵机的了解。如果你对计算机图形学和机器人艺术感兴趣，又不知道该从哪里下手，它应该可以作为一个不错的入门选择。

奥松机器人团队看到我发布的绘图机测试视频以后，主动提出为手臂设计一个配套的握笔器。当时我正在考虑程序的优化，顺便借此机会把硬件部分也一并升级了。双方一拍即合，于是就有了下面的故事。

因为手头的工具和材料比较充足，加上对手工的偏爱，在制作一件东西时，我更倾向于采用DIY的方式。DIY的优点是个性鲜明，解决问题的方法多种多样，在很长一段时间里可以说占尽了优势。现在的情况则大不一样，技术发展日新月异，面对软硬件结合的复杂系统，很多时候即使有能力搭起框架，一个人也很难玩到high的程度。

一方面，传统DIY受工艺和材料限制，作品很难形成一套完整的体系，规范化和量产都很困难。另一方面，掌握新兴制造技术的创客团队越来越多，早些年要下工厂才能完成的事情，现在只要几个人和一间工作室就可以实现。激光切割、金属雕刻、3D打印、回流焊等技术的普及，使小团队可以独立完成从贴片电路到复杂机械结构的制造。因为参与设计和制造的都是创意人士，精通数控加工技术（甚至机床都是自己做的），工作成效较以往有了大幅度提高。这次和奥松机器人团队的合作就很好地验证了这一点。

绘图机的原始握笔机构非常简单，就是用夹子把笔固定在U形框上，舵机旋转带动U形框，控制笔尖的起落。这个临时机构有两个缺点：一是绘图笔固定得不牢，晃动明显；二是笔尖直接戳在纸面上，书写不畅。我希望改进版的握笔器能垂直夹住直径10~22mm的多种绘图笔，再加入一个可以调节落笔力度的缓冲装置。把这些想法和奥松机器人团队说明以后，没过几天就拿到了一款3D打印的握笔器。

图3-95所示为奥松机器人团队在设计过程中发过来的模型小样，图3-96所示为他们的3D打印工作台。

从图3-95中可以看出设计师是在百变之星拼装套件的基础上展开设计的。因为是同一家的产 品，兼容性有一定保证，整个机构的安装和调整非常方便。加入新的握笔器以后，小臂长了一小段，大臂也做了相应调整，从原来的115mm延长至150mm。升级后的绘图机如图3-97和图3-98所示。

现在私人订制比较火，从创客层面来看，这种模式更接近一种深度定制。把设计分成几块交给专业团队是一个提高成效的好途径。团队合作可以带来很多好处，很多想法在交流过程中得到精炼，概念上的提升很可能令你大吃一惊！

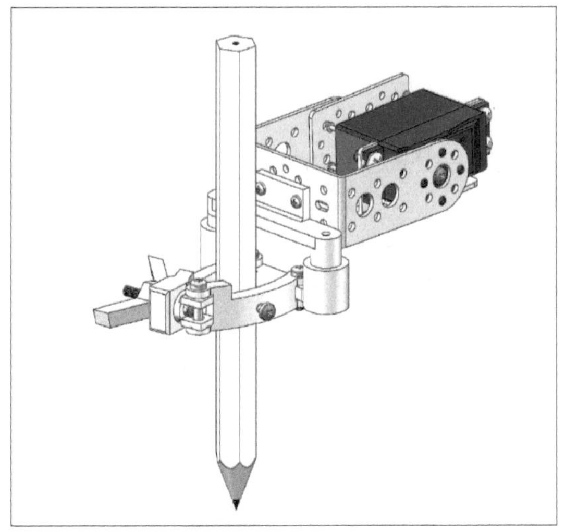

图3-95　握笔器3D模型

图3-96　奥松机器人的3D打印现场

图3-97　3D打印的新版握笔器

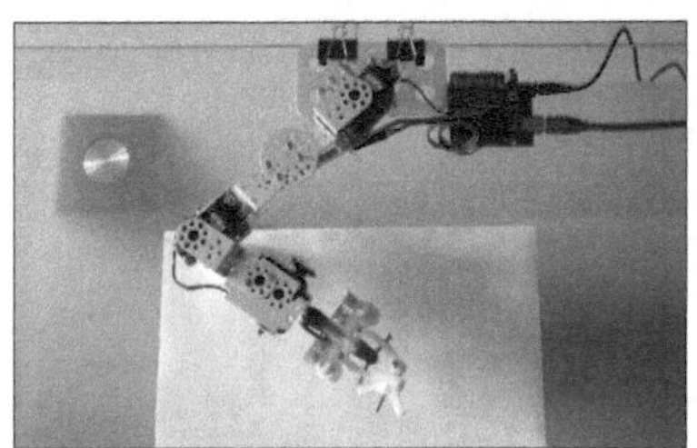

图3-98　升级后的手臂

3.11.6　软件优化

软件部分的优化方案是改舵机的角度控制为脉宽控制，提高手臂的动作精度。

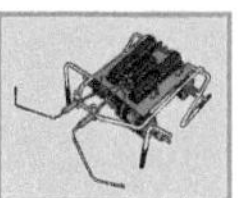

注意角度控制只是相对Arduino平台来说的，它的Servo库自带的write()函数可以很方便地向舵机发送0°~180°的角度。前面用到的Firmata协议在Processing端的servoWrite()函数发送的也是角度。Arduino之所以建立这个标准，纯粹是为了方便用户，因为角度比脉宽更形象，其实这些角度最后还是会以精度为11μs左右的脉宽形式发送到舵机上。

更多的系统，比如无线电遥控模型、专业舵机控制器或爱好者用单片机自制的控制板等，则是直接建立在脉宽调制的基础上。脉宽可以实现精确控制，前提是精度要足够，且舵机要能识别到这个精度。下面就以舵机控制器常采用的2μs脉宽为标准，对程序进行升级。

这里遇到的第一个问题是Firmata协议不能用了，因为它只能精确到角度。另一个问题是PC和单片机的串行通信一次只能传递8bit数据，数值的有效范围仅为0~255。而2μs脉宽对应的舵机位置范围是0~1023［实际是（2500-500）/2=1000，按规范取值为1023］。解决起来也很简单，只要用位操作把数据在Processing端拆分发送，然后在Arduino端接收并组合到一起就可以了。在计算机中，所有数据都是以二进制的形式储存的，位操作可以直接对内存中的数据进行操作，处理速度非常快。

以绘制一张相传是笛卡儿送给瑞典公主克丽丝汀的情书$r=a(1-\sin\theta)$为例。Processing上位机程序修改如下，其中黑色部分为软件仿真，红色部分为硬件控制。

```
import processing.serial.*;
//导入串口库
Serial myPort; //创建串口对象
int us1, us2, us3; //创建3个舵机位置变量
int penUp = 70; //抬笔角度
int penDown = 85; //落笔角度
float r = 15;
float t = 0.0;
float speed = 0.006;
//系统初始化
void setup() {
  size(400,300); //设定窗口尺寸
  fill(0); //底色为白色
  smooth(); //平滑绘制
  String portName = Serial.list()[0]; //获得PC串行端口
  myPort = new Serial(this, portName, 9600);
}
// 主程序
```

```
void draw() {
  translate(width/2, 0);
   /*下面2行为r=a(1-sin θ )曲线的方程，也可以替换为其他曲线的方程。注意
  绘图机的有效工作范围是一段圆弧*/
  float x = r * (2*cos(t)-cos(2*t));
  float y = r *(2*sin(t)-sin(2*t)) + 190; //加190，把初始y坐标设定在一个适中位
  置，防止超出绘制范围
  ellipse( x, y, 1, 1);
  //绘制曲线（笔尖落点）
  ellipse( 0, 0, 8, 8); //绘制极点
  t +=speed;
  float penX = x;
  float penY = y;
  float BD = dist(0, 0, penX, penY);
  //测量D点极径
  float d = asin(penY/BD); //计算极角d
  if (penX < 0) { d = PI - d; }
  //手臂物理限位，最长不能超过300，最短不能小于150
  if (BD > 300) { BD = 300; }
  if (BD < 150) { BD = 150; }
  //计算3个关键角
  float a = acos(BD/2.0/150);
  float b = PI - a - d;
  float c = 2 * a;
  //为了让曲线看着清晰，取消了手臂仿真
  us1 = (int)map(b, 0, PI, 0, 1023);
  //角b弧度转换为肩部舵机位置级数
  us2 = (int)map(c, 0, PI, 0, 1023);
  //角c弧度转换为肘部舵机位置级数
  //鼠标单击控制笔尖起落
 if (mousePressed) {
    fill(0);
    us3 = penDown; //落笔
  }
  else {
    fill(255);
```

```
    us3 = penUp; //抬笔
  }
  //开始串行通信。
  myPort.write(‹S›); //S标示符
  //肩部舵机数据拆分传输
  byte MSB1 = (byte)((us1 >> 8) & 0xFF); //取高8位
  byte LSB1 = (byte)(us1 & 0xFF);
  //取低8位
  myPort.write(MSB1); //发送高8位
  myPort.write(LSB1); //发送低8位
  //肘部舵机数据拆分传输，同上
  byte MSB2 = (byte)((us2 >> 8) & 0xFF);
  byte LSB2 = (byte)(us2 & 0xFF);
  myPort.write(MSB2);
  myPort.write(LSB2);
  //起落笔控制，精确到度即可
  myPort.write(us3); //“明码”发送角度
}
```

因为无法继续使用Firmata协议，Arduino程序需要重新编写。

```
#include <Servo.h> //导入舵机库
Servo servo1, servo2, servo3;  //创建3个舵机对象
int temp, temp1, temp2, temp3; //串口寄存器和3个位置变量
int us1 = 500; //设定3个舵机的初始位置，肩
int us2 = 500; //肘
int us3 = 500; //笔
//系统初始化
void setup() {
  Serial.begin(9600); //串口初始化
  Servo1.attach(11); //设定舵机输出，肩
  servo2.attach(10); //肘
  servo3.attach(9);  //笔
}
//主程序
void loop(){
  //检查数据是否有效，一共需要2+2+1=5个字节
  if (Serial.available()>5) {
```

```
    //从S标示符开始接收数据
    temp = Serial.read();
    if(temp == 'S'){
    //接收肩部舵机数据
    byte MSB1 = Serial.read(); //接收高8位
    byte LSB1 = Serial.read(); //接收低8位
    temp1 = word(MSB1, LSB1);    //组合数据
    //接收肘部舵机数据，同上
    byte MSB2 = Serial.read();
    byte LSB2 = Serial.read();
    temp2 = word(MSB2, LSB2);
    //接收起落笔数据
    temp3 = Serial.read();
    }
  }
  us1 = map(temp1, 0, 1023, 500, 2500);
  //肩部数据转换为脉宽
  us2 = map(temp2, 0, 1023, 500, 2500);
  //肘部数据转换为脉宽
  us3 = map(temp3, 0, 180, 500, 2500);
  //起落笔角度转换为脉宽
  servo1.writeMicroseconds(us1);
  //发送肩关节脉冲
  servo2.writeMicroseconds(us2);
  //发送肘关节脉冲
  servo3.writeMicroseconds(us3);
  //发送起落笔脉冲
}
```

3.11.7 舵机的选择

如果你在运行新程序后发现线条的平滑度并没有多大改善，甚至还不如当初，极有可能是因为舵机的死区过大。

市面上售价几十元的舵机面向的是无线电遥控模型，特别是车船模型。这种舵机的死区普遍为20μs，意味着有效位置为100个。手动操纵定位左右各50个点，对大脚车和平跑车来说问题不大，但对航模和机器人来说就有点捉襟见肘

了。因为它们的控制信号来自陀螺仪或计算机，或者需要操作员以极高的精度打舵（脉宽小于10μs）。如果脉冲精度太高，舵机无法识别，就会引发失控或抖舵等一系列问题。图3-99所示的$r=a(1-\sin\theta)$曲线重复绘制了3次，仔细观察可以看出曲线在一些特定位置出现了失真，而且这些部位（红圈标明处）基本是重合的。初步分析是舵机内部的电位器线性度不佳造成的。

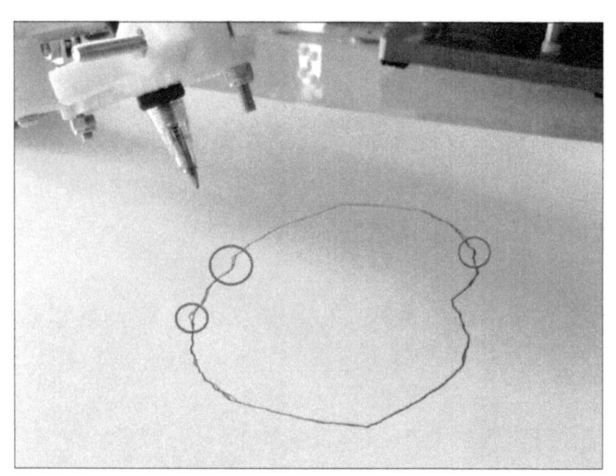

图3-99 $r=a(1-\sin\theta)$曲线的绘制效果

所以建议爱好者在给机器人选配舵机时除了注意扭矩，还要注意一下死区这个关键参数。10μs是一个入门之选，价格也可以接受。比如国外机器人爱好者常用的Hitec的HS-422，尼龙齿，扭矩为4.1kg·cm（6V供电），死区为8μs，网店参考价为76元。现在很多国内团队也推出了自己的机器人专用舵机，比如奥松机器人的RB-150MG，金属齿，扭矩为15kg·cm（6V供电），死区为10μs，零售价为99元。

还有精度更高的数字舵机，死区小于5μs，但其数百元的价格大大超出了业余爱好所能承受的范围。如果你对机械和电子比较精通，可以选择素质较高的通用舵机进行改造，采用更换电位器、轴承、电机或控制电路的方法提升舵机的性能。

3.11.8 TSP艺术

因为我们制作绘图机的初衷不是取代家里的打印机，所以不必太过纠结绘图精度的问题。每次看到数控设备的运行，就会感受到一种特殊的美，不妨换个思路，从计算机艺术的角度出发，看看能不能让事情变得更加有趣。

从功能上看，舵机控制器和音频播放器并没有本质区别，它们输出的都是波形，你的手机就是一个极具潜力的控制器。把舵机的控制脉冲打包成一个波形文件，让播放器播放它，可以控制舵机执行各种复杂的预设动作。常见设备的立体声输出有左右两个声道，最多可以控制两个舵机。下面这个制作的特点是应用到的程序和算法比较高端，但实现方式却出奇的简单。即使是初学者，也可以毫不费力地先把系统搭起来，以后再慢慢深入到程序部分。

首先要准备两个软件。一个是StippleGen点画制作软件，它可以通过旅行商（Traveling Salesman Problem，TSP）算法把图片上的点连成一副一笔画（见图3-100），也称为TSP艺术。另一个是提出上面控制思路的作者编写的一个DrawBot波形生成软件（见图3-101），开发平台为Visual Studio，它的功能是读取svg格式一笔画中的点，通过缩放和三角变换生成舵机所需的控制脉冲并输出一个wav格式的立体声波形文件。这两个软件都是开源的，可以从github下载。

电路非常简单，熟练的话，只需几分钟就可以把系统搭建起来（见图3-102）。通过DC插座给2个舵机供电，如果电压高，就串个二极管降压。2个声道的立体声信号连接至舵机输入端。

用音频编辑软件打开DrawBot软件输出的wav文件，可以看到波形是一长串脉冲，和我们用示波器查看到的其他舵机控制器的输出波形没什么两样（见图

图3-100　TSP艺术之五角星

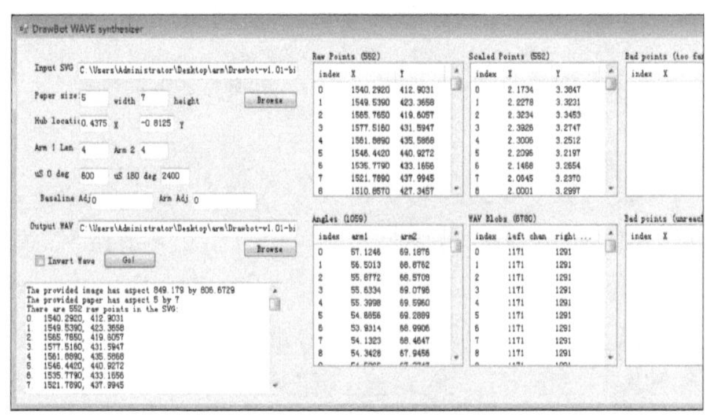

图3-101　DrawBot软件界面

需要用到的材料：

- 2自由度手臂，1个
- 标准舵机，2个
- 电源，1个
- 废旧耳机（只要线是好的就可以），1个
- 洞洞板，1小块
- DC插座，1个
- 插针，6个

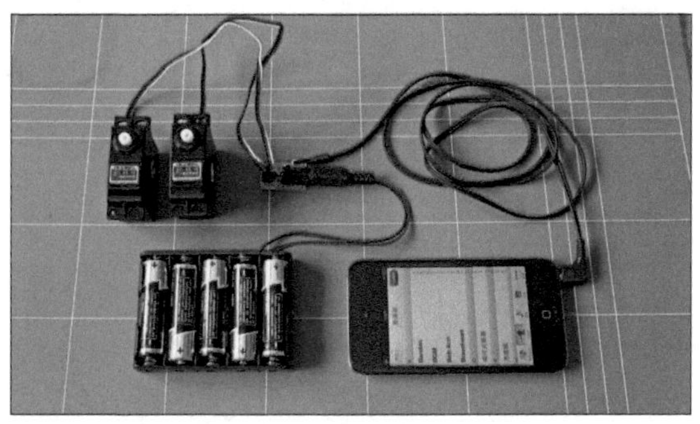

图3-102　搭建系统，进行初步测试

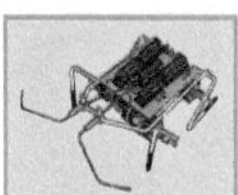

3-103）。

这个制作成功的关键是播放器的素质要过硬，能够精确还原脉冲，且输出电平要达到一定幅度。经过测试，0dB以上的音频输出可以和舵机实现较好的匹配。为了获得最佳效果，我给这个系统配备了一块专业声卡（见图3-104）。如果你是一位发烧友，也可以试试用耳放或前级来驱动这个绘图机，这个玩法对器材将是一个不小的考验。

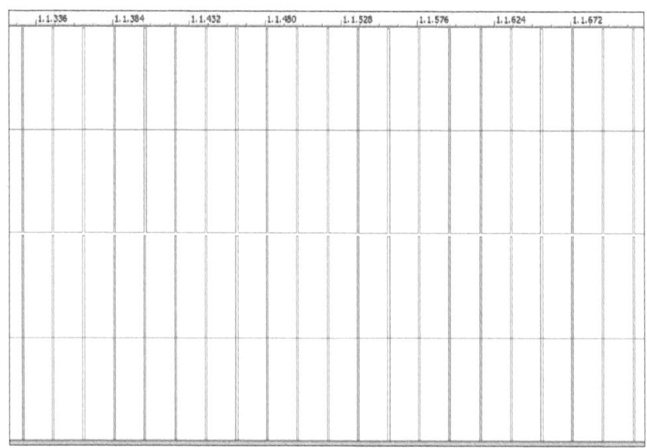

图3-103 DrawBot软件输出的wav文件波形

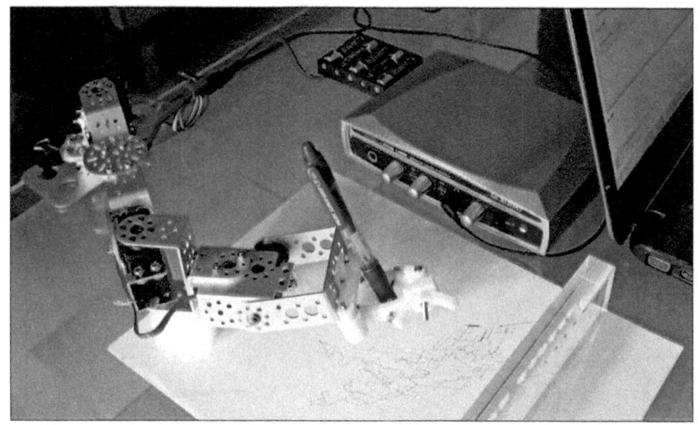

图3-104 TSP绘图机测试现场

3.12 自制数控式多米诺骨牌码放机

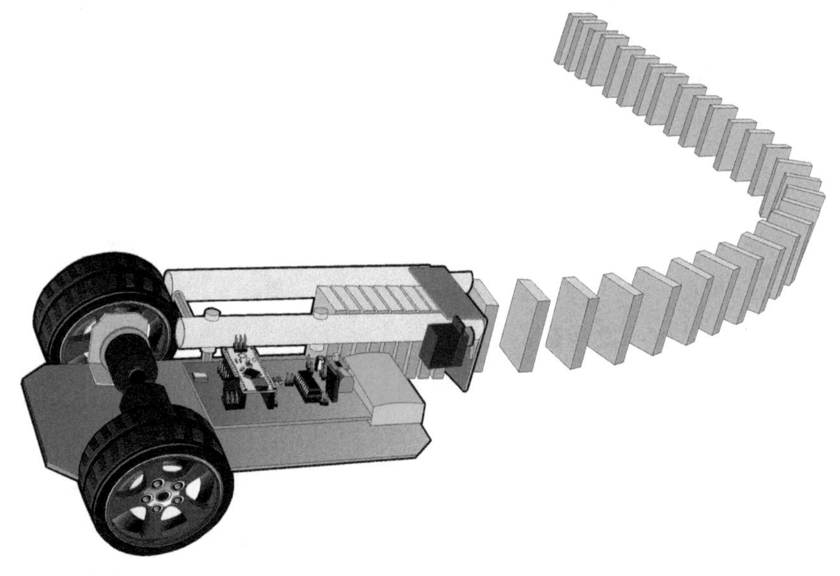

前不久我和侄子聊天，他说很怀念小时候在幼儿园里玩的一种可以识图和摆着玩的儿童积木。我告诉他世界上还有一种更好玩的积木，那就是多米诺骨牌。当天，我们就在网上订了一套1000片的多米诺骨牌，两个人玩得不亦乐乎。我们试验了多种摆法，也看了多个吉尼斯世界纪录的版本，可是没高兴多久，新的问题就来了：推倒第一张骨牌的感觉的确很爽，但是谁也不愿意重复码牌，特别是那种单调的直线和曲线。既然人不喜欢做，就交给机器去做吧——制作一个可以自动码放多米诺骨牌的机器人。于是，折腾时刻到来了！

3.12.1 设计思路

作为第一版原型机（以下简称零号机），我既不想把它制作得过于复杂，又希望在前人的基础上加入一点新的功能。于是有了下面的思路：轮式小车底盘、2WD差速驱动、单列直线和曲线码牌，以及红外遥控功能。

网上有一个转载量很高的由乐高积木搭成的多米诺骨牌码放机，创意来自Matthias。这款码放机的结构设计非常巧妙，只用一个电机就实现了小车的前进和骨牌的顺序码放。因为我想把骨牌码成曲线，并且增加红外遥控功能，只用齿轮和曲柄的纯机械式结构就无法实现了。

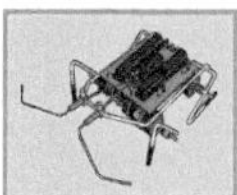

把骨牌码成单列曲线需要在小车尾部设置一个“发牌口”，并让它曲线行进。我的车体采用了常见的2WD结构，用两个减速电机驱动小车前进和左右转弯。码牌机构就简单多了，用一个舵机驱动击锤摆动，将排成一列的骨牌逐个推出发牌口。红外遥控功能用的是一个家电遥控器配上一个红外接收头。整个码牌机的控制核心是一块Arduino Nano。

码牌机构还有一个重要的部分——导轨。导轨的作用是让骨牌逐个依次有序地移动至发牌口，等待击锤击发。一开始我考虑用和小车底盘相同材质的铝板制作导轨，为的是让整体结构看起来更一致、漂亮，这样就需要把铝板折弯。我的骨牌厚度是8mm，计划一次可以放置16块牌。除为手工续牌方便，留出一定的空档以外，还要考虑导轨两头在车体上的固定和发牌口的限位，这样大致算下来要求导轨的长度起码达到180mm。折弯这么长的导轨，即使在台钳上也很难操作，不巧的是，陪了我将近9年的台钳突然坏掉了（里面的丝杆滑扣了），只能另想他法。

这个问题确实难住了我，当时想到了木板、亚克力板、扁铝条和角铝。这些材料手头上都是现成的，可以轻松制作出导轨的主体，但是还要在导轨顶部加工出一个斜坡，又要用到台钳。因为骨牌需要恰到好处地夹在两条导轨之间才能组成均匀的一列，否则会影响下一个动作。我的骨牌宽度为30mm，轨间距设计为31mm，缝隙很小，因此需要在两条相对的导轨顶部设置一个向中间倾斜的斜坡以方便手工续牌。如果导轨顶部是平的，小车行进得又比较快，会大大增加操作难度。正在一筹莫展之际，我突然看到墙角立着的一根装修剩下的PVC穿线管，管子是圆的，效果比斜坡可好多了。既然“导轨”不行，就换成“导管”好了，就是它了！

思路确定下来以后，就可以着手准备材料开工了。表3-4和表3-5列出的是零号机用到的主要硬件和软件。

表3-4　制作所需的硬件

- >> 直流齿轮减速电机（DC12V，57r/min），2个
- >> 5mm轴连接器和65mm车轮，2套
- >> L293D电机驱动模块，1个
- >> VS1838B红外接收模块，1个
- >> 家电用红外遥控器，1个
- >> 9g小型舵机，1个
- >> Arduino Nano或其他兼容控制器，1个
- >> 洞洞板，1块
- >> 小电源开关，1个
- >> 7.4V锂聚合物电池配充电器，1套
- >> 1mm厚5052铝板，1块
- >> PVC穿线管，1根
- >> 排针、跳线、扎带、螺丝、螺母等小五金件，适量

表3-5　制作所需的软件

- >> Arduino IDE 1.5.6-r2
- >> Servo库（Arduino IDE自带）
- >> IRremote库（从arduino.cc下载）

3.12.2 制作码牌机

相对于纯机械式结构，数控的好处是可以精确控制骨牌的码放间距和路线的弧度。需要注意的是，虽然软件在理论上可以实现精确到微秒的控制，但是落实到硬件上，不得不考虑响应时间，特别是电子与机械的转换部分。比如电机的启停和舵机的转速都会受到自身结构的制约。因此在硬件的制作上，首先要考虑的就是一个字："稳"。

为此，我把小车重心设计得比较低，并且把两个电机相对一侧起支撑作用的万向轮换成了一个纯钢质地的滚轴，目的是减轻车尾晃动。这个小车的布局是电机在前、发牌口在后，不需要灵活地转弯，所以万向轮不是必须的。实际上，如果转弯半径设置得过小，还会严重影响骨牌队列的延续性。

结构部分的制作难度在于码牌机构。因为使用了PVC材质的管材，加工难度降低了许多。实际上，量好尺寸以后，用管子割刀和一个小锥子，不到10min就结束了任务（见图3-105）。

小车底盘的结构比较简单，和之前制作不同的是，电机换到了上面，以降低重心。电机支架使用和底盘相同材质的铝板自制，另外新加工了一个高度配套的滚轴式尾轮（见图3-106、图3-107）。

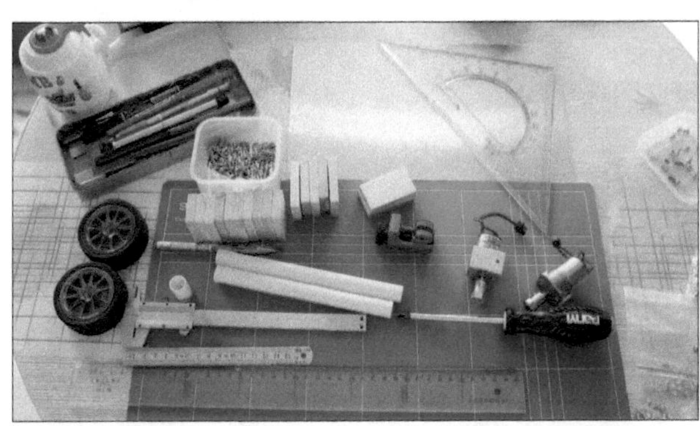

图3-105　测量和切割PVC管的工作现场

图3-106　小车底盘顶视图

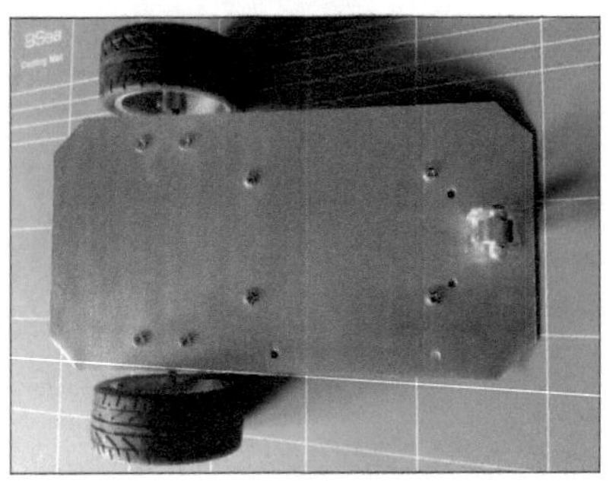

图3-107　小车底盘底视图

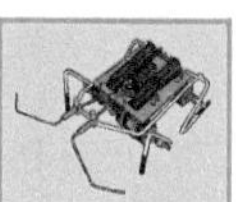

电子部分的连接如图3-108所示。因为9g舵机的电流比较小，可以和红外接收模块及L293D共用Arduino Nano上的+5V。整个电路都是模块化的，不需要其他周边零件，只需加一个电源开关。

电路在一块洞洞板上制作完成（见图3-109）。相信很多电子爱好者都和我一样，每隔一段时间就技痒难耐，想DIY点什么东西出来。但是原型机性质的作品追求的是灵活性，为的是随时随地方便试验，受成本和时间的限制，不可能总是使用PCB，因此洞洞板就成了最理想的选择。

这里我也总结了几个用洞洞板制作电路，特别是单片机和数字电路的小技巧。在此对照着零号机的电路板和读者朋友们分享一些积累下来的经验。

（1）让接口靠近板子边沿。不管是紧凑式布局还是松散式布局，都把接口放在板子外侧。这样一是为了方便连线，二是为了美观，试想一大堆连线从板子中间冒出来，也不利于查找问题。

（2）使用插接式连接，电路板上的芯片、模块和接口不要焊死。L293D安装在插座上，Arduino Nano使用排母连接，电机和舵机使用杜邦插座连接，锂电池连线顶端是普通的压接式端子，这样元器件的插拔和替换都非常方便，给调试工作带来极大便利。为此我特意准备了一套压线工具（见图3-110）。把插接式和焊接式工艺科学地组合在一起，可以增加制作的灵活性。

（3）使用跳线（线仔）。出于灵活的考虑，模块和模块之间不要焊死，而是用跳线进行连接（见图3-111）。除了电源地、锂电池的+7.4V和Arduino Nano的

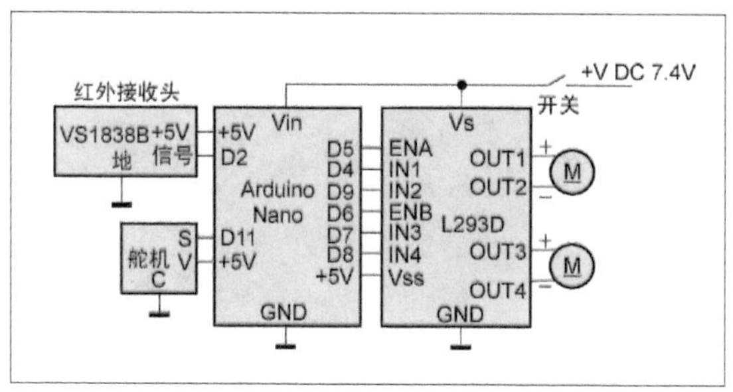

图3-108 多米诺骨牌码放机（零号机）电路连接示意图

图3-109 零号机的主控电路板

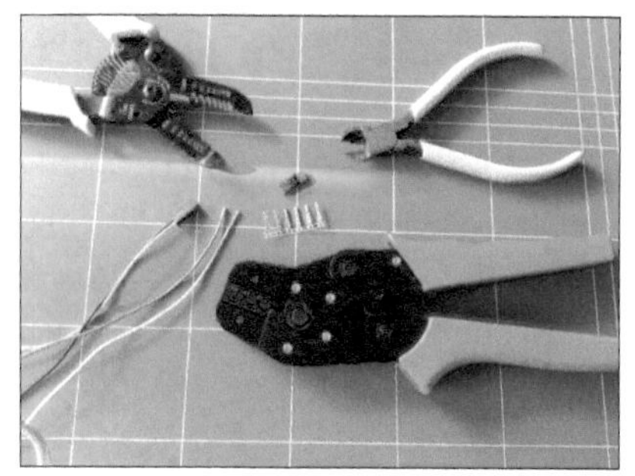

图3-110 用压线工具制作电机的杜邦接线端子

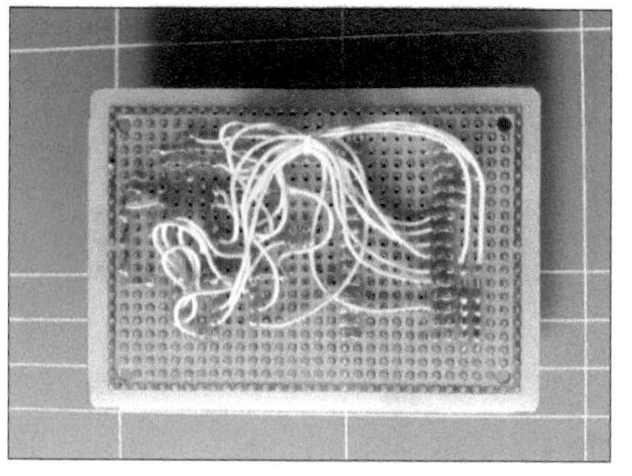

图3-111 零号机电路板的背面

+5V使用裸铜线以外，其他连接均为跳线。这样虽然看起来比较乱，如果是音频电路还会产生失真，但是对标准电平为+5V、频率十几兆的单片机电路来说却非常方便。调整一个I/O口只要把原来的跳线解焊，换到新位置上重新焊接即可，一块电路板可以反复使用。

最后，我给制作完成的零号多米诺骨牌码放机拍了一组照片，如图3-112~图3-114所示。

图3-112　零号机左侧视图

图3-113　零号机后视图

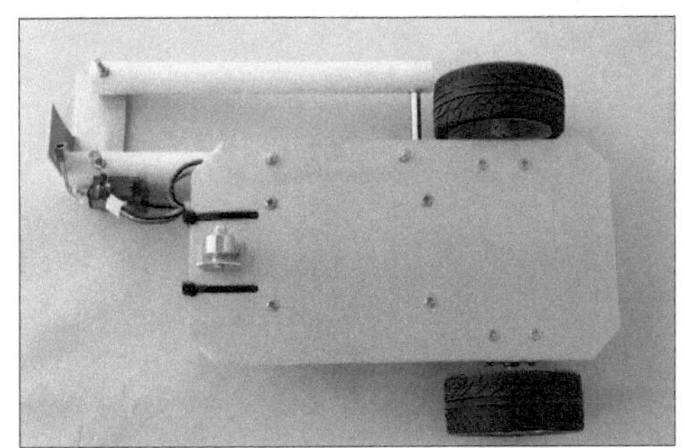
图3-114　零号机底视图

3.12.3　控制程序

控制程序第一步要做的是破解红外遥控器的编码。遥控器没有特别要求，为了操作更加直观，建议使用带有方向键的，我使用的是有线电视机顶盒配套的遥控器。具体操作方法《机器人制作入门》一书中的《用Arduino打造超级BEAM机器人》中已经做了介绍，这里只做个简要回顾。

去Arduino官网或github下载一个红外遥控库IRremote（官方发布的各版本IDE中自带的RobotIRremote不符合我们的要求）。安装好库以后，打开IDE示例下的IRremote/IRrecvDemo，修改两行代码。

把“int RECV_PIN = 11;”换成自己用的引脚，码牌机用的是数字2脚，即“int RECV_PIN = 2;”。去掉“Serial.println(results.value, HEX);”中的“,HEX”，否则串口监视器中显示的是16进制编码。上传程序以后，打开串口监视器就可以查看任意一个按键的键值了（见图3-115）。一个值得

图3-115　破解遥控器红外编码

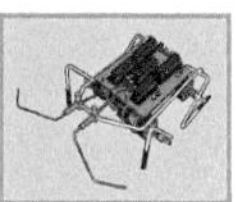

注意的小问题是有的遥控器一个键位有两个编码，表示两种操作状态，比如我的遥控器的“上”键就有“2148574808”和“2148542040”两个编码，按一下切换一次。遇到这种情况，我们可以任选其一，无非多按一下才能生效罢了。

另一个比较重要的问题是舵机库占用了定时器资源的Timer1，IRremote的定时器不能和它发生冲突。为此你可以不用官方的舵机库，写一个自己的舵机驱动程序，或者用更简单的方法，把IRremote库的定时器资源调整到Timer2。打开库里面的IRremoteInt.h文件，找到这段：

```
#else
  #define IR_USE_TIMER1   // tx = pin 9
  //#define IR_USE_TIMER2  // tx = pin 3
#endif
```

把它修改成下面这样：

```
#else
  //#define IR_USE_TIMER1   // tx = pin 9
  #define IR_USE_TIMER2    // tx = pin 3
#endif
```

在正式编写程序之前，先介绍一下码牌机构的工作原理。

码牌机构作为一个组件安装在车体右侧。这个组件包括两段由PVC管构成的导轨、舵机、击锤和尾档板。新添加的骨牌受左右两侧导管的围挡限制，构成一组整齐的队列。小车开动以后，骨牌队列在尾档板的推动下，随着小车一起行进。尾档板只在左侧抵着骨牌，宽度为骨牌宽度的1/3，约为10mm。舵机在程序控制下往复运动，先是驱动击锤向右摆动10mm，把最后一块骨牌推出，然后击锤复位，尾档板抵住新的一块牌，等待下次击发指令。

码牌机构的工作分为3步：复位、续牌和发牌（结构细节见图3-116~图3-119）。舵机支架和锤柄使用曲别针弯制而成，锤头使用的是一个从配电排里拆出的端子芯。

图3-116　舵机复位状态

图3-117　整列牌被尾档板推着向前走

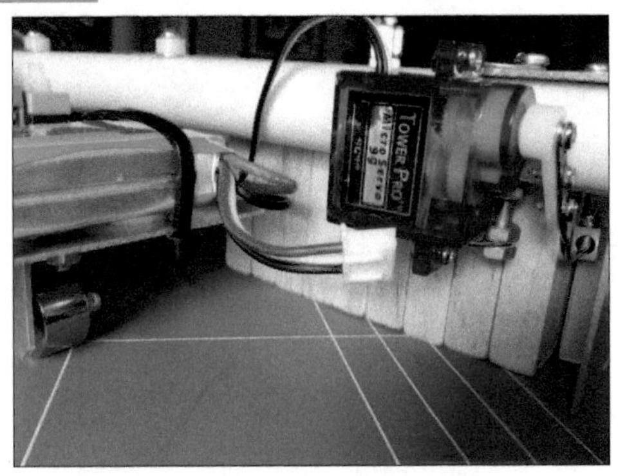

图3-118　击发状态，最后一块牌被推出

图3-119　因为小车持续行进，推出的这块牌留在原地

电机的PWM控制比较简单，需要注意的是舵机。一般模型级舵机的标称转速为0.12s/60°，就是说转60°需要120ms，实际上很难达到这个数值。保守起见，我给舵机每转动1°预留的时间是3ms。另外，舵机复位以后还要有个延迟，这样做是为了让新的一块牌续上来，可以用这个延迟调整码牌间距。

下面先编写一个初级的演示程序，让机器人走单列直线码牌。

```
//多米诺骨牌机器人直线码牌演示程序
#include <Servo.h> //导入舵机库。
//电机驱动模块以L293D为例
//模块输出接法为：OUT1接左电机+，OUT2接左电机-，OUT3接右电机+，OUT4接右电机-
const int ENA = 5 ; //左电机PWM
const int IN1 = 4 ; //左电机正输入
const int IN2 = 9 ; //左电机负输入
const int ENB = 6 ; //右电机PWM
const int IN3 = 7 ; //右电机正输入
const int IN4 = 8 ; //右电机负输入
Servo hammer; //指定舵机对象
int pos = 90;  //指定舵机初始角
const int LED = 13; //指定板载LED
//系统初始化
void setup()
{
  pinMode(ENA, OUTPUT);
  //依次设定各I/O口属性
  pinMode(IN1, OUTPUT);
  pinMode(IN2, OUTPUT);
```

```
  pinMode(ENB, OUTPUT);
  pinMode(IN3, OUTPUT);
  pinMode(IN4, OUTPUT);
  hammer.attach(11); //加载“击锤”
  hammer.write(90);  //击锤复位
  pinMode(LED, OUTPUT);
  //启用板载LED
  delay(6000); //机器人上电后等待6s
}
//主循环
void loop()
{
  goForward(); //小车直行
  shoot();  //开始码牌
}
//小车直行
void goForward()
{
  //注：PWM值需要根据电机实际工作情况进行微调，我的小车左侧电机转
速稍快，所以数值取得比右侧小一些，现在是直行状态。
  //左侧电机逆时针旋转
  analogWrite(ENA,85);
  //左电机PWM值，控制小车直行和右转弯
  digitalWrite(IN1, LOW);
  digitalWrite(IN2, HIGH);
  //右侧电机顺时针旋转
  analogWrite(ENB,120);
  //右电机PWM值，控制小车直行和左转弯
  digitalWrite(IN3, HIGH);
  digitalWrite(IN4, LOW);
}
//舵机复位-码牌动作组
void shoot()
{
  //从90° 一步一度“慢慢”给进到139° ，击锤将骨牌推出发牌口
  for(pos = 90; pos <= 139; pos += 1)
```

```
    {
     hammer.write(pos);
     digitalWrite(LED, HIGH);//点亮板载LED
     delay(3);
     //每度预留3ms，给舵机一个动作时间
    }
   //从139° 一步一度“慢慢”给进到90° ，击锤复位
   for(pos = 139; pos>=90; pos-=1)
    {
     hammer.write(pos);
     digitalWrite(LED, LOW);
     //熄灭板载LED
     delay(3);
    }
   delay(1200); //击锤静止,等待加载新牌
  }
```

编译、上传程序以后，会看到机器人把骨牌码成了一条规则的直线。有趣的是板载LED，程序设计上是发一张牌让它闪一下作为指示，可是我总觉得每次都是先看到闪光再听到舵机的动作声，机器人用实际行动验证了光速比声速快。如果想把骨牌码成曲线，只要调整左右两侧电机的PWM值，用两个车轮的速度差控制小车转弯即可。

细心的读者会发现这次我给电机驱动电路分配的接口是D5、D4、D9和D6~D8，而不是按顺序排列看起来比较规整的D3~D8。这是因为红外遥控库使用Timer2以后会强制把D3默认为红外输出口（不管你用不用这个口）并占用D11的PWM资源，这两个口上的 analogWrite()函数就失效了。另外使用Timer1的舵机库会屏蔽掉D9和D10的PWM，这样可用的PWM口就只剩下了D5和D6，最后我把D5分配给了左侧电机，D6分配给了右侧电机。

由此可以看出资源分配的重要性，以后只要遇到涉及定时器的函数或库，就要小心了。洞洞板跳线连接的优点在这里也体现了出来，遇到资源冲突问题，只需修改一下跳线即可。为了看起来更加直观，我给零号机整理了一张资源分配和冲突情况表（见表3-6）。

表3-6 零号机定时器资源分配和冲突情况表

定时器	使用情况	冲突导致
Timer0	delay( )，D5和D6的analogWrite( )	D5和D6的PWM无法关断到0
Timer1	Servo库	D9和D10的analogWrite( )失效
Timer2	IRremote库，占用D3	D3和D11的analogWrite( )失效

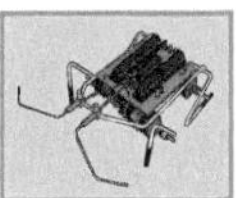

在演示程序的基础上编写红外遥控程序就简单多了。首先按照前面的思路把电机和舵机的动作汇总一下，编写4个控制机器人直行、左右转弯和停车的函数，比如dominoGo()、dominoLeft()、dominoRight()和dominoStop()；然后在主程序头部导入IRremote库，配置好红外接收口；最后在主程序中添加一个名为remote.ino的标签，编写码牌机的红外解码模块，在loop()中调用remotecontrol()让机器人实现红外遥控功能。程序类似下面这样。

```
//多米诺骨牌机器人红外解码模块
//遥控器上下左右4个按键的红外编码
const long up = 2148542040;
//上键,直行
const long down = 2148574809;
//下键,停车
const long left = 2148574810;
//左键,左转弯
const long right = 2148542043;
//右键,右转弯
//红外遥控
void remotecontrol()
{
  if (irrecv.decode(&ircode))
  {
    if (ircode.decode_type != UNKNOWN)  //如果数值有效
    {
      roll(ircode.value);//表演开始了！
    }
    irrecv.resume(); //接收下一个数值
  }
}
//键位转驱动
void roll(long value)
{
  {
  switch(value)
    {
      //4个键位对应4个动作。
      case left : dominoLeft();  break;  //调用左转弯函数
```

```
    case right : dominoRight(); break; //调用右转弯函数
    case up : dominoGo(); break; //调用直行函数
    case down : dominoStop(); break; //调用停车函数
   }
  }
}
```

编译、上传程序以后，就可以用遥控器指挥机器人表演了。

3.12.4　问题和改进思路

零号机最大的问题出在结构上。因为发牌口设计在车尾右侧，距离前面两个电机的轴线有220mm，车体又比较长，造成了转弯困难。如果硬要减小机器人的转弯角度，势必会造成骨牌码放错位的问题。实际测试发现零号机的转弯半径比较大，在左转弯时这个问题尤其突出。

如果想彻底解决这个问题，只能重新设计底盘。最理想的发牌口应该尽量靠近电机，并位于车体中轴线上。这样就需要把底盘修改成一个从前往后的倒U字形，把电机安装在车尾。另外靠地面摩擦力带动骨牌的方法也不够科学，可以考虑把导轨换成倾斜的，靠牌的重力让新牌推着旧牌向出牌口移动。

另一个问题是我选用的减速电机速度有点快。这样会造成控制和续牌困难。因为舵机主导的发牌动作有个响应时间，如果车速过快，会使来不及收回的击锤与新的一块待发的骨牌卡在一起。另外车速过快也增加了手工续牌的难度。虽然用PWM调速可以降低电机转速，但是动力也跟着降低了。根据我的体会，不建议把analogWrite()函数的值写在100以下。如果负荷比较重，只能听到电机“嘶嘶”地叫，车轮却在原地不动。后来我给零号机换上了转速更慢的电机（DC6V，18r/min），问题就得到了很好的解决。

另一个思路是使用步进电机，不仅可以解决速度问题，还可以确保行进路线的精度。使用步进电机的另一个好处是可以大幅度降低造价，比如我为下次升级准备的28BYJ-48型齿轮减速步进电机，一对电机加上配套的ULN2003驱动芯片（见图3-120）只需要6元，而一对同级别的直流减速电机起码要40元。这类带减速箱的步进电机在家用电器（比如空调）上的应用非常广泛，需求量大，自然价格就低。减速箱的加入使其在保证精度的同时降低了速度（相信我，即使是蜗牛般的速度，码牌效率也比人工快），增加了扭矩，可以说是这个级别小车式机器人的绝配。

以后如果有条件，还可以试试把码牌机构换成推拉式电磁铁，并把击锤加宽、加高，使它跟骨牌的厚度和高度一致。这样可以使发牌和复位的动作更加顺畅，降低卡牌的概率。

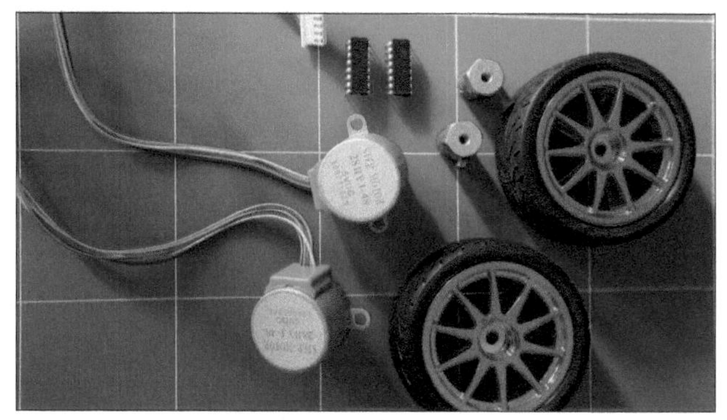

图3-120 28BYJ-48型减速步进电机、ULN2003驱动芯片、车轮和轴连接器

最后一个问题来自机器人的控制软件。现在这辆小车的电机和舵机是联动的，无法单独控制。如果我想在红外遥控器上给舵机增加一个启动/暂停键，先让舵机暂停，等小车走到一个指定位置以后再发牌，用传统的编程思路就较难实现。造成这个问题的原因来自单片机。常见的单片机都是单线程的，强调的是实时性，无法同时处理多个任务。比如在前面程序的loop()循环中，单片机会依次执行以下任务：红外接收→红外解码→调用动作→驱动电机→驱动舵机，如此反复。单片机对传感器和执行器的控制只能逐个依次进行。

我们可以用伪并行的方式在单片机上运行多个线程，让它“同时”执行多个任务。这件事如果从零开始的确有点复杂，但是感谢开源和共享精神，现在从github.com上可以找到多位爱好者为Arduino编写的多任务库，大大降低了二次开发的难度。比如功能丰富的TaskScheduler多任务库，作者在说明中列举了多个成功的应用实例。多任务库的用法非常简单，先设计好多个任务的属性和内容（比如什么时候执行、执行几次停止还是反复执行，以及执行什么操作），再把它们添加到任务列表中执行即可。通过任务列表可以任意调用任务，甚至任务之间也可以分级和互动。

对本文的码牌机来说，任务有两个：一个是启用红外解码控制电机的几组动作，另一个是启用红外解码控制舵机的启动/暂停。受篇幅所限，下面只用红色字体表示了一个简单的程序设计思路。

```
#include <TaskScheduler.h>
//导入多任务库
#include <Servo.h> //导入舵机库
#include <IRremote.h> //导入红外遥控库
//这里放与电机控制、舵机对象、红外解码和板载LED相关的代码
void t1Callback();
//第一个任务的回调函数,控制电机
```

```
void t2Callback();
//第二个任务的回调函数,控制舵机
Task t1(TASK_IMMEDIATE, TASK_FOREVER,&t1Callback);
//第一个任务的属性
Task t2(TASK_IMMEDIATE, TASK_FOREVER, &t2Callback); //第二个任务的属
性
Scheduler runner; //任务列表
//第一个任务的内容
void t1Callback() {
 //把与电机相关的红外解码和控制代码放在这个函数里
}
//第二个任务的内容
void t2Callback() {
 //把与舵机相关的红外解码和控制代码放在这个函数里
}
//系统初始化
void setup () {
 //这里放电机控制口属性设置,加载舵机,启用红外接收和板载LED的代码
 runner.init(); //任务列表初始化
 runner.addTask(t1);
 //把第一个任务加入任务列表
 runner.addTask(t2);
 //把第二个任务加入任务列表
 delay(6000); //机器人上电后等待6s
 t1.enable(); //启用第一个任务
 t2.enable(); //启用第二个任务
}
//主程序
void loop () {
 runner.execute();
 //只需要在主程序中执行任务列表即可
}
```

这个制作从实用和娱乐的角度出发，给机器人分配一些艺术性的工作，让它不光可以成为试验室中的明星，也可以走入生活。实际效果还不错，我和侄子两个人又可以开心地玩骨牌了。

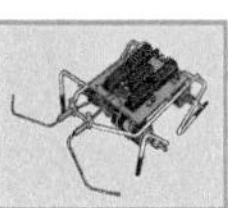

3.13 画蛋机

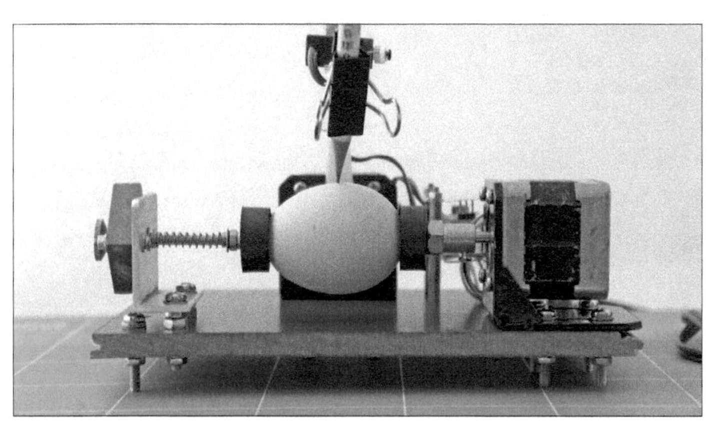

开源项目从最早的开放源代码发展到开放硬件设计，创客群体的推动可谓功不可没。反过来，软硬件开源的项目因为上手简单，容易吸引更多玩家的关注，把玩和研究的人多了，也更容易凸显出其中的科普性和趣味性。现在的开源硬件更是发展到除了电路图和PCB图，还包括结构部分的设计文件和程序。简单来说，你从网上下载了一个开源项目的资料，也就获得了整个工程的蓝图。对大多数创客团队和资深爱好者来说，马上就可以把项目文档导入3D打印机或激光切割机制作出结构件，用通用模块搭建出控制器，用IDE编译和上传程序，把原作者的设计原型100%地复制到自己的工作台上。

但是，我想大多数人都不会满足于只是下载文件、敲敲键盘、拧拧螺丝、插插电缆就做出来一件东西的程度。一个原因是受资金和场地限制，多数爱好者都没有自己的CAM加工设备。另一个更大的原因是这种方式砍掉了创意环节，玩家只能遵循原作者的思路，很难学习到更多东西。

下面就以一个网上流行的成熟开源项目Sphere Bot为例，说说我的玩法。

3.13.1 Sphere Bot

Sphere Bot是国外爱好者在商业化的Egg Bot（俗称“画蛋机”）基础上推出的一个开源项目。这个项目乍一看简单、有趣，深入了解以后又能收获到很多灵感。因为它需要把平面图形转换成球面图形，并用笔在球体上作画，无论从软件算法还是硬件结构上看，复杂程度都大于传统的平面绘图机。这个项目一经问世就吸引了很多玩家参与其中，软硬件也变得越来越完善。

现在，你在网上搜索Sphere Bot可以下载到多位爱好者为这个项目开发的Arduino固件、上位机、3D打印和激光切割的CAD文档、G代码发送器，以及多个图形处理或转码程序。作为一个手工爱好者，在软件齐备的基础上，我所关心的是如何最大限度地体验自制硬件的乐趣。

3.13.2 画蛋机的电子部分

Sphere Bot的电子部分比较简单。控制器为Arduino UNO，执行器使用的是2个标准的42步进电机和1个9g微型舵机。此外，为了驱动步进电机，还需要准备2个A4988步进电机驱动模块。

《用步进电机升级你的小车》一节里面比较详细地介绍了一些42步进电机的选购常识、测试技巧，以及配套的A4988驱动模块的用法。这里做一个简要回顾。

步进电机的结构和控制方法虽然比直流永磁电机要复杂一些，但是不要被它吓倒，因为现在市场上有很多简洁易用的模块和程序，让你可以轻松上手步进电机。和传统电机的圆柱体外形不同，步进电机一般为长方体。它的截面是一个规矩的正方形，42指的就是就是这个正方形的边长为42mm（见图3-121）。这个规格的步进电机和A4988步进电机驱动模块是3D打印机上的标配部件，随着3D打印机的普及，它们在市场上很好买到。市场上除了42规格的步进电机，常见的还有57、86等规格的，数字越大，体积越大，输出扭矩也越大。

步进电机和直流减速电机不同，使用的是专用接口，采购时别忘了让商家提供配套连线。大多数42步进电机的安装孔都是兼容的，但是不同型号的电机性能存在着较大差异，一定注意保留资料。因为画蛋机的负载比较轻，只需要驱动画笔和鸡蛋，对电机没有太高要求，但是为了便于连接联轴器和执行机构，最好选择直径5mm的D形轴电机。

图3-121 42步进电机顶视图，电机边长42mm

步进电机是一种非常有趣的部件。你可以不借助任何设备，通过两个简单的测试快速判断电机的好坏。首先是单个步进电机的测试，在不连线的情况下，电机输出轴拧上去的手感应该比较顺滑，能感觉到转子一挡一挡的细微变化。把A相的两根线A+和A-，B相的两根线B+和B-分别短路在一起，拧上去应该感觉到阻力明显增加。可以用这个短路测试法判断电机的A相或者B相是否存在开路。我

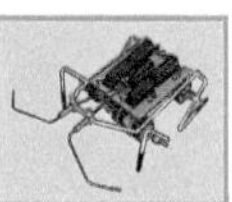

给这个测试起了个名字，叫“握手”。另一个测试是把两个同型号步进电机的连线按顺序连接在一起，用手拧一个电机的输出轴，另一个电机的轴就会跟着一起旋转，正反向都可以旋转，好像一个带着另一个走。我把这个测试称作“手拉手”。

A4988模块可以说是42步进电机的最佳搭档，这种模块内部集成了硬件的环形脉冲分配器和细分控制器，极大地减轻了程序编写的工作量，只需要计算好步数和转向就可以对步进电机进行精确控制。

因为电路非常简单，再加上天气逐渐热起来，无心长时间扎在工作室里，我这次制作使用了轻量级的、便于现场施工的工具和材料。从图3-122可以看出，可充电式电池烙铁和大部分工具都能打包放进一个铅笔盒里，这就意味着我随时随地都可以工作。电路连线试用了一种新材料——手机维修专用的0.1mm漆包线（见图3-122左下角）。这种线只有头发丝粗细，布线非常方便，可以轻松穿过元器件引脚的间隙和电路板的孔洞。不要小看这种细线，它的漆皮强度很高。我曾经用焊台做过一个试验，调温到350℃也很难实现直接焊接，每次都先要烫破漆皮，把线头搪上锡才能继续向下进行。工序虽然多了一步，但是也意味着这种线的绝缘效果足够满足常规需要。

因为焊线比较细，工具也换成了更轻巧、更容易操控的手术器械，包括2只手术刀、1只止血钳、小剪刀和弯头镊子。图3-122最下方是一根我用从破雨伞里面拆出的钢制龙骨打磨的理线针。

在拍摄图3-122时，我突然意识到一件非常有趣的事情，在此也和读者分享一下。焊锡作为焊接式连接的主角，很多初学者的主观感觉是它会消耗得比较快，但是实际情况正好相反。细心的读者会注意到图3-122右上角的这卷焊锡用量还不到一半。我发表过几十篇文章，熟悉的读者都知道我一般是一篇文章配一个制作

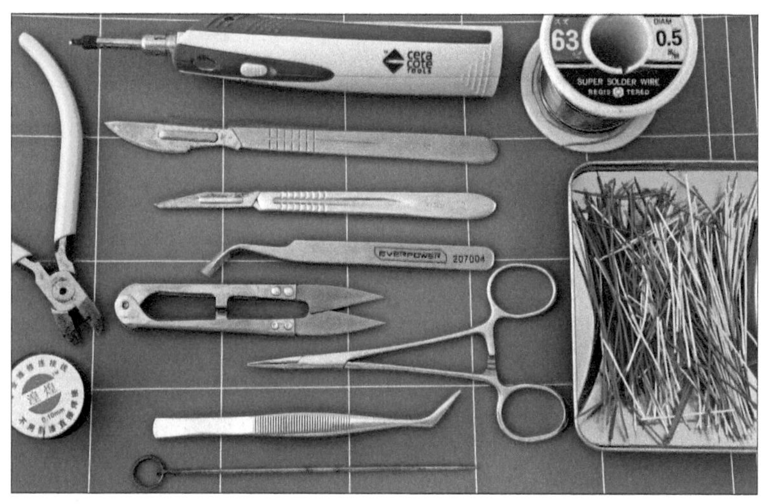

图3-122　我的夏日焊接套装

实例。说出来也许你不信，这些年我始终用的就是这一卷焊锡（甚至还帮朋友焊过两部胆机）。由此看来，焊锡可以说是无线电爱好者手里最耐用的耗材了。

图3-123是画蛋机的电路图。为了方便在洞洞板上焊接电路，我把控制模块换成了引脚均匀排列的Arduino NANO。注意我使用的是最原始的V0.1版Arduino固件，如果是新版本固件，还需要重新调整步进电机和舵机的I/O口。

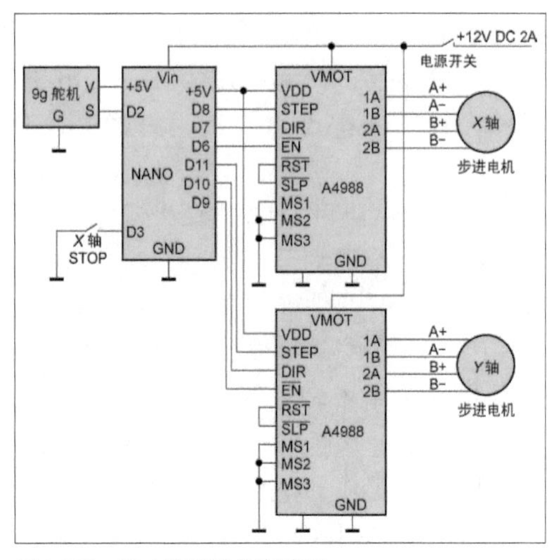

图3-123　V0.1版画蛋机电路图

图3-124所示是画蛋机电路板的焊接效果。基本上就是模块对模块、引脚对引脚连线。信号线全部使用0.1mm漆包线，地线使用的是从元器件上剪下来的多余引脚，+5V和+12V电源线使用的是线仔。

图3-124　制作完成的电路板背面连线细节

3.13.3　创客应该怎么选购工具

创客（Maker）是一个舶来词，对大多数人来说，其实创客就是手工制作爱好者。手工制作必然离不开各种工具，既然前面提到了焊接工具，不妨再插一个话题，以螺丝刀为例，谈谈手动工具的选购思路。如果你只关心画蛋机，可以跳过这部分。

不可否认，创客群体的出现把电子爱好者涉足的领域扩大了，除了焊接电路板，还涉及大量的结构制作。其实这个问题很多人很早就遇到过。比如音响DIY，很多发烧友不怕复杂的电路图，却不知道去哪里购买合适的机箱和怎么在面板上挖孔。随着制作经验和手头工具逐渐丰富起来，会产生“不如试试自己DIY一个漂亮机箱出来”的想法。

制作结构的方法有很多，比如榫卯、插接、黏合、铆接、焊接。对业余爱好者来说，最好的方法就是拆装方便的螺丝钉固定式连接。这就涉及怎么选购螺丝刀的问题。

作为一个玩家，我的意见是暂时不要去管螺丝刀的品牌和规格，先统计一下你手头有什么螺丝钉。如果把电烙铁和焊锡比作电路的黏合剂，那么螺丝刀和螺

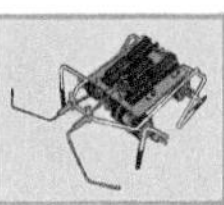

丝钉就好比是结构的黏合剂。螺丝钉这种耗材和前面提到的焊锡正好相反，特别是制作机器人，一把螺丝钉经常很快就用光了。假如你是一个经常技痒难耐，总想造点什么出来的创客，首先要做的就是采购螺丝钉。对我来说，以1000个为单位，大批量采购各种规格的螺丝钉和配套的螺母、弹垫和平垫等标准五金件已经成了一年一度的惯例。

以我们平时常见和常用的M3规格的十字螺丝钉为例，这种螺丝钉的最大问题是一致性差。我把库存的几种M3螺丝钉夹在焊接助手上，拍了一个头部特写（见图3-125），从图中可以看出这些螺丝钉的十字槽大致有两个尺寸，但是如果你的工具箱里只准备两把刀头规格为PH1和PH2的螺丝刀，就大错特错了。因为不同螺丝钉槽口的形状、锥度，以及开槽深度都存在差异。我分析造成这种问题的主要原因是十字螺丝钉对生产工艺的要求比较低，标准不统一。如果换成内六角或内梅花的螺丝钉，相对来说就会好得多。

滑丝的主要原因是螺丝刀的刀头和螺丝钉的槽口没有完美契合。另一个原因是螺丝钉拧得过紧，这种情况下螺丝刀（或螺丝钉）的质量越好，就越容易滑扣，不是损伤刀头就是把槽口打花。

针对M3十字螺丝的这个问题，我有两个对策。

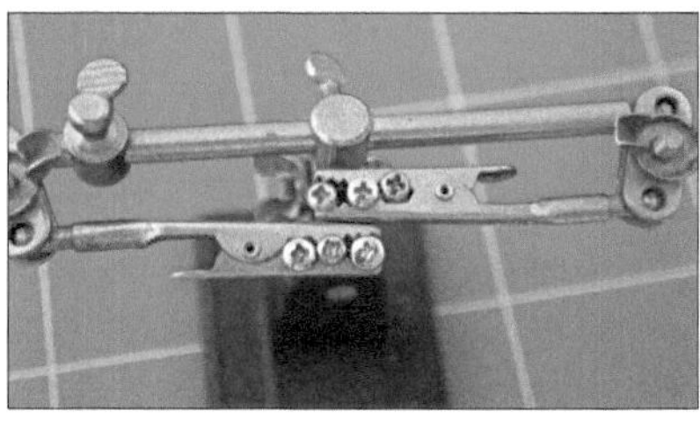

图3-125　我库存的几种规格的M3螺丝钉

一是购买不同品牌、不同档次的十字螺丝刀。虽然我不是一个工具发烧友，但是出于好奇和前面提到的原因，看到喜欢的工具就会买下来。只是出于实用的考虑，我会优先考虑购买单个工具，用到哪个规格就买哪个规格，如此一来就算是PB和维拉这样比较高级的品牌，价格也可以接受。几年下来，我手头积攒了不少形制各异的十字螺丝刀（见图3-126）。这样每当我新采购一批螺丝钉时，就可以在它们之中选择出契合度最好的一只螺丝刀，把它作为主力。

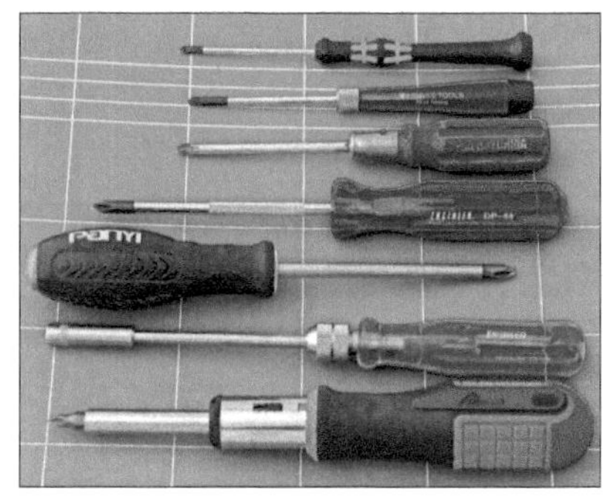

图3-126　一套我平时用来拆装M3十字螺丝钉/螺母的螺丝刀。从上往下依次为维拉（PH1）、PB（PH1）、国产老古董（“中号”，近似PH2）、工程师（PH1）、潘易（“中号”，近似PH2）、工程师（5.5mm套筒）、拓为（棘轮螺丝刀，刀头为PH1）

二是从螺母一侧入手，使用套筒螺丝刀。M3十字螺丝钉的差异虽然很大，但是螺母的一致性却出奇的好。不管是小作坊生产的名副其实的“铁”螺母，还是质量较好的镀锌螺母或304不锈钢螺母，截面都是对边距离为5.5mm的正六边形。为此我特意准备了一只用来紧M3螺母的5.5mm套筒螺丝刀（还是见图3-126）。这种方式的缺点是个别情况下不方便从螺母一侧操作，有一定局限性，优点是不会滑扣。

提示：很多通用套装工具里面都不带5.5mm规格的套筒。如果你花大价钱买回来一套漂亮的组合工具，却找不到最需要的那个刀头就尴尬了。特别注意不要用6mm套筒紧M3螺母，极易滑扣！这也是我为什么总是优先选择购买单个工具的原因。

如果你想换个口味，还可以尝试一下棘轮螺丝刀。这种螺丝刀的优点是手和手腕都可以发上力，适合拆装中等规格的螺丝钉，操作起来很舒适。现在国产棘轮螺丝刀的性价比非常不错，可以考虑买一只回来试试新。

如果你倾向于以内六角或内梅花螺丝钉作为主力，可以一次到位买上几只质量过硬的六角或梅花螺丝刀。我在紧这类螺丝钉时比较喜欢使用螺丝刀，手感比用六角扳手或梅花扳手要好得多，在小空间里用着更顺手一些。

因此，我们在为工具箱添置新工具时，应该先熟悉加工对象的特点。比如：拧紧哪种规格的螺丝钉？螺丝钉的一致性好不好？是否需要无感或防静电操作？如果有必要，还可以自制工具或对现有的工具进行改造。另外在做结构设计时，还应该留出便于操作工具的空间。

3.13.4　画蛋机的结构部分

开源项目的结构部分是最能体现创意的环节，因为不论多么高级的控制器和程序算法都是幕后英雄，观众欣赏的是执行器和执行机构的表演。对于画蛋机来说，前面我们已经选好了执行器（42步进电机和9g微型舵机），制作好了控制器（Arduino NANO和A4988），现在还差执行机构和一个底盘。

对于画蛋机这种结构比较简单的开源项目，我的原则是最大限度地使用标准件，标准件做不到的地方再由手工制作完成。

先给画蛋机配备一个牢固、稳当的底盘，之后所有的结构件和电子部分都安装在这个底盘上。我设想的底盘既能满足工作要求，又要让整个机器看起来非常精巧，最后根据鸡蛋的大小，经过反复测量、优化，用木地板边角料切割了一个小尺寸的底盘，大概有一本书那么大。最后制作完成的画蛋机底盘布局如图3-127所示。

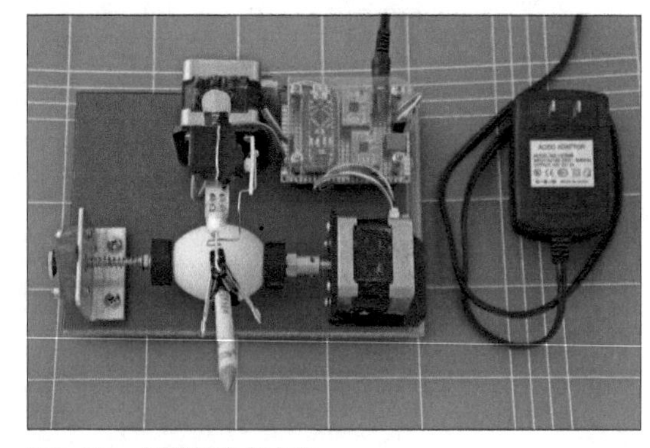
图3-127　画蛋机底盘布局

画蛋机的结构虽然简单，但是有3个值得注意的细节问题：一是X轴和Y轴的微调，二是夹蛋机构，三是画图臂。

第一个问题比较好解决，42步进电机标配固定支架上面有开槽，这样就可以轻松地对两个步进电机

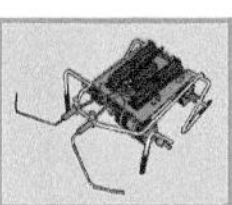

的位置进行微调（见图3-128）。

第二个问题是夹蛋机构，解决起来稍微复杂一些。在水平电机相对的一侧（见图3-127左下角）需要安装一个类似车床“活动顶尖”的组件，目的是把鸡蛋夹在中间。这个组件的制作充分发挥了创客精神，使用的材料包括厚塑料板、从洗手液瓶子里面拆出的弹簧、铝合金门窗边角料、吸顶灯上的手拧螺母和抽油烟机后座上的减震垫。图3-129左侧所示是制作好的“活动顶尖”组件，右侧所示是安装在水平步进电机轴上的“夹蛋衬垫”。图3-130所示是工作中的活动顶尖。

制作这台机器正值盛夏，天气炎热，我无心纠结细节，对工艺进行了大幅简化。细心的读者可以看到我对自制零件的细节没有进行过多处理，材料截面只是稍作打磨，美其名曰“大巧不工”。工艺虽然简化了，但是轴孔和安装孔一定要打准，它们决定着执行机构的动作精度。

第三个问题是画图臂，这个组件可以说是画蛋机上最复杂的一环。画图臂的制作仍然本着创客精神，使用的材料包括废牙刷、铝合金边角料、曲别针和吹塑包装塑料壳。

牙刷柄是一种非常理想的素材，随处可得，可塑性好，并且具有一定的强度和韧性。值得一提的是牙刷柄在步进电机轴上的固定方式。因为电机的负载很轻，只需要在柄上打一个直径5mm的孔套在D形轴上，在轴隙里塞入一片L形铝合金板做成的“销子”即可（见图3-131）。实际测试，这种固定方法的效果非常

图3-128 利用支架上的开槽对步进电机位置进行微调

图3-129 水平轴向上的一对夹蛋机构

图3-130 夹蛋机构左侧视图，可以看到活动顶尖的用法

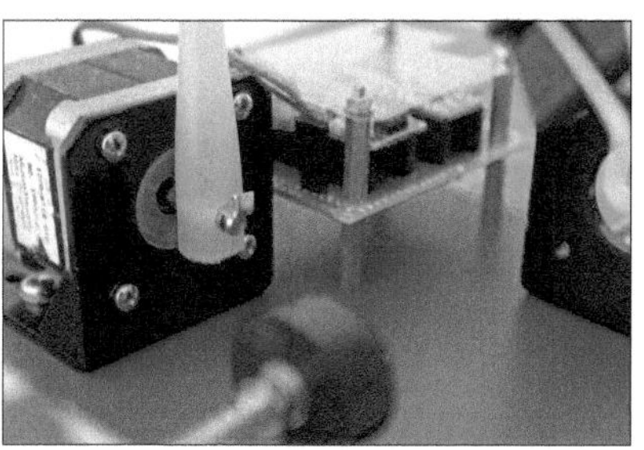

图3-131 牙刷柄在垂直步进电机上的固定

好，且拆装非常方便。

笔尖控制机构需要制作一个合页关节，用一个9g微型舵机控制。“合页”使用的是一块从吹塑包装塑料壳上剪下来的塑料片，弹性很好，动作很顺畅，细节如图3-132所示。

最后是安装9g微型舵机和曲别针制成的顶杆。抬笔机构的工作细节如图3-133、图3-134所示。为了使结构更紧凑，我的画图笔是倾斜安装的，其实笔在手写时本来就是倾斜的，这样出水更顺畅。只要保证笔尖落点在鸡蛋上的位置是准确的即可。

至此，画蛋机最难的部分——硬件部分就制作完成了。本文不是一篇教学文章，只是意在鼓励读者更加专注于开源项目的手工制作和创意部分。至于剩下的软件部分以及玩法，网上各大论坛和社区已经讨论得很多了，其中的乐趣就留给读者自己去发掘吧。

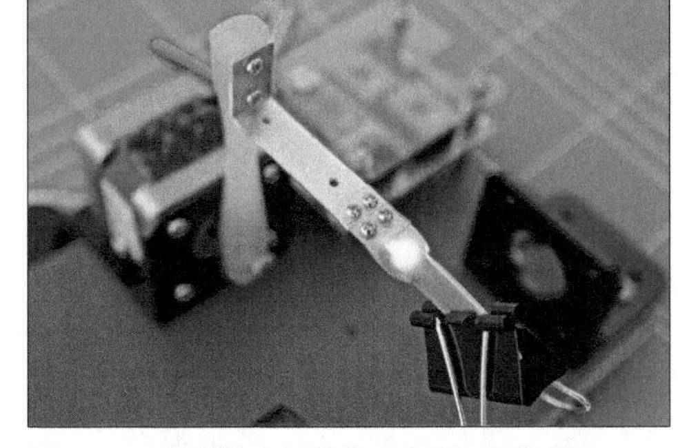

图3-132　控制笔尖起落的“合页”机构特写

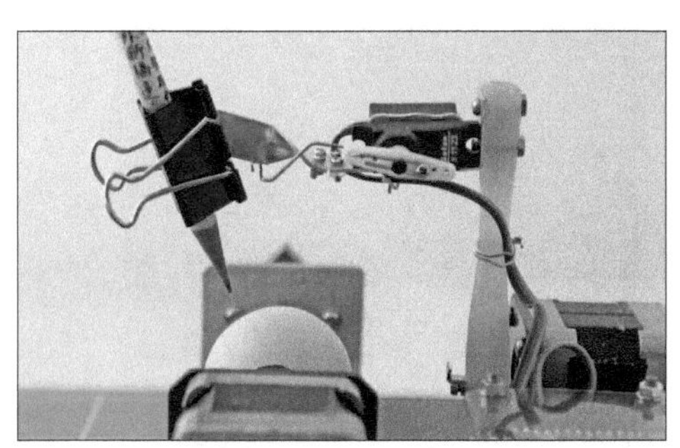

图3-133　画图臂抬笔

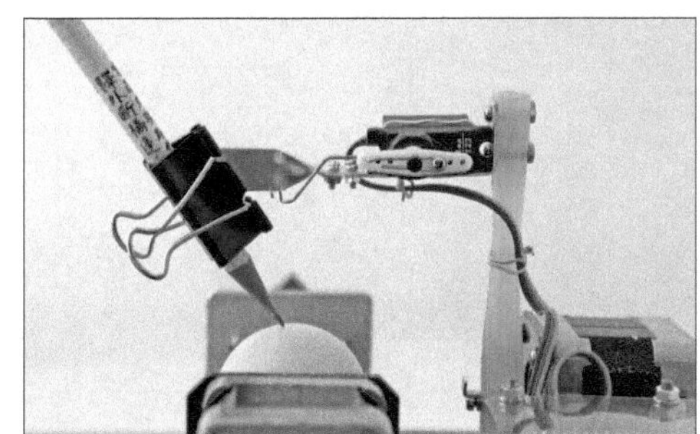

图3-134　画图臂落笔

第4章 机器人衍生项目

机器人技术涉及多个领域，由此衍生出了大量充满科技趣味的制作项目。本章将带你从机械、电子、数学、密码学、计算机技术等多个角度，制作一组简单、实用的科技模型。如果你对数字式电子计算机或恩尼格玛密码机的底层工作原理感兴趣，阅读以下内容，马上就可以制作出一台实物。如果你是个实用主义者，可以试着用常见材料自制一部简单、实用的小台钻。如果你对中国古代科技和现代编程技术都很热衷，可以用Arduino、舵机和一组钢珠，利用磁悬浮技术自制出一台独一无二的机电一体时钟。

4.1 自制简易数字式电子计算机

我是一个热爱科学的人，电子计算机的工作原理是一个始终困扰着我的问题。和许多制作爱好者的观点一样，我认为了解一个东西最直接的方法就是动手做一个出来，于是就有了下面这个自制计算机的项目。这个项目讨论的是如何使用常见的电子元器件打造一部简易计算机。

4.1.1 运算器的设计

其实，在业余条件下设计和制作一部可以工作的计算机并不是很困难的事情。但是数字式计算机的结构非常庞大，不太可能一次形成完善的设计，我不得不把项目分成如下几个步骤来进行。

（1）实验初级的运算器、寄存器以及总线控制器，搭建出最简单的CPU。

（2）深入了解并完善运算器和寄存器的功能。

（3）设计指令集，规划计算机总体框架。

（4）制作程序计数器和时序控制单元，加入内存，完成制作。

这将是一个边学习、边制作的过程，随着计算机功能的逐步完善，我对它的了解也将越来越透彻。同时，为了最大限度地了解计算机，我决定采用分立元器件，即二极管-晶体管逻辑（DTL）电路组成计算机的主要部件。

我的制作是从加法器开始的。加法计算是运算器的主要功能，因为二进制的算数计算都可以转化为加法来进行。实际上，加法器对计算机的发展具有极其重要的意义，同时加法器也非常有趣。如果你感兴趣，可以在网上搜索到科学爱好

者们制作的五花八门的加法器，有机械的，也有电子的，比如《爱上制作13》里就介绍过一款用木质杠杆驱动弹珠的加法器。对于我开展的这个有“电子范儿”的制作项目来说，加法器是由一系列门电路组成的逻辑电路。

图4-1所示是一个很多教科书上都可以见到的加法逻辑电路。

加法器有两种，一种是不带进位功能的半加器。图4-1所示为由两个半加器组成的带有进位功能的全加法器。

下面的步骤就是用分立元器件制作门电路，实现图4-1中的加法器。因为逻辑电路都可以简化为与门和非门组合的形式，我决定把计算机的最小元素（门电路）限定为与非门，此举可以简化布局和焊接的难度，使电路的结构更加清晰。

仔细观察上图的全加法器，它包括两个异或门、两个与门和一个或门，这3种门电路的符号如图4-2所示。

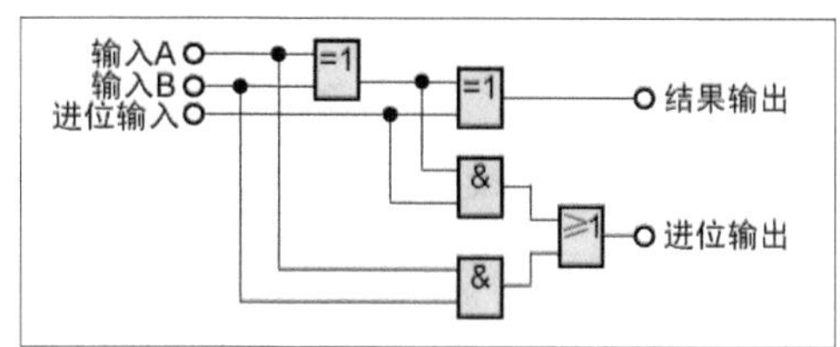

图4-1　加法逻辑电路

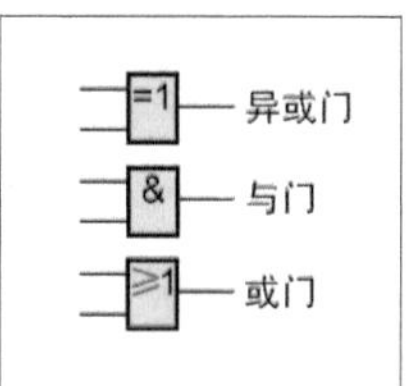

图4-2　异或门、与门和或门的电路符号

采用与非门的替换方案如图4-3~图4-5所示。把这些与非门的组合替换进全加法器并化简，可以得到一个由与非门组成的全加法器，如图4-6所示。

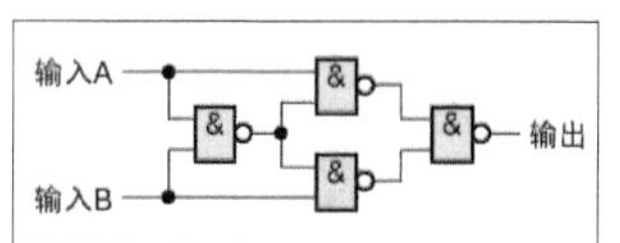

图4-3　由4个与非门组成的异或门

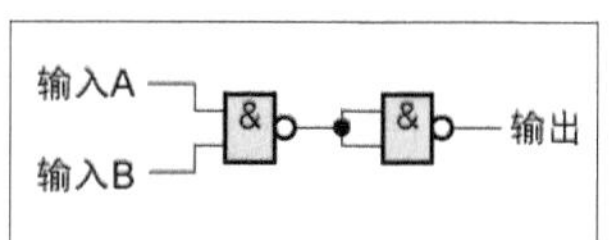

图4-4　由2个与非门组成的与门

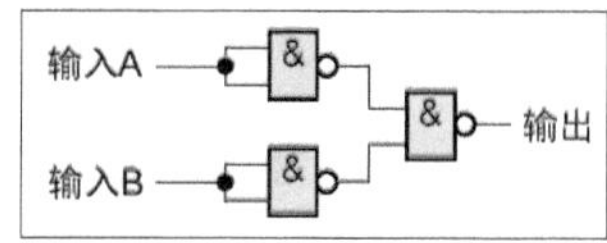

图4-5　由3个与非门组成的或门

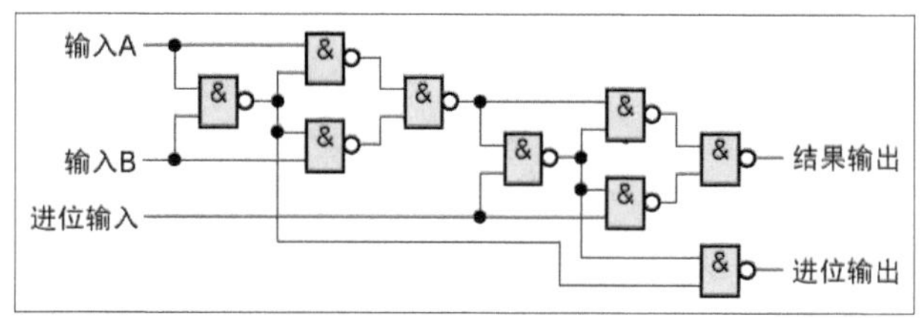

图4-6　由与非门组成的全加法器

接下来设计具体的与非门电路。计算机中将重复用到数以百计的这种门电路。为了使我制作的部件可以方便地和其他数字电路进行连接，我希望与非门可以工作在5V电压下，此外它的元器件数量越少、规格越单一越好。图4-7、图4-8所示是两个方案。

作为最小元素，它们的性能将会对计算机的运行效果产生很大影响。我对这两个与非门分别进行了测试，判断哪一个最合适。因为现在二极管和三极管的价格已经降低到非常亲民的程度（成千只采购，价格也不过几十元），所以方案1里用两个三极管组成一个与非门在造价上并不是太大的问题，而且它比方案2还少了一个元器件。但是方案1在洞洞板上的布局没有方案2方便（见图4-9，图中上方为方案1，下方为方案2）。

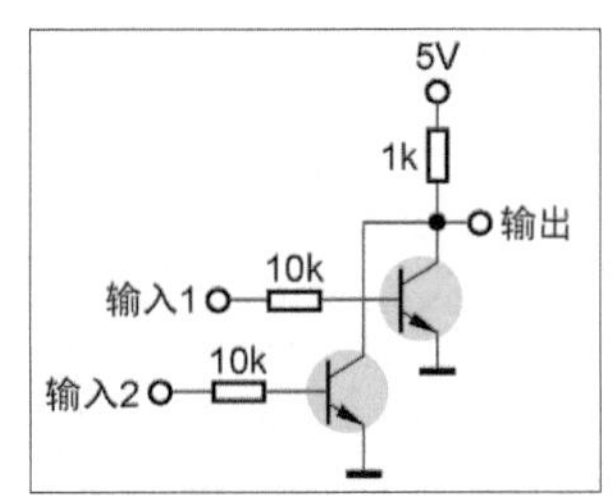

图4-7　由DTL电路组成的与非门，方案1

用示波器查看两个方案中的与非门电路的波形（见图4-10），我发现在高频率方波下，方案1的波形有比较大的延迟，这意味着它会降低逻 辑电路的运行速度，所以最后我把这个项目里面的与非门锁定为方案2。

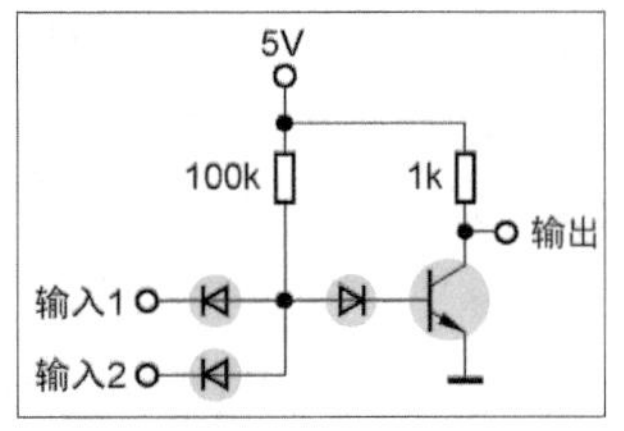

图4-8　由DTL电路组成的与非门，方案2

把由DTL电路组成的与非门电路代入上面的与非门全加法器，可得出如图4-11所示的图纸。

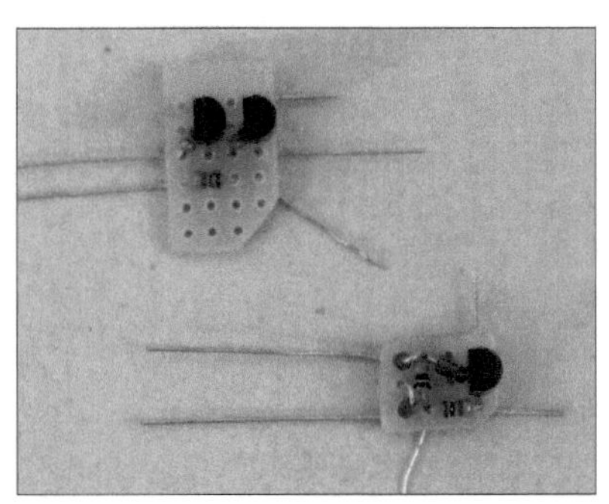
图4-9　根据方案1和方案2制作出的实物

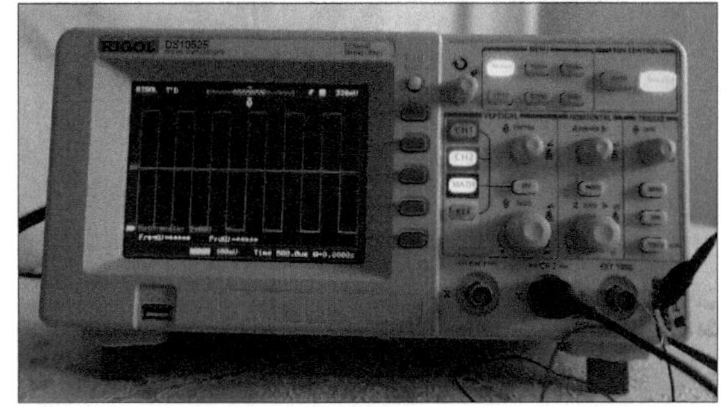

图4-10　用示波器查看两个方案中的与非门电路的波形

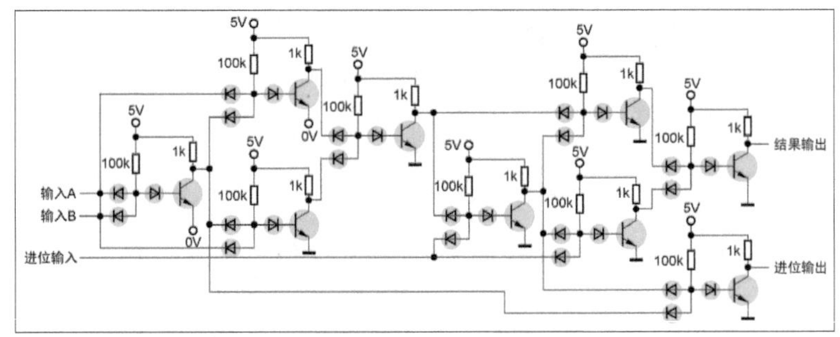

图4-11　1位全加法器的DTL电路图

由此可以大致推算出运算器的规模，如果制作8位计算机，就需要制作8个一

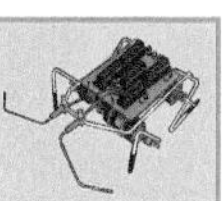

模一样的电路。

注：严格来说，因为缺少逻辑运算和移位操作功能，这还算不上一个完整的运算器。其实使用与非门组成与、或、非的按位运算的逻辑单元非常简单，移位操作也可以通过运算器和总线驱动器的简单配合加以实现，毕竟这是一个“全开放”的设计。

至此，我就可以制订大致的采购计划了。

需要用到的材料：

>> NPN型通用三极管（我选择的型号是常见的C1815，数字电路对三极管的要求不高），1000个

>> 1N4148二极管，2000个

>> 1kΩ，1/8W电阻，2000个

>> 100kΩ，1/8W电阻，1000个

>> 10kΩ，1/8W电阻，1000个

>> LED，100个

>> 中号洞洞板，20片

>> 扁平电缆，1卷

>> 5V继电器（进行寄存器实验），10个

>> 74HC244，总线驱动IC，若干

制作工具：

>> 焊台，焊锡

>> 示波器

>> 万用表

>> 逻辑分析仪（可选）

因为用的都是非常便宜的元器件，所以我在采购上留了很大的余量。LED的作用是显示各个部件和端口的运行状态，毕竟这是一个可以“触摸”到CPU核心的制作项目，可以方便地把运算器和寄存器上面写入和读取的数据都引出来，用LED显示。

因为这是一个逐步完善的项目，我不想一开始制作得过于复杂，所以把计算机的位数确定在4位。为了方便不熟悉二进制总线的读者理解，这里简单科普一下为什么选择4位。

在数字电路中，数据是以0和1来表示的，其实就是电平的低和高。如果只有一根导线，那么它只能传输0和1两个数值，换算成我们习惯的十进制，也是0和1。为了能够更深入地了解计算机的工作原理，我希望计算机能够对0~9的十进制数值进行计算，根据排列组合原理，至少需要4根导线才能传输10以上的数值。表4-1显示了4位二进制加法计算的各种可能结果和二进制、十六进制与十进制数值之间的转换。

想象有两组4位二进制数值A和B相加，S0、S1、S2、S3表示从低位到高位的计算结果，C是进位数值（在这里可以简单理解为第5位）。

表4-1　4位二进制加法计算的各种可能结果和二进制、十六进制与十进制数值之间的转换

二进制					十六进制	十进制
C	S3	S2	S1	S0		
0	0	0	0	0	00h	0
0	0	0	0	1	01h	1
0	0	0	1	0	02h	2
0	0	0	1	1	03h	3
0	0	1	0	0	04h	4
0	0	1	0	1	05h	5
0	0	1	1	0	06h	6
0	0	1	1	1	07h	7
0	1	0	0	0	08h	8
0	1	0	0	1	09h	9
0	1	0	1	0	0Ah	10
0	1	0	1	1	0Bh	11
0	1	1	0	0	0Ch	12
0	1	1	0	1	0Dh	13
0	1	1	1	0	0Eh	14
0	1	1	1	1	0Fh	15
1	0	0	0	0	10h	16
1	0	0	0	1	11h	17
1	0	0	1	0	12h	18
1	0	0	1	1	13h	19
1	0	1	0	0	14h	20
1	0	1	0	1	15h	21
1	0	1	1	0	16h	22
1	0	1	1	1	17h	23
1	1	0	0	0	18h	24
1	1	0	0	1	19h	25
1	1	0	1	0	1Ah	26
1	1	0	1	1	1Bh	27
1	1	1	0	0	1Ch	28
1	1	1	0	1	1Dh	29
1	1	1	1	0	1Eh	30
1	1	1	1	1	1Fh	31

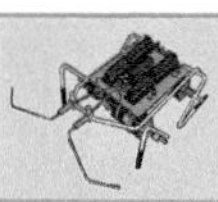

从表格中可以看出二进制和十六进制（HEX）的关系，十六进制其实就是4个一组的二进制数。在汇编语言中常用字尾“h”来标示十六进制的数。

注意表格最后一行的计算结果是不可能出现的，因为这个4位加法器最大只能计算1111+1111=11110，也就是十进制的15+15=30。

如果读者对上面的表格没什么概念，可以对应图4-12所示的4位加法器结构图来看。每一位加法器都是一个5端器件，包括两个数据输入端、一个进位输入端、一个结果输出端和一个进位输出端。

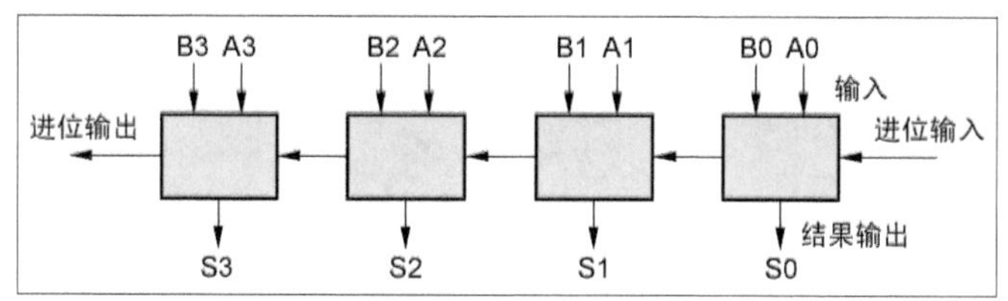

图4-12 4位加法器结构图

图4-12中A0~A3为加法器的一组4位二进制输入A，B0~B3为另一组输入B。S0~S3为计算结果S。

经过上面的分析，就不难制作出一个基于分立元器件的4位加法器，如图4-13所示。每块洞洞板包含了两位全加/累加器，共计36个与非门，三极管数量为36个，二极管数量为108个。熟悉74系列IC的读者，马上可以想到74181运算芯片。

实际上这个加法器还具有增量计算的功能。比如把输入B置0，向加法器的进位输入端发送一个高电平，就可以做A+1的计算，这种增量计算在二进制减法里很常见。

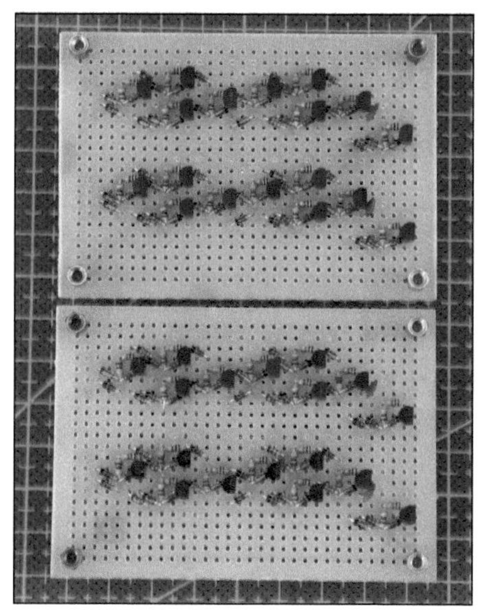

图4-13 计算机最核心的部分——4位运算器

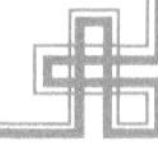

4.1.2 寄存器的设计

接下来制作计算机的另一个重要部件——寄存器。从先易后难的角度出发，我最开始使用的存储单元是继电器，一个继电器构成了一位数据的存储（见图4-14）。使用8个继电器，每4个一组，就组成了两个4位寄存器。

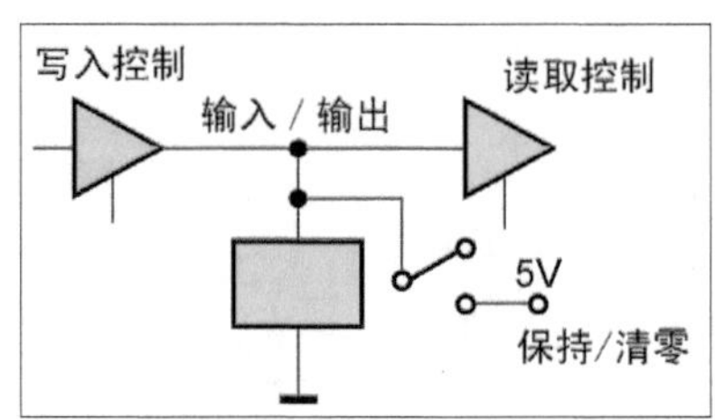

图4-14　由单个继电器构成的1位寄存器的电路图

写入和读取控制使用的是3态总线驱动器，总线驱动器在非使能的状态下呈现高阻状态，这样计算机的各个部件就可以通过它们的控制接入总线并分享资源了。因为总线驱动器是独立功能电路，对了解计算机原理的影响不大，所以我使用成品IC来简化制作。

由继电器组成的寄存器堆如图4-15所示。不要小看这区区8个继电器，它可以存储多达256个数值！

图4-15　由继电器组成的寄存器堆

4.1.3 数据总线与输入/输出端的设计

图4-15所示的洞洞板上方是由两块74HC244组成的总线收发器。74HC244是单

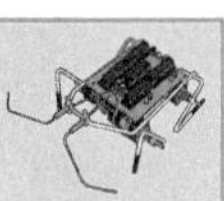

向驱动芯片，芯片内部有8路驱动器，4个一组构成4进4出的接口。

注：比较理想的总线驱动器是74HC245，它是8路双向的，驱动能力强，使用起来比较灵活。但是我前面制作BEAM机器人时消耗了大量的74HC245，库存告罄，只好临时使用74HC244了。此外74HC240也可以驱动总线，但是要注意它对信号是反向的，它还可以构成运算器的逻辑“非”。

从简易CPU的框图（见图4-16）中可以看出，4组总线驱动器实质上指挥着整个CPU的工作，比如把输入的数据写入寄存器A，把寄存器B中的数据发送给运算器等。根据排列组合原理，可以用两根导线（2-4译码）控制这4组驱动器的工作，也就是说，00、01、10、11这些编码构成了最简单的指令集。

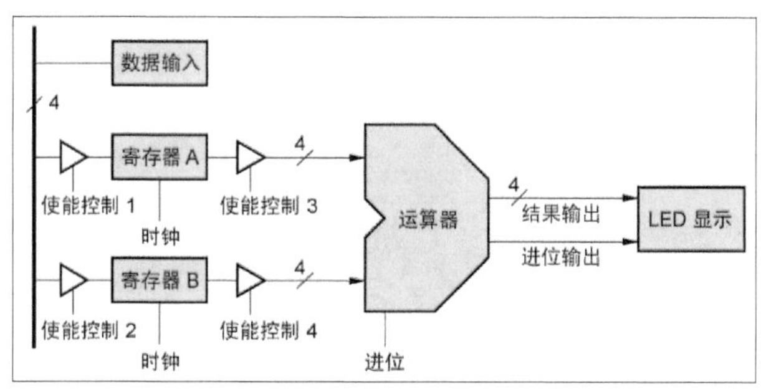

图4-16 简易CPU的框图

计算机采用铜柱分层组装在一起，最下面两层是运算器，上面是寄存器，顶部是输入/输出电路板（见图4-17）。计算机的侧视图如图4-18所示，输入按钮的电路如图4-19所示，连接在输出端的由5个LED组成的结果显示电路如图4-20所示。

图4-17 计算机采用铜柱分层组装在一起，最下面两层是运算器，上面是寄存器，顶部是输入/输出电路板

简易计算机（见图4-21）上方的5个LED为输出显示，从右往左依次为S0、S1、S2、S3和C，包含了一个完整的十六进制数（4位二进制数），C是进位输出信号（可以看作第5位二进制数）。可以显示最大的二进制数值为11110，即十进制的30。

图4-18　计算机的侧视图。从图中可以看到底层两块洞洞板上的4个三极管，它们是运算器的4个进位输出电路

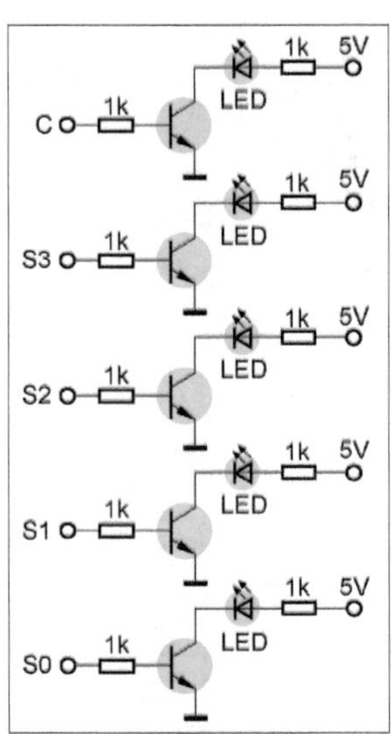

图4-20　连接在运算器输出端的由5个LED组成的结果显示电路

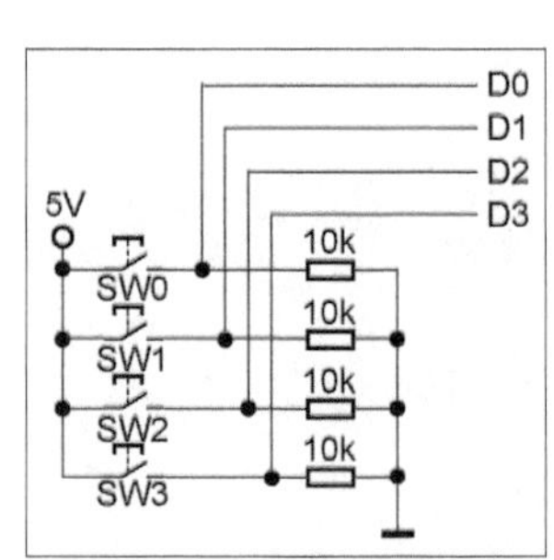

图4-19　计算机的4个输入按钮，可以直接向4位数据总线输入数值（高、低电平）

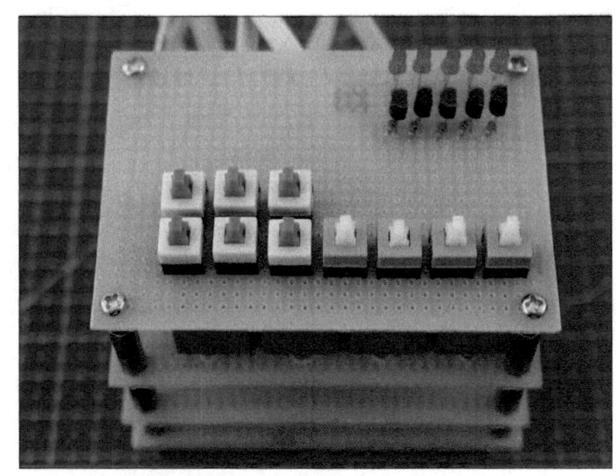

图4-21　完成后的简易计算机。因为只是个过渡性的试验品，输入/输出电路板做得比较简单

输入/输出板下方的按钮控制着整个计算机的工作。右侧的4个灰色按钮为数据输入D0、D1、D2、D3；左侧的6个蓝色按钮控制着两个寄存器的保持/清零和写入/读取操作。

注：蓝色按钮的电路图没有画出，它取决于你使用的总线驱动芯片是高电平使能

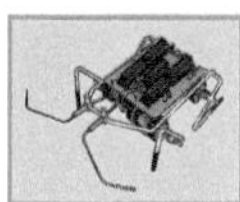

还是低电平使能。如果是高电平使能，电路的工作原理和数据输入电路相同；如果是低电平使能，只需要将10kΩ电阻和开关换个位置就可以了。

作为一个打码输入的简易CPU，蓝色和灰色按钮构成了计算机的输入设备——键盘，5个LED构成了计算机的输出设备——显示器。

4.1.4 简易计算机的使用方法

严格来说，这部简易计算机（我把它命名为Z1）只具备了电子计算机的基本部件——寄存器和运算器，还称不上真正意义上的电子计算机，它更像一部老式的电算机，数据与指令都是打码输入的，需要人来操作。对照前面的CPU框图，可以直观地理解这部计算机的操作过程。

两个4位二进制数相加，机器的操作过程如下。

（1）通电激活各个部件，注意此时寄存器A、B与输入总线和运算器是不连通的。

（2）向寄存器A写入数据（启用使能控制1，数据输入-数据总线-寄存器A的通道打开，D0~D3向寄存器A写入数据，关闭使能控制1）。

（3）向寄存器B写入数据（启用使能控制2，数据输入-数据总线-寄存器B的通道打开，D0~D3向寄存器B写入数据，关闭使能控制2）。

（4）计算（启用使能控制3和4，寄存器A和B里面的数据送入运算器进行计算）。

（5）输出显示（LED显示计算结果）。

除了二进制加法，这部计算机还可以做减法、乘法和除法，但是需要用户参与部分计算过程。如1101-1001（十进制的13-9），相当于1101加上一个负的1001，根据二进制减法计算规则，过程如下。

（a）对1001取反（逻辑非，0变1，1变0）再加1（增量），1001的反是0110，加1变成0111。这部分需要人工进行。

（b）1101+0111=10100，第5位省略不要，结果是0100（十进制的4），这部分在计算机上操作。

熟悉数字电路的玩家应该不难设计出纯硬件的能够进行四则计算的计算机。

Z1是一部由最简单的元器件和电路构成的计算机，尽管它的计算能力非常低，不能处理文字，也不能玩游戏，但它也相当于一部早期电子计算机的模型了，让我可以领略到二进制数据在电子元器件搭成的逻辑电路中穿梭的奥妙。

本文制作的计算机的一个不足是无法自动运行程序，只能手工操作数据。这意味着它不能把计算转化为程序，在应用上的弹性就降低了。当今主流的冯•诺伊曼结构是把程序当作数据交给计算机去处理的，为了实现这个功能，需要完善计算机的控制部分，加入程序计数器、时序发生器、内存以及更多的寄存器，几个手动操作的总线控制器显然是不够的。

4.1.5　由继电器构成的机电式加法机

由DTL电路构成的计算机随着功能的完善，电路会变得异常庞大，它的运行状态恐怕只能借助逻辑分析仪或者一排一排并在数据线上的LED才能查看得到了。

其实，在制作本节介绍的计算机之前，我还制作过一个由继电器构成的机电式加法机（我把它命名为Z0），如图4-22所示。

图4-22　由4个继电器构成的两位逐级进位加法机Z0

继电器的优点是动作直观，原理简单易懂，读者只要学过物理，了解电磁铁，就可以看明白二进制数据在机器里面的计算过程。这部机器可以看作一个二进制的机电算盘，电气线路控制着电磁线圈里面的电流，吸合或者释放继电器的触点，机器计算过程就好像人的手指拨动算盘珠子，只不过它是自动完成计算的。

Z0的电路图如图4-23所示，核心元器件是4个继电器。

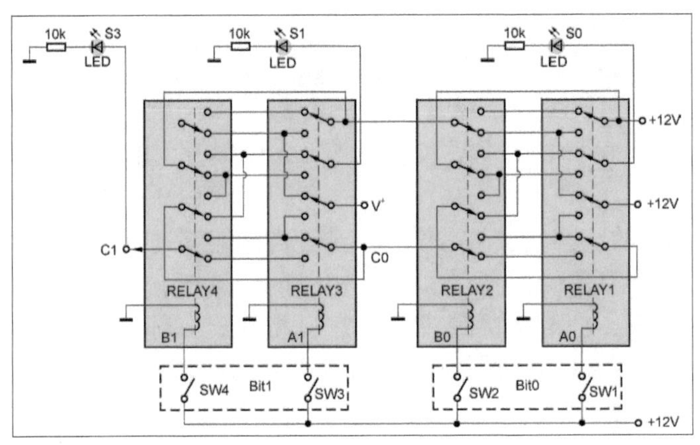

图4-23　Z0的电路图

Z0包括两组继电器构成的全加器，可以做两位二进制加法。继电器全加器的历史可以追溯到第二次世界大战时期。1938年，德国工程师Konrad Zuse设计并完

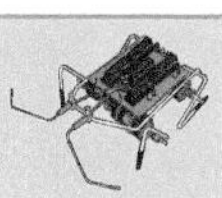

成了世界上第一部机械-电子式二进制计算机。后来战争爆发，军事需要大大促进了计算机技术的发展，Zuse在原型机的基础上又设计出了一系列以继电器为核心的计算机。

值得一提的是，我制作的这部Z0加法器使用了工业级的继电器，型号为MY4N-J 12VDC。工业器件的优点是便于现场施工，可靠性高。从图4-24可以看出继电器配有专门的插座，每颗螺丝和继电器引脚都有对应编号，接线和替换都非常方便。Z0的实际计算过程如图4-25、图4-26所示。

如果你有兴趣，也可以制作一部这样的机电加法器，肯定比我做得更好。

图4-24　MY4N-J 12VDC继电器

图4-25　机电加法器正在做10+11=101，即十进制的2+3=5的计算

图4-26　机电加法器正在做11+11=110，即十进制的3+3=6的计算

4.2 自制简易小台钻

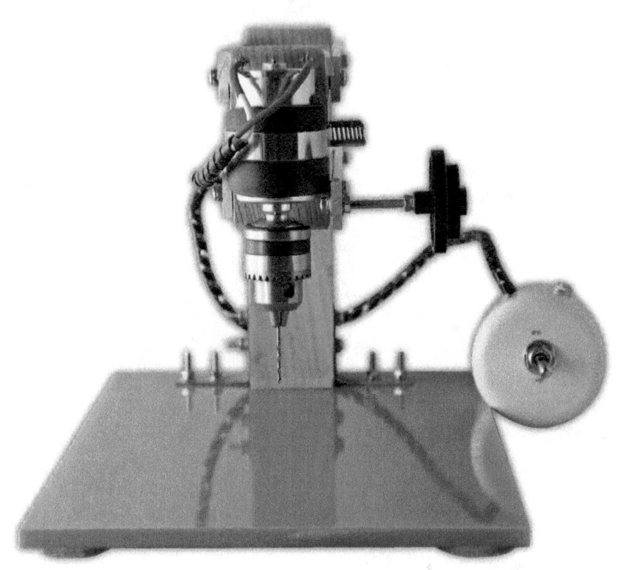

如果你是个喜欢网购的动手一族，一定会注意到现在国内DIY市场，特别是面向普通DIY用户的市场正在变得越来越成熟。现在我们可以在网上买到DIY所需的各种材料，除了标准件和非标准件，还可以自由定制各种零件。一些通用性较好的定制件甚至摇身一变，在爱好者的圈子里成了不成文的"标准件"。很多商家都开始提供面向个人的套餐服务，既有大到一部整机的组件和套件，也有10个、100个包装的LED或螺丝钉等常用材料。

网购虽然便利，但是也有个例外，那就是赶上一年一度的春节长假，商家歇业，快递停运。如果这个期间出点什么状况，心里最盼望的事情可能就是正月快点过去了吧？今年笔者就遇到了这么一档子事，也正是因为这个契机，促使我制作出了一部简易小台钻。

我平常经常使用的是一部2010年购买的13mm台钻，寿命至今已达7年。年初的时候，我突然发现这个台钻的声音不对，拆开一看，里面的皮带已经老化开裂了（见图4-27）。这个问题若在平时很好解决，很多销售电动工具的商家都提供零配件和耗材。另外，我还注意到台钻主轴里面的机用黄油已经干涸了，有必要给它做一次全面的保

图4-27 开裂的皮带和干涸的机用黄油

养。但是赶上春节，计划只能延后进行。如果只是单纯等待，意味着我有差不多一个月的时间没有台钻可用——于是，折腾时刻到来了。

4.2.1 结构设计

因为暂时不能网购，只能利用现有的材料，找到什么用什么，感觉有点像回到了材料稀缺的20世纪70年代。为了便于其他朋友参考和仿制，原则上使用市场上流通的标准件，包括前面提到的圈子内认可的“标准件”，还有应景的废物再利用。

现在我手里除了常用工具以外，只有一部带病工作的台钻，可以勉强打几个孔，但是皮带随时都有可能失效。这时台钻的重要性就体现出来了：没有这种垂直钻孔工具，加工一些对精度稍微有点要求的零件都寸步难行。为此，我在设计上优先考虑的是简化结构，尽最大可能减少钻孔数量。可以用作结构件的材料有扁铝条、铁质角码和一块制作胆机剩下的电木板。另外，我还从墙角找到了一根截面为35mm × 45mm的硬杂木，好像是很久以前留下的一条破凳子腿。核心部分的电钻使用的是一个文玩DIY常用的微型手钻，下面会详细介绍。其他材料还有一些M4规格的螺丝、螺母、垫片等标准五金件。

这里顺便总结一下几个业余爱好者自制台钻常用的方案。使用抽屉导轨控制机头的垂直运动，配上木质框架和小电磨组成的台钻在国外比较流行。这个方案的优点是造价低、材料简单易得；缺点是抽屉导轨的精度和寿命都不高，且对小型台钻来说尺寸稍微大了一点。

相比之下，国内爱好者的制作就比较“发烧”了，究其原因，主要是国内电商的资源非常丰富。很多人喜欢使用菱形座与光轴垂直固定的形式，配上滑块引导电钻上下起落，复杂的甚至还带有皮带减速和电子调速功能。这个方案的精度极佳，不夸张地说，比大多数商业台钻都要好；缺点是造价和加工难度较高，不少经典作品的机头都是用一整块铝材铣出来的。

还有一些喜欢动手的爱好者用光驱里面的滑轨控制电钻的运动。这个方案的优点是成本低、趣味性高；缺点是现在光驱不好找了，另外很多制造商为了降低成本，大量使用塑料件，很多时候即使找到一个光驱，也不一定能保证里面的零件有再次利用的价值。光驱滑轨还有一个问题是尺寸偏小、结构强度低，无法搭配功率适中的电钻。

最后，我根据现有的材料，设计了一个基于连杆结构的小台钻。

4.2.2 工具和材料准备

需要准备的主要材料如图4-28所示，下面着重介绍一下我使用的小电钻。这

需要准备的材料：

- >> 555电机和B10夹头组成的小电钻，1个
- >> 横截面为20mm×200mm、厚度为5mm的扁铝条，4根
- >> 横截面为200mm×300mm、厚度为8mm的电木板，1块
- >> 横截面为35mm×40mm的硬杂木条，1根
- >> 变径范围为52~76mm的304不锈钢喉箍，1个
- >> 废打印机上的拨轮，1个
- >> 铁质角码，2个
- >> 废皮带头，1段
- >> 家具腿上使用的毛毡垫，4个
- >> 从旧体重秤上拆下来的弹簧，1根
- >> 车条，1根
- >> 2种长度的M4螺丝和配套的螺母、垫片，若干

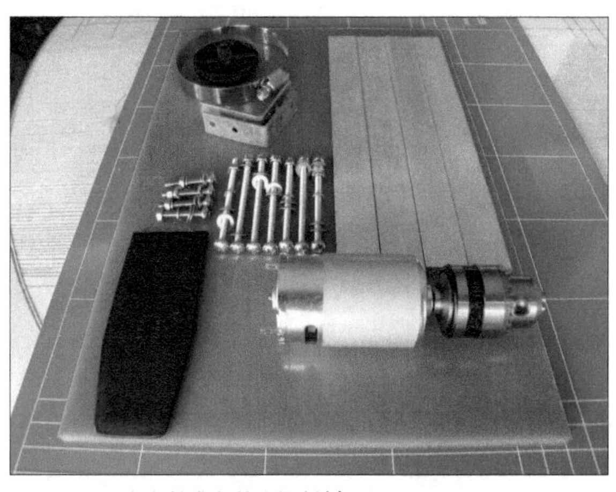

图4-28　为小台钻准备的主要材料

种由电机、轴套和夹头组成的简易小电钻可以和电磨/吊磨一样实现钻孔、切削、打磨、抛光等操作，成本却只有专业工具的几分之一，一问世就受到了以文玩为代表的手工爱好者的青睐。小电钻根据电机和夹头规格的不同，有多种组合形式。电机一般为555或者动力更大的775，夹头常用的有JT0、B10和B12。电机和夹头的连接有两种形式：一种是采用过盈配合的铜轴套，需要把夹头敲上去，优点是同心度好，缺点是一旦连接好，就很难拆下来了；另一种是采用间隙配合的钢轴套，用机米螺丝在轴侧固定，优点是拆装方便，缺点是电钻转起来会轻微晃动。

我选择的是以成品组件形式销售的555电机、铜轴套和B10夹头的组合，到手后配上一个电源就可以使用。如果只是购买单个小电钻，不考虑其他配件，价格非常实惠。去年我以30元包邮的价格多买了1个备用，这次正好用来制作这部小台钻。加上前面列出的各种材料，总的算起来，这部小台钻的成本不足60元，可谓非常实惠。

4.2.3　机械结构的制作

下面开始正式制作。首先把横截面为35mm×45mm的木条切成长度为190mm和80mm的两块。长的那条用作台钻的立柱，短的和小电钻组合到一起作为机头。这个步骤说起来简单，但是操作上有一些需要注意的细节。因为我没有台锯，手工切割无法保证切面为整齐的90°角。机头的短木块还好说，长立柱因为需要垂直固定在底座上，切面误差会影响整部台钻的精度。根据现有的工具，我的处理办法是把木头夹在台钳上切割，之后用木锉一点点找齐（见图4-29）。因为只需

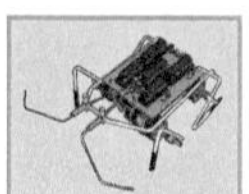

要修正立柱和底座接合的那个面，工作相对较简单。

短木块的加工稍微复杂一点，需要用锉刀在两侧各开出一个凹槽。这么做的目的是让固定电钻的喉箍卧在槽内，一是为了防止松动，二是为了防止喉箍卡住外侧的连杆（见图4-30）。

长短两个木块需要根据电钻高度分别在侧面打2个固定连杆的轴孔，最后在立柱下方还要打2个安装铁质角码的固定孔。实际上，我使用的这根木条并不十分规整，稍微有点扭曲，从最后完工的俯视图可以清楚地看出来。这个问题对精度的影响不大，只要钻孔时以一侧作基准面，保证两个木块上的轴孔间距相等即可。

底座使用的是1块横截面为200mm × 300mm、厚度为8mm的电木板，也可以使用其他尺寸适中的厚重板材（比如竹木质地的切菜板）代替。

图4-31所示是工程进行到一半时的材料准备情况。注意用喉箍把电机固定到机头上时需要加上衬垫，我用的是从旧皮带上剪下来的一段，此举可以减轻振动并防止压坏电机。

小台钻结构的核心部分是4根连杆。连杆的强度和钻孔精度会对台钻性能产生决定性的影响。为此我准备了4根厚度达5mm的扁铝条，并且进行了精确的测量、画线（见图4-32）。其中3根扁铝条需要锯短到150mm，另一根保留原样，长出来

图4-29 把木头固定在台钳上切割和修边

图4-30 在短木块两侧加工凹槽

图4-31 工程进行到一半时的材料准备情况

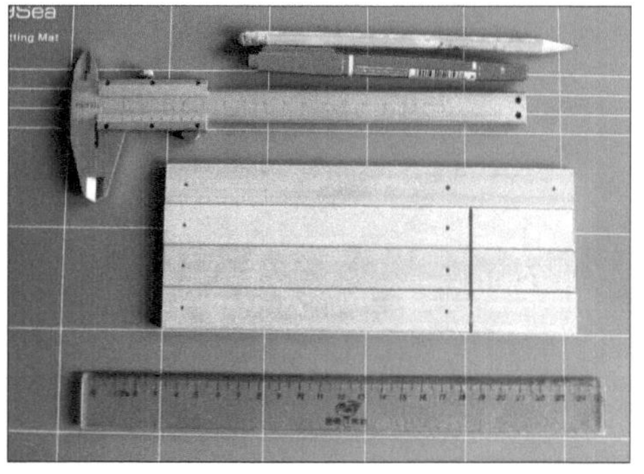

图4-32 在连杆上精确测量、画线

的部分用于安装手柄。这样组合起来的连杆机构，动力臂大于阻力臂，可以起到省力效果，方便操控。

激动人心的时刻到来了！因为大台钻随时有可能“罢工”，给这4根连杆钻孔的工作就变得紧张了起来。为了保证精度，我先用M3钻头钻孔，再用M4钻头扩孔（见图4-33）。运气还不错，加工过程很顺利。

图4-33　扁铝条比较厚，钻头一定要缓慢给进

结构部分的组装就简单多了。先用螺丝把底座、立柱、4根连杆和机头组合在一起（见图4-34）。为了保证动作顺畅，我在连杆和木块接合的轴孔处加入了垫片。

图4-34　主体结构成型

小台钻的手柄使用的是一个从废旧针式打印机上面拆下来的拨轮，用M4长螺丝固定在连杆上（见图4-35）。可以用作手柄的材料有很多，比如把两个厚实一点的塑料瓶盖对在一起，就是一个手感不错的替代品。

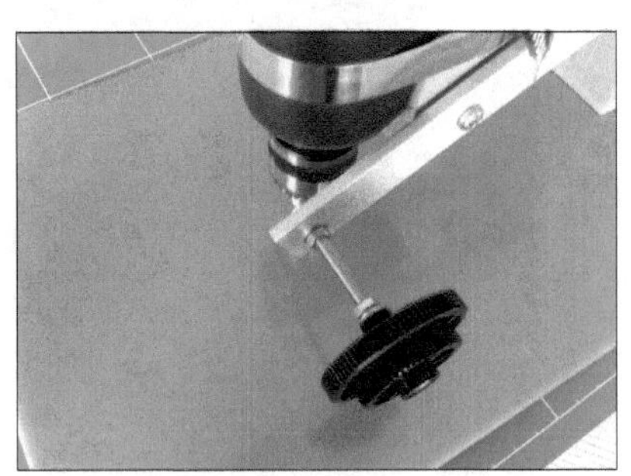
图4-35　给小台钻安装手柄

为了减轻振动，防止机器剐蹭桌面，我在底座四角粘贴了在4个家具腿上使用的毛毡垫（见图4-36）。

复位机构由车条和一根从旧体重秤上拆下来的弹簧构成。把车条一分为二，弯成两个挂钩，一端固定在机头上，另一端固定在立柱上，弹簧位于中间（见图4-37）。

4.2.4　电路部分的制作

接下来制作电路部分。电机连线使用的是一段红白双色的麻花线（在综合布线工程中俗称为“消防线”）。这种线的截面较大，我曾经把它当作扬声器线，玩过双线分音，用它给555这种小型动力电机供电非常合适。因为无法网购专用接头，线材与电机端子的连接使用了一个土办法。我先根据电机端子孔的直径准备了一对M2螺丝，再按照螺丝尺寸把线头弯出一个内径2mm的圆

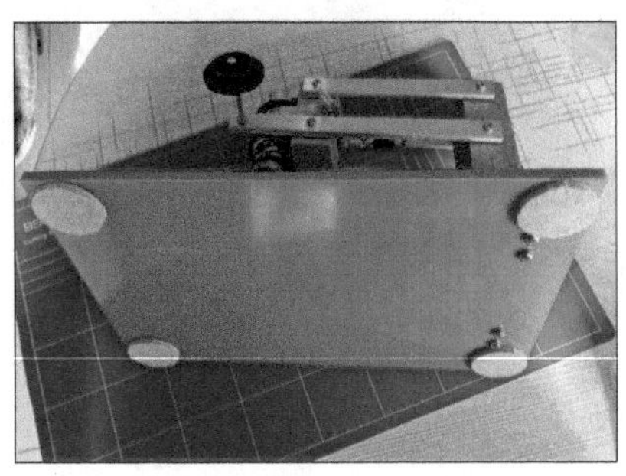
图4-36　在底座四角粘贴4个大号脚垫

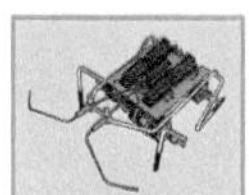

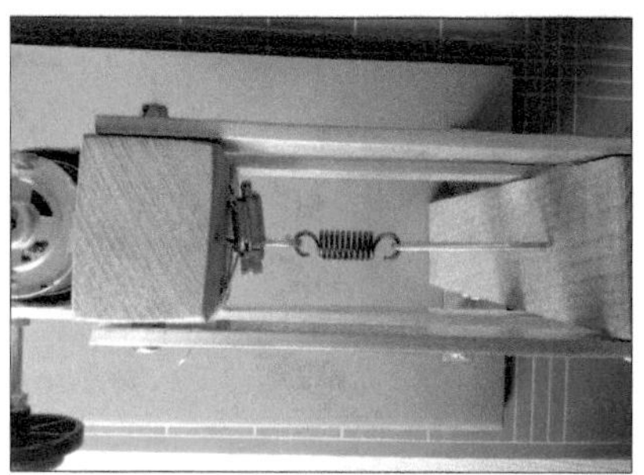

图4-37　复位机构的细节

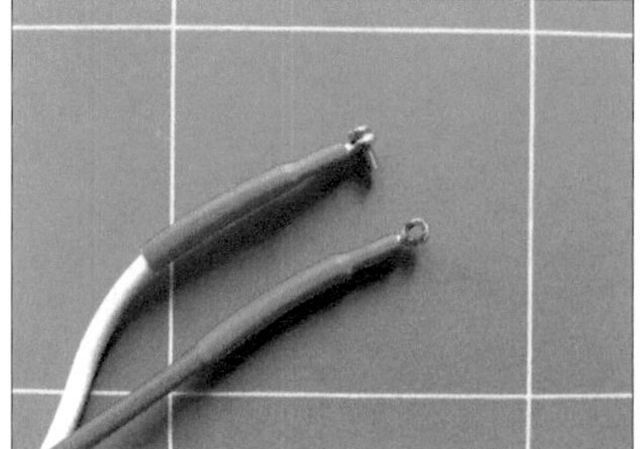

图4-38　土制连接端子

图4-39　电机连线和顶部防尘罩细节

环，最后搪上焊锡，套上热缩管保护（见图4-38）。这个方法的成本几乎为零，电机替换起来非常方便。

接下来给电机连线，用M2螺丝把电机端子和“线鼻子”穿在一起，拧上螺母固定。为了防止松散的电线干扰操作，还有出于美观方面的考虑，我给电线加上了黑色的缠线管，用扎带固定在连杆上（见图4-39）。最后，我剪了一小片吹塑包装的塑料壳，给电机做了一个简易防尘罩。

为了防止使用中发生松动，我给连杆机构的4个螺丝轴用上了尼龙锁紧螺母（见图4-39电机左侧连杆上的轴末端）。锁紧螺母的芯里有一个尼龙套，可以起到摩擦止滑的效果。如果一时找不到这种螺母，可以用两个普通螺母代替，让它们互相咬合在一起，达到锁定效果。

为了供电和操作上的方便，我在麻花线的另一端做了一个控制盒。壳体使用的是一个装擦手油的塑料盒，尺寸和握感都很舒服。里面的接线对读者来说就比较简单了，包括1个开关、1个DC插座和1个端子排。因为笔者比较重视可靠性和可维护性，给线头都用上了针式冷压端子（见图4-40）。控制盒内部的连线如图4-41所示。

图4-40　在电线接头部位安装冷压端子

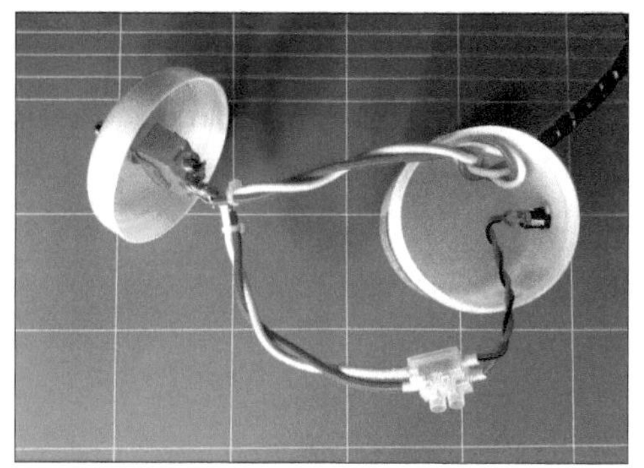

图4-41　控制盒内部的连线

因为我选择的开关本身自带一个漂亮的ON/OFF标牌，所以在控制盒外部标识处理的问题上也纠结了一下。最后我考虑到一个DIY台钻还是多保留一些手工痕迹为好，就使用了手写标识，图4-42所示为制作完成的控制盒。

图4-42　制作完成的控制盒

至此，这部小台钻就大功告成了，几个角度的特写如图4-43~图4-45所示。

4.2.5　使用效果

这部用临时材料拼凑而成、造价不足60元的小台钻，性能到底怎么样呢？请看下面的几个测试。

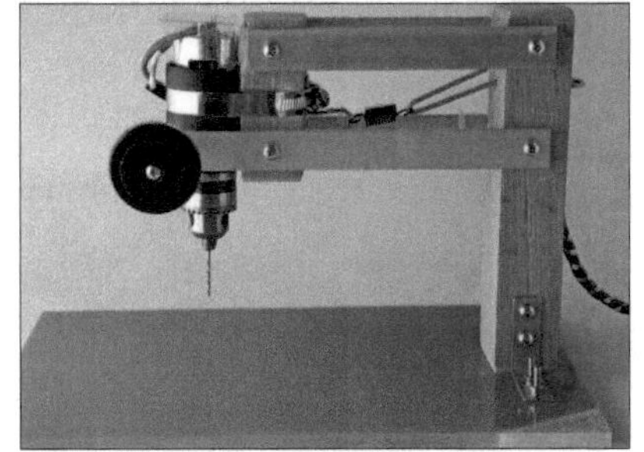
图4-43　台钻主体，左侧视图

首先给它装上一枚1.5mm的钻头，分别在1块厚度为1mm的铝板和筷子上做钻孔测试。使用1个19V/4.74A的笔记本电脑电源给台钻供电，可以感觉到555电机有一个明显的启动过程，钻头从静止到平稳转动有一个短暂的时间差，因此不要一通电就急着操作。因为输出动力强劲，钻孔过程很顺利，效果见图4-46和图4-47。不难想象，用这个台钻给电路板钻孔会像切豆腐一样轻松。另一个值得注意的问题是切断电源以后，电钻会因为惯性继续转动一会儿，不会马上停下来，此时不要触碰钻头，以防受伤。

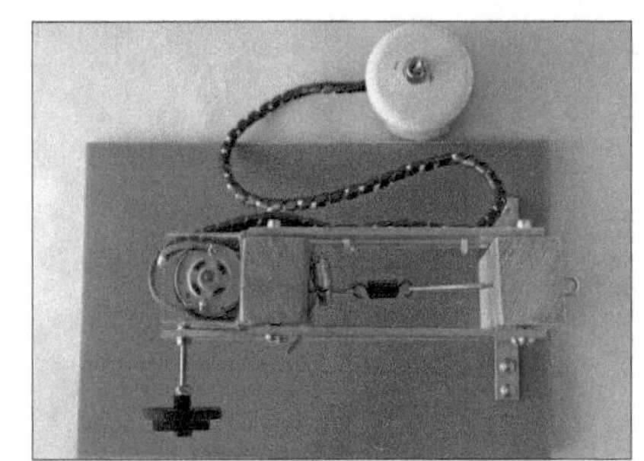
图4-44　台钻俯视图

一个操作上感觉不太舒服的地方是电机转速太高（10000r/min左右），为了减少切削热，需要一点点下压手柄，给进动作不能过猛。熟悉机加工的读者都知道这么一个简单的常识：我们使用电动工具加工一个零件，如果是打磨，会希望主轴转速快一点，而钻孔则不需要太高的转速。比如我的13mm大台钻，钻速就始终设置在最低挡的500r/min。这也是为什么很多发烧级爱好者DIY台钻都毫不犹豫地用上了同步带、同步

图4-45　钻头特写

图4-46 在筷子上钻孔（那块千疮百孔的垫木再次出场）

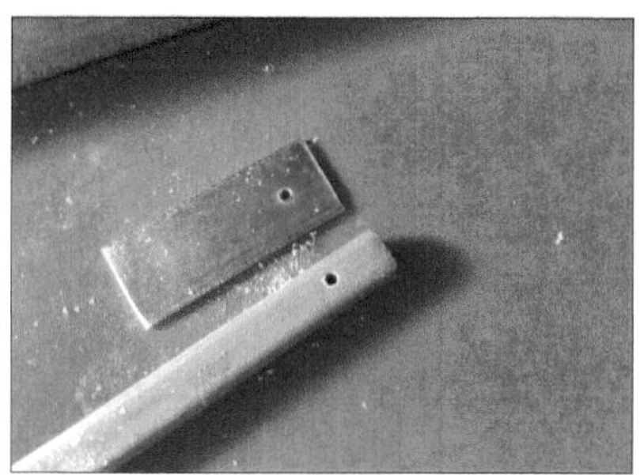

图4-47 铝板和筷子的钻孔效果

图4-48 “深孔”测试，缅茄菩提子高度为32mm

轮和独立主轴来降低转速的缘故吧。另外注意B10夹头的夹持范围是0.6~6mm，个人建议不要使用直径超过4mm的钻头，以防晃动过大，出现意外。

这种连杆式结构有个不容忽视的缺陷，那就是随着钻头高度的变化，钻孔在纵向上会有几毫米的误差。从侧面看，连杆虽然可以保证电钻的运动始终垂直于底座，但是钻头画出的轨迹是一个弧线。这个误差可以根据连杆长度、连杆与立柱的夹角用三角函数求出来。我实际测量了一下，在使用1.5mm钻头的情况下，从台钻复位（连杆与底座平行）到完全压到底，钻头的高度变化为30mm，误差为5mm。举个简单例子，给一块2mm厚的铝板钻孔，如果铝板始终固定不动，钻孔就会出现0.3mm左右的误差。

这个问题的应对思路是尽量不要加工厚度太大的零件。如果零件厚度比较大，比如前面测试的那根筷子的厚度有6mm，就需要随着钻头的给进微调一下位置。

为此，我还做了个极限测试。这次上场的是一枚缅茄菩提子，用小台钻给它打一个深度为32mm的贯穿孔。结果在一个小台钳的帮助下顺利完成了任务（见图4-48）。电木底座比较光滑，小台钳可以在上面轻松移动，对位置进行修正，实际操作起来比预想的容易一些。

结论：这部小台钻适合用来在厚度不是太大的木头、塑料、亚克力板、PCB、铜板、铝板等材料上钻孔，足以胜任一般电子和手工制作的要求。

4.2.6 后记

写完这篇文章的时候，春节已过，电商的服务也恢复了。这里顺便把保养台钻的方法也说一下，供大家参考。

保养过程其实比较简单，首先是换皮带，然后是给主轴加注机用黄油。这部台钻原配皮带的规格为K-660，使用中感觉有点松。这次买的是一条加厚的O-630型皮带，因为担心尺寸太小，装上去不合适，特意询问了一下商家，答案是O-630皮带可以很好地匹配国内常见的13mm规格的中号台钻。

新皮带装上去明显感觉比以前的紧。通过调整电机座的紧定螺丝可以微调轴距（两个宝塔轮的间距），从而调整皮带的松紧。最后用手压一下皮带，有20mm左右的余量，效果刚刚好。图4-49所示为安装好的新皮带，图4-50所示为紧定螺丝。

因为卖皮带的商家还提供其他配件，我顺便把夹头扳手也换了。台钻原配的那个老扳手质量一般，已经磨秃了，这次一下买了两个，留一个备用（见图4-51）。

最后是给主轴加注机用黄油（见图4-52）。我买的是400g一支风琴套包装的机用黄油，可以像挤牙膏那样使用，存放也很方便。

这次自己动手做简单养护，算下来费用不超过20元，现在这部老台钻又可以继续为我工作了。托它这段日子“罢工”的福，工作室里又增加了一部小巧可爱的迷你台钻。

图4-49 安装好的新皮带

图4-50 电机座的紧定螺丝，可以通过它微调轴距

图4-51 夹头扳手，下面是老的，上面两个是新买的

图4-52 给主轴加注机用黄油

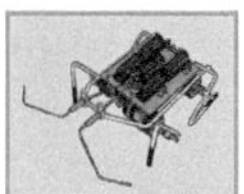

4.3 把玩时间——自制机电一体时钟

演示视频，可看到磁悬浮效果

在众多DIY中，计时装置可以说是一个最考验工艺、最挑战智商、最“烧脑”的门类。不管使用数字电路、单片机、纯机械，还是以技术组合的形式制作一台时钟，都需要你熟练掌握相应专业中等以上的工艺技能。这里指的是一切从零开始的元器件/零件级DIY，套件组装的形式不在此讨论范围之内。

作为一本专业技术类杂志，《无线电》杂志陆续刊登过一系列极富创意、运转和显示方式都更加艺术化的作品。比如老式真空数码管时钟、LED旋转时钟、LED点阵时钟、二进制时钟和用RGB颜色表示时间的时钟。出于对这个题材的喜爱，我也制作过一系列基于数字电路或单片机的纯电子式时钟。显示方式从真空数码管、LCD显示屏、LED数码管到最近手工制作的LED显示屏（见图4-53）。

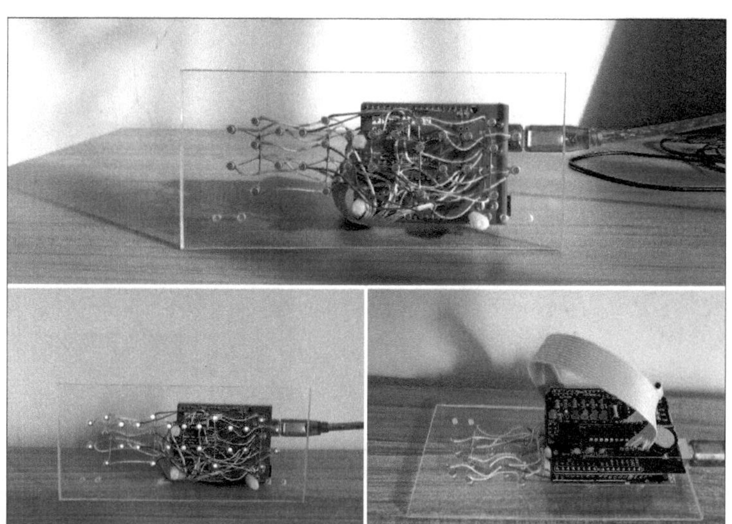

图4-53 全透明风格电子时钟，手工制作LED显示屏，核心为Genuino UNO+TickTock

虽然图4-53所

示的这台时钟比较有特色，我对最终效果也很满意，但它本质上还是一台以单片机为核心的电子时钟，对读者来说有点简单了。我自己的感觉是电子屏显时钟虽然计时精准、显示方式灵活多样，但无论怎么变化，总缺乏一种灵动的美。这或许就是机械钟表经久不衰的魅力所在吧！

能不能让头脑风暴来得更猛烈一些？本文将从手工制作和娱乐角度出发，向你展示我最近制作的另一台全新的、用低技术理念打造的机电一体化时钟。

注：机电一体化（Mechatronics）并不是传统意义上的机械与电子的简单组合。当今的机电一体化技术实际上融合了机械技术、电子/微电子技术、信息技术、传感器技术、接口技术、信号转换技术等多个领域的技术，是一种应用型综合技术。小到家中的空调、洗衣机，大到现代化组装生产线，都能看到机电一体化的身影。

4.3.1 设计思路

我在构思这个作品时，正在参观英国的格林尼治天文台，满眼充斥着各式各样与时间、钟表、经纬和航海有关的精美机器。当时的想法是把西方科学技术与中国古代的十二时辰表示法结合起来，打造一台体现机械美感的复古时钟。

中国早在西周时就已经使用十二时辰制，把一昼夜平分为十二段，每段叫一个时辰，用十二地支的子、丑、寅、卯、辰、巳、午、未、申、酉、戌、亥表示。一个时辰相当于现代的两小时。为了让这台时钟更加实用，以时辰为精度的表示方法显然是不够的，需要进一步细划。

据说早在商代，古人就开始使用一种比时辰更精密的单位——百刻制。把一昼夜等分成均衡的100刻，相当于把现代一天的1440分钟除以100，每刻14.4分钟。但是这种刻制并不科学，无法和十二时辰完美匹配（8刻不足一个时辰）。后来又先后出现了120和108刻制。直至明末，随着西方欧洲天文学的引入，才有了现在正式使用的96刻制。这样一来，一天的1440分钟除以96，每刻正好15分钟，一个时辰正好8刻。

有了上面的知识，这台时钟的大体结构也就定型了。我的思路是搭建一个弹珠机，利用20颗钢珠在两组轨道上的有序运动显示时间。这个时钟为十二时辰制，时间显示精确到刻。用当代数字电路的概念来描述就是搭建两个计数器。“刻”所在的轨道是一个八进制机械跷跷板式计时器，“时辰”所在的轨道是一个十三进制机械跷跷板式计数器。为什么时辰是十三进制而不是十二进制？因为它需要自己向自己进位，下文会详细解释。

整个时钟系统为一刻一小动、一时辰一大动的设计。当然，只有计数器还远远不够，还需要让“溢出”的珠子循环起来。注意这里的“溢出”指的是单纯字面意思，和计算机科学无关。为了避免概念上的混淆，下面把这类珠子称为“弃子”。为此，我设计了一个由单片机控制的简易磁悬浮机构，目的是把计数器进

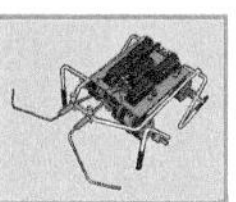

位后溢出的“弃子”以15分钟为单位从底层回收轨道陆续送入“刻”所在的上层轨道，控制弹珠机循环运转。用两个跷跷板上静止的钢珠个数表示时间。

接下来是最小时辰位的确定。不作调整地直接用1至12颗钢珠依次表示子、丑、寅、卯、辰、巳、午、未、申、酉、戌、亥显然不够人性化。因为这样一来，系统最大的一次动作是亥时七刻（22:45）到子时整点（23:00）的时刻，轨道上会有7+12颗钢珠在运动，这时大多数人应该已经睡觉了。因此我把最小位定义为午时（11:00—13:00），用1至12颗钢珠依次表示午、未、申、酉、戌、亥、子、丑、寅、卯、辰、巳。一天中系统“响动”最大的时刻为11点整。

最终制作完成的机电一体化时钟，在技术上相当于一个带有非线性限制器的闭环自动调节系统。

4.3.2 制作结构部分

在材料的选择上，我一开始计划使用黄铜丝。黄铜丝与钢珠搭配在一起，可以体现出十足的金属质感，这也是国外高手制作弹珠机的首选素材。但是制作这台时钟的时候正赶上“双十一”，我在网上订购的一捆黄铜丝迟迟不到，等米下锅不如找米下锅，于是我启用了第二个方案。

第二个方案是使用铁罐头皮制作轨道，优点是材料易得、加工方便，而且使用大众化材料更能体现低技术理念的初衷。主材降级了，辅助材料也相应做了一些调整。最后使用的材料包括曲别针、螺丝、螺母、细木条、木地板、吹塑包装和一小块铝板。

钢珠的选择取决于制作工艺。因为这次的材料比较简单，为稳妥起见，我使用的是直径稍大的∅9.6mm钢珠，重量明显。说白了就是在轨道上多加一颗珠子以后，可以有效打破跷跷板的平衡，配重调整起来比较轻松。图4-54所示是用铁罐头皮制作的表示“刻”和“时辰”的两个跷跷板，上边为刻，下边为时辰。当前时钟显示的是酉时五刻，相当于18:15，看看你算对了吗？

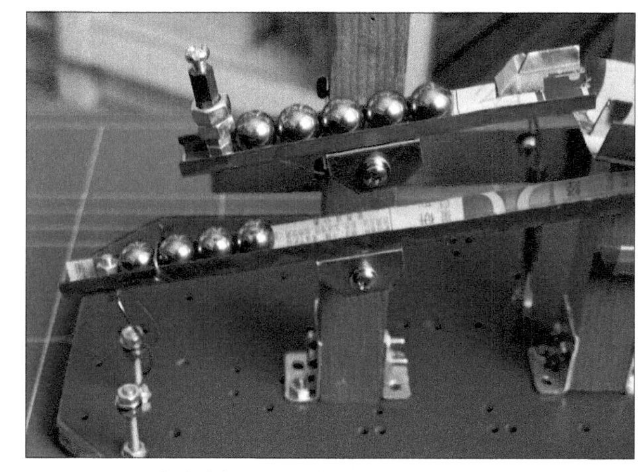

图4-54 用两个跷跷板上的钢珠表示酉时五刻（18:15）

我们以跷跷板“左下右上”状态为静平衡状态。两个跷跷板左侧配重的下方分别安装了一个用曲别针制作的支撑限位卡子。可以通过这两个限位卡子微调跷跷板右侧翘起的高度，结合配重的调整，设置跷跷板的静平衡。

以比较简单的“时辰”位跷跷板为例，跷跷板转轴左侧为配重和可以容纳6颗钢珠的空间，右侧可以容纳7颗钢珠。当右侧有6颗钢珠时，因为左侧配重的关系，跷跷板仍然处于静平衡，此时的时辰为巳时（见图4-55）。当上方“刻”位跷跷板放满8颗钢珠时，会出现7颗弃子和1颗进位珠子。进位的这颗钢珠落在“时辰”位跷跷板以后，平衡被打破，12颗钢珠作为弃子向右侧滚动。因为跷跷板的右侧力臂比较长，会出现一个缓动效果，即使右侧只留下一颗珠子（前面那些弃子排着队向下滚），跷跷板也不会复位。别忘了此时左侧还要留一颗珠子，因为现在的时刻已经从巳时变成了午时。实际上，午时位置的这颗钢珠是固定不动的，这样“时辰”位在弃子的同时也实现了自进位。午、未、申、酉、戌、亥、子、丑、寅、卯、辰、巳，12颗珠子循环往复。不难理解，“时辰”位跷跷板一天只动作一次，动作时间为每天上午的11点整。

比较难的是“刻”位跷跷板。它的平衡原理和前面的“时辰”位跷跷板一样，但是要求满8舍7进1。

第一个难点是进位的珠子要正好落在“时辰”位跷跷板上，7颗弃子要落到底层循环回收轨道上。这样就需要设计一个分流装置（见图4-56）。时间每增加1刻，一颗新的钢珠就会从顶层轨道落入“刻”位跷跷板的A口。A口既是新珠子的入口，又是进位珠子的出口，进位珠子通过右侧轨道的“陷阱”落下到“时辰”位轨道的入口。为了防止进位珠子落下速度过快，我还设计了一个铁皮折叠成的简易弹性缓冲垫（见图4-57）。“刻”位轨道上满8颗珠子以后，除了进位珠，剩下的7颗珠子会从B口落入回收轨道。

第二个难点是“刻”位跷跷板上从没有珠子（整时辰，刻为0）到新增加一颗珠子（1刻）的时刻。因为铁罐头皮本身有一定重量，跷跷板右侧的力臂又比较长，而且分流装置的A口又多出了一小段轨道，这就造成了跷跷板右侧偏重的问

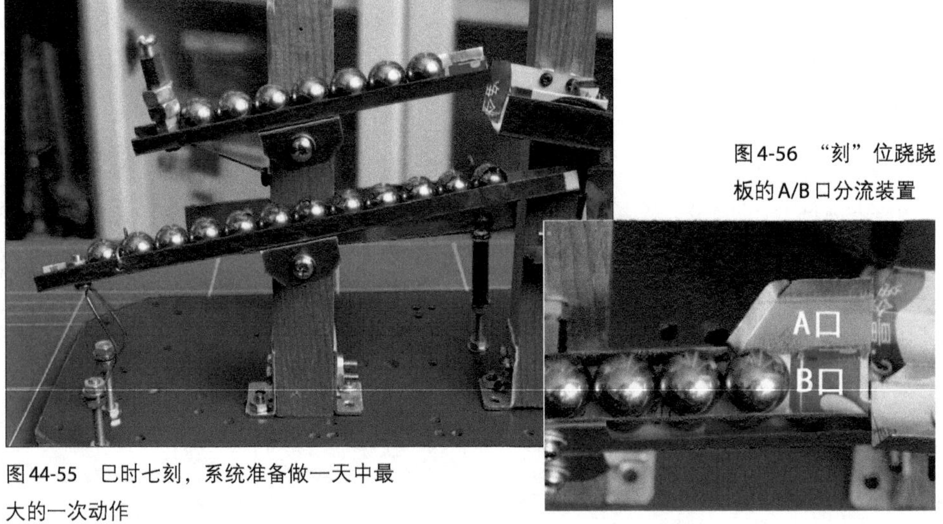

图44-55　巳时七刻，系统准备做一天中最大的一次动作

图4-56　“刻”位跷跷板的A/B口分流装置

题。如果配重调整不当，第一颗珠子入轨以后，跷跷板会失去平衡，珠子继续滚动，最终落入“时辰”位。相比之下，“时辰”位跷跷板的左侧因为有一颗固定不动的午时珠子坐镇，失衡问题就小得多。这个问题的解决办法有两个：一是降低上层轨道出口到A口的高度，使新增加的珠子缓慢滚动入轨，而不是“砸”入A口；二是利用左侧的支撑限位机构适当微调跷跷板右侧翘起的高度，再配合配重进行调整（见图4-58）。

图4-57　与A口相对的“陷阱”，下方为“时辰”位跷跷板入口，末端为弹性缓冲垫

最后是弃子轨道和回收轨道。因为系统在极限情况下有两组珠子落下。一组是“刻”位的7颗，紧接着的一组是“时辰”位的12颗。我使用的底盘布局比较紧凑，首先要解决的问题是这两组珠子不能互相打架。第一个要求是底层回收轨道接续起来的总长度要能容纳下19颗珠子（见图4-59），防止因为轨道过短，出现珠子一直排队排到跷跷板右侧出口的情况。因为跷跷板采用了缓动式设计，只要右侧有珠子，就无法复位进入静平衡。第二个要求是“刻”位一组的珠子落下速度快一点，让它们先进入回收轨道。从图4-60可以看出，我设计的“刻”位弃子轨道比较陡。为了防止珠子速度过快，造成底层回收轨道超负荷（蹦珠），在“刻”位弃子轨道的末端还设计了一个曲别针弯成的U字形缓冲装置（还是见图4-60）。

图4-58　两个跷跷板左侧下方的支撑限位机构

图4-59　调整底层回收轨道，总长度要能容纳19颗珠子

至此，这台时钟的结构部分就差不多完成了一半，另一半是机电结合的取珠和磁悬浮结构。

4.3.3　制作电子部分

这个机电一体式时钟的最大难点是回收装置的制作，目的是让“弃子”循环往复动作。好在我身边有一个不花钱的好帮手——万有引力。只要搭建一组坡道，巧妙引导珠子以队列形式有序滚动，再加上2个舵机对单个珠子精确控制，就

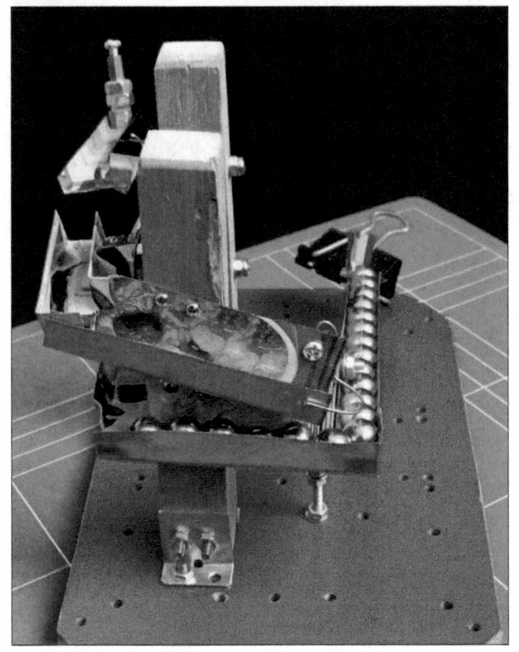
图4-60　两组“弃子”轨道坡度不同，上层轨道末端加入了曲别针缓冲器

可以实现系统的循环。

题外话：钢珠为什么会滚动？其实我们身边很多看似理所当然的现象，原理并不简单。做一个喜欢刨根问底的“平民科学家”，你会发现很多有趣的事情。

回收装置的第一部分由回收轨道和一个取珠舵机组成。这个舵机每隔15分钟做一次小角度往复动作，从回收轨道上取一颗珠子。两个跷跷板式计数器进位后舍弃的珠子经过坡道引导，最终在底层回收轨道上排成一列。前面的第一颗珠子先进入一个曲别针弯成的凹轮内，我把这个动作称为进珠，如图4-61所示。每到一刻，舵机带动凹轮往复转动一次，把里面的珠子送达整个轨道系统的最末端，一个塑料片制成的U形槽内，等待落子舵机的动作，如图4-62所示。后面排队的珠子因为轨道坡度的缘故，自动前进一颗珠子的位置。因为取珠舵机的负荷比较小，我使用的是一个普通的9g舵机。

回收装置的第二部分是一块竖立在时钟后方的铝板和隐藏在后面的落子舵机。这个舵机带有一个长摇臂，摇臂末端有一颗磁铁。落子舵机的动作先是逆时针下摆，让磁铁隔着铝板吸住底层的珠子，再顺时针上摆，如图4-63所示。舵机把珠子抬升到高层轨道入口以后会多转出一个小角度。因为高层轨道右侧隔片的存在，珠子失去磁铁的吸引落入上层轨道，最终滚落到“刻”位轨道的A口，

图4-61　进一颗珠子，后续珠子排队

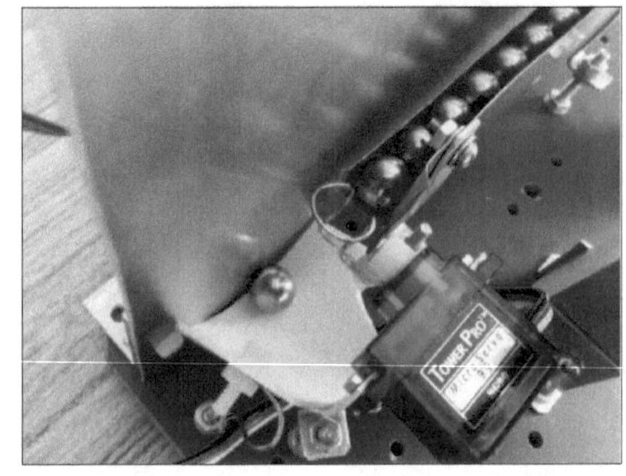

图4-62　凹轮抓取珠，送入末端U形槽

图4-63 落子舵机吸取并抬升珠子

如图4-64所示。此时摇臂的动作并没有停止，它会继续逆时针转动到一个空闲位置，等待吸取下一颗珠子。为了防止珠子中途掉落，对落子舵机的转速和稳定性有一定要求，我使用的是一个金属齿轮的标准舵机。

回收装置从进珠、取珠、吸引、抬升到落子，整个过程的动作时间是9秒。之后系统静默等待891秒，进入下一个循环。这样每动作一次耗时900秒，也就是15分钟。图4-65是制作完成的时钟的俯视图，清晰地展示了各个结构部分的细节。

实际上，虽然这台时钟的工作原理讲述起来稍微有点复杂，但是大多数人对照实物一看就懂，不需要掌握复杂的理论知识。这也是考虑到科普的需要，特意简化了材料和结构的原因。因为控制两个舵机转动的案例比较典型，而且舵机不需要同时运转，程序比较简单。这部分工作就交给我的助手——小学五年级的侄子来完成了。只要你花一点时间研究一下中国古代天文历法，再具备一定的空间想象能力和手工制作技巧，就可以打造出这款时钟的结构部分。而你一旦具备了制作结构部分的技术实力，这个级别的电路和编程根本不是问题。

如今，青少年科普活动普及到了基层，我侄子所在的学校已经开设了Arduino课外班。结合他在课外班学习的入门知识，再加上我的一点指导，我们用一个中午的时间完成了程序的编制。因为程序比较简单，文中就不再占用过多篇幅讲解了。值得注意的一点是，为了防止钢珠在抬升的过程中因磁铁吸力失效而掉下来，要求落子舵机缓慢运动。我们灵活运用了for()和delay()两个函数，实现了891秒长延时和舵机转速控制，测试一天下来，精度还不错。

图4-64 珠子进入上层轨道的瞬间

图4-65 制作完成的机电一体式时钟，俯视图

最后一步是给这台时钟加个“表盘”。我继续发扬把DIY进行到底的精神，在纸上画好图样，剪成长条，粘到两个跷跷板上，大功告成！图4-66是制作完成的时钟的正视图。

这台时钟的“时辰”位用十二地支标识，很容易理解。这里有必要说明一下“刻”位跷跷板上的标识。

一个时辰有八刻，刻位标识为一至七。对照图4-66，假设现在时辰为午时整点，午位上有一颗珠子，刻位上没有珠子。时钟读数为“午时零刻”，即现代的11:00。15分钟以后，时间变成11:15，现在俗称十一点一刻。与之相对应，刻位上会增加一颗珠子，变成“午时一刻”。随着时间的增加，系统会从一刻、二刻变成过去常说的“午时三刻”。换成现代时间就是11:45，“时辰”位还是一颗珠子坐镇，“刻”位变成了3颗珠子。古人认为这个时刻的“阳气”最旺盛，所以古装电视剧里常有在午时三刻处决犯人的情节。

到了12:00，时钟上的读数是“午时四刻”。“午时七刻”为12:45，再过15分钟，进入下一个时辰。“刻”位上的珠子从7颗变成8颗以后，跷跷板翻转，机械计数器进行满8舍7进1的动作。最终，时间变成未时，即13:00整。

4.3.4 运行效果

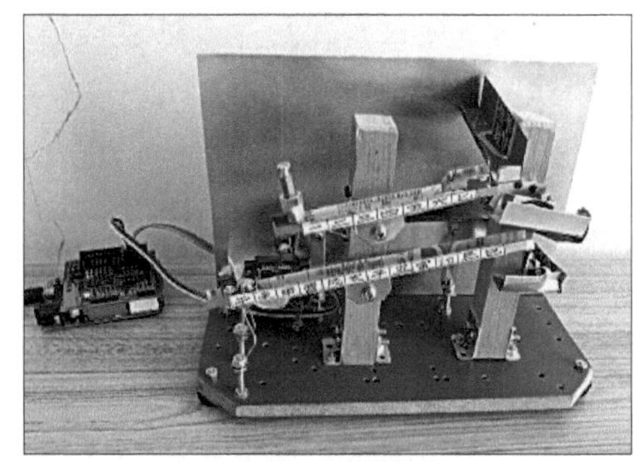

图4-66 完成后的机电一体式时钟，正视图

忙活了大半天，终于可以开始欣赏珠子们的表演了。此时我想起了国外弹珠机爱好者的一句名言：“There is something about building a Marble Machine that makes me feel like I could control the time.”（“建造弹珠机的过程就好像把玩时间。”）让20颗钢珠乖乖听你指挥，与时间对话，与古人对话，是不是体会到了一点技术改变世界的穿越感？

时钟从“午时七刻”到“未时”的动作可以扫下面左侧的二维码观看视频片段。

下面右侧的二维码展示的是系统在一天中最大的一次动作——从“巳时七刻”到“午时”的视频片段。

注：如果不考虑弃子的循环再利用，只是每隔15分钟从上层轨道放入一颗珠子，这个系统就成了一个现代版的“铜壶滴漏”。在技术上也就相当于从一个闭环系统变成了带有非线性限制器的开环自动调节系统。

4.4 自制一台简单、实用的密码机

大家可能都知道，隐藏在人工智能背后的是大数据和云，支撑着云的是海量的信息。这些信息通过各种接口技术以比特流的形式通过有形的和无形的链路在不同设备之间传递。比特流根据通信协议的不同，有不同的组织方式。这是一个通过编码与解码对信息进行采集、传递、运算和优化重组的世界。下面要介绍的是一个充满了神秘色彩的领域，它与信息密切相关，推动了计算机技术和通信技术的发展，它就是密码学。

题图所示是我最近设计、制作的一台密码机。这台机器里面没有齿轮和转子，没有数字电路，没有专用芯片或模块，没有单片机——当然也不需要编程。这台机器使用的元器件只有普通的LED、开关、跳线，以及很少的几个电阻。虽然它构造简单，但是可以用多种算法实现单个字母的加密和解密，产生出无限复杂的结果。

4.4.1 单码加密法

密码机是在密钥的作用下，实现明码对密码或者密码对明码转换的设备。提起密码机，最著名的恐怕要数第二次世界大战时期德军使用的恩尼格玛（ENIGMA）密码机。围绕着恩尼格玛，诞生了很多具有传奇色彩的纪录片、电影和小说作品。本文要介绍的是一台比恩尼格玛简单，适合业余制作，既实用又好玩的密码机。

其实早在密码机出现之前，人类就已经发明了各种加密法对信息加密。历史上最常见的加密方法是把一个字母替换成另一个字母。古罗马的凯撒密码、中世纪欧洲政府乃至美国南北战争时期南军使用的关键词加密法、福尔摩斯探案集《跳舞的小人》一书中使用的图形替换密码，都是对单个字母的加密，即单码加密法。

为了让密码难以破解，我们可以尽量简化，去掉数字和标点符号，只用26个英文字母传递信息。比如把这些字母完全打乱顺序做一个明码-密码对照表，就像下面这样。

明码：ABCDEFGHIJKLMNOPQRSTUVWXYZ
密码：RJMFHKBTDOSVCPIQZXEYNULAWG

现在用这个密码表给“爱上机器人”这几个字的拼音加密。首先把它们拼出来，AI SHANG JI QI REN。加密以后就变成了RD ETRPB OD ZD XHP。甚至还可以把字与字之间的空格都去掉，变成RDETRPBODZDXHP，对外人来说就成了一串完全不知所云的字母。解密是加密的反向过程，对照密码表把字母一个个复原即可。

也可以用数字代替字母，比如用01至26代替字母A至Z，同样打乱顺序做一个明码-密码对照表。下面以前5个字母ABCDE为例。

明码：A B C D E
密码：18 07 13 24 05

是不是有点眼熟？国内谍战题材电影里会经常出现的诸如：0523 1811 2210 0409这样一组一组的“密电码”，用这里的方法其实就是把字母两个一组地排列出来，替换成数字编码。

从密码学的角度来说，上面介绍的两种方法都属于编码法，而不是加密法。编码法的明码和密码之间不存在算法，也没有密钥。这种方法的优点是可能性异常庞大，根据排列组合原理，可以算出26个字母有26！（1×2×3×……24×25×26）种组合，计算出来大约等于4后面加26个0，一个名副其实的天文数字。

编码法的缺点也是显而易见的，在给信息加密或者解密的过程中，明码-密码对照表非常关键，更换密码就意味着要换一套新的密码表。实际使用的密码表比上文介绍的要复杂得多，通常是一个集成了数字、短语、字母甚至符号的小册子。比如福尔摩斯探案集《跳舞的小人》中的反派人物就发明了一种用不同形态的小人图形代替26个字母的编码方式。总的来说，无论是设计新的密码表，还是把它安全发放到使用人员手中，都存在很大的难度，操作起来非常不灵活。

与编码法相对的是加密法，加密法的特点是用算法和密钥来加密信息。这种方法的优点是在固定使用某种算法的前提下，用更换密钥的方式来更换整套密码。密钥通常是一个数字或一个单词，比编码法换一套密码就要换一个密码表或小册子的方法安全得多。但是对精通数学、语言学或统计学的密码专家来说，只要是算法就会存在某种规律性的东西。所以对任何一种算法都不能过于乐观，只能认为它在短时期内相对足够强大。

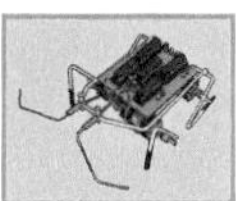

与恩尼格玛使用的多码加密法（也称复式替换密码）不同，本文介绍的密码机使用的是相对简单的单码加密法。下面介绍两个比较典型的单码加密法。

凯撒密码

在古罗马，凯撒为了便于调动军队，使用过一种替换式密码。密码学中把这种古老的加密方法称为凯撒密码。凯撒密码实现起来非常简单，它的“算法”是有序地把一组字母进行移位替换。古罗马使用的文字是拉丁文，字母就是如今英语中的26个拉丁字母（当时只有大写字母）。凯撒密码的“密钥”就是字母移动的位数。举个例子，已知密钥为3，马上就可以写出一个像下面这样的凯撒密码表。

明码：ABCDEFGHIJKLMNOPQRSTUVWXYZ

密码：XYZABCDEFGHIJKLMNOPQRSTUVW

在这里，字母A向右移动了3位，替换了字母D，B替换了E，C替换了F，后续字母依此类推，直至X替换了A，Y替换了B，Z替换了C。用这个密码表给“爱上机器人”的拼音加密，AI SHANG JI QI REN就变成了XFPEXKDGFNFOBK。如果不掌握其中奥妙，看到的仍然是一串毫无意义的字母。解密是加密的反向过程，对照密码表把字母一个个复原即可。

凯撒密码虽然简单，但是这种有规律的移位替换会大幅度降低密码的重复概率。以字母A为例，A不可能自己替换自己的位置，那样就成了一组明码，只能用其他25个字母替换。因为替换按照字母的排列顺序依次进行，根据排列组合原理，凯撒密码的可能性只有25。即使用最没技术含量的暴力破解法，也只需要尝试25次就能破解，所以后来又出现了多个凯撒密码表组合使用的维吉尼亚密码。

关键词加密法

另一种有代表意义的单码加密法是关键词加密法。它沿用了凯撒密码移位替换的思路，引入了一个关键词，实现起来稍微复杂一点。我们用今年刚上映的一部电影《Mission Impossible 6（碟中谍6）》作关键词。首先把这个词拼写出来，去掉重复的字母和数字，Mission Impossible 6就变成了MISONPBLE。其他字母依次后移替换，去掉前面出现过的字母，可以写成一个像下面这样的密码表。

明码：ABCDEFGHIJKLMNOPQRSTUVWXYZ

密码：MISONPBLEACDFGHJKQRTUVWXYZ

仔细看一下密码表，会发现一个问题：T以后的字母，密码和明码完全对应，没有被替换。这样也可以使用，因为我们不是用单个字母来传递信息，而是把多个字母组成单词，所以即使个别字母出现了明码-密码透明的问题，也在许可范围之内。当然，这样必然会降低密码的重复概率。

为了解决关键词加密法的这个小问题，又出现了一种改进形式，把关键词和凯撒密码中的数字移位组合起来使用。还是上面的例子，这次我们保留Mission Impossible 6中的6，把MISONPBLE字母串从开头往右移动6位，密码表就变成了下面这样。

明码：ABCDEFGHIJKLMNOPQRSTUVWXYZ
密码：UVWXYZMISONPBLEACDFGHJKQRT

用这个密码表给“爱上机器人”的拼音加密，AI SHANG JI QI REN就变成了USFIULMOSCSDYL。对大多数人来说，如果不知道加密法和密钥，破解这串字母，就真的成了mission impossible。实际上，这种改进后的关键词加密法在很长一段时间里非常流行，从15世纪到19世纪60年代美国南北战争时期都有使用记载。

除了凯撒密码和关键词加密法，还有多文字加密法、多关键词加密法、仿射加密法等多种单码替换式加密算法，限于篇幅就不多介绍了。

4.4.2 设计密码机

掌握了单码替换式加密法的数学原理以后，就不难用电路的形式制作出一台密码机。我的思路是制作26个回路，每个回路里有一个按键开关和一个LED，电源部分设有LED限流电阻。26个按键开关和LED在机器面板上的位置是固定的，按A~Z的顺序做好标记，按键开关和LED之间用26根跳线连接。这样就获得了一台最基础的加密机，我们可以通过跳线连接的方式让任意一个按键对应任意一个LED，实现明码对密码的加密显示，组合方式可达26！种。只要是单码加密法，不管哪种算法，都可以在这台机器上实现。电路如图4-67所示。

当然，只有加密机还不行，机器还要具备解密功能才实用。同样按照上面的思路，再增加26个回路。这样就需要新增26个按键开关、LED和跳线。用新增的26个按键开关、LED和跳线完成密码对明码的解密显示。只要熟悉替换加密的特点，就不难理解解密机的电路图其实和加密机的电路图完全相同。这样我就用52个回路实现了一个最简单的插接跳线式单码密码机。

但是这样还不够完美，因为机器上将出现两组“键盘”和“显示器”，布局困难，操作不利。于是，我在电路层面给这些元器件做了合并、约分。首先去掉一组键盘，让加密和解密复用同一组键盘。然后把两组“显示器”合并成一组。最后把负责加密显示的LED和解密显示的LED分别汇总到两根母线上，用一个按钮开关完成加密母线和解密母线的切换。最终电路如图4-68所示。

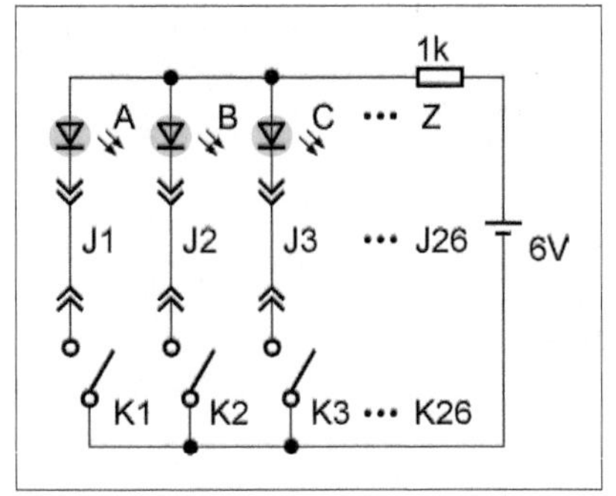

图4-67 最简单的插接跳线式单码加密机电路图

对熟悉电路的读者来说，密码机的制作相对比较简单。稍微需要花点心思的是按键开关和LED的布局。我最初的方案是采用经典打字机的键盘布局，恩尼格玛密码机采用

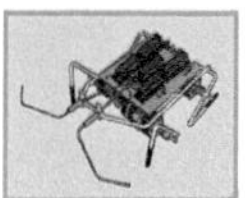

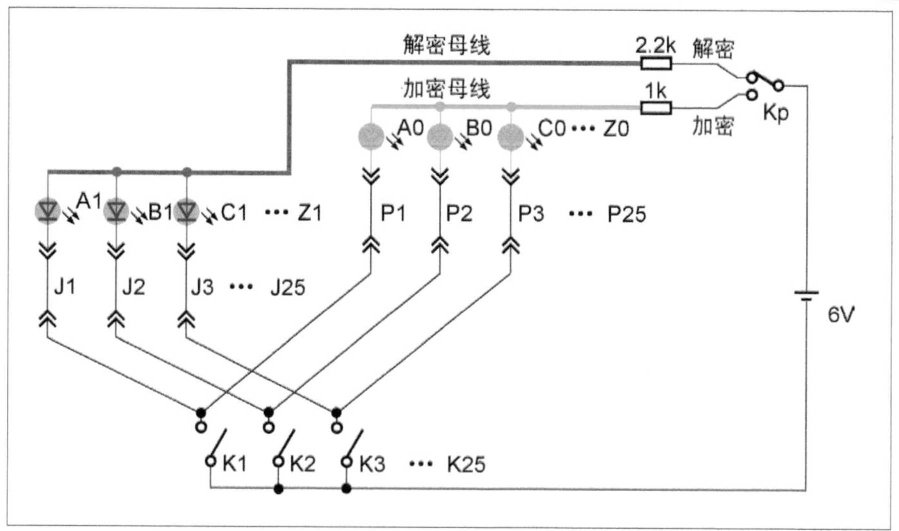

图4-68 密码机最终电路图，Kp为加密/解密功能选择开关

的就是这种布局，只是德文中个别字母的位置与美式键盘不同。具体做法是把26个字母分为3行，按我们现在使用的电脑键盘的布局排列按键开关，去掉字母以外的按键。LED的布局和按键一一对应。

但是我发现自己手头能够满足这个尺寸的洞洞板只剩下了一块，时间又刚好赶上放假，来不及网购；另外把字母排成3行的做法会使电路板比较宽，影响键盘的结构强度。最终方案受希腊Polybius方格的启发，把按键和LED分别排列成一个5×5的矩阵。这样需要去掉26个字母中的一个，我沿用希腊人的做法，把字母J和I合并到一起。这样也符合汉语拼音的习惯，J总是声母，I总是韵母，不会影响解码以后明文的可读性。使用矩阵排列的另一个优势是，可以根据行号和列号把密文进一步转换成数字。

4.4.3 制作密码机

密码机安装在一个装食品的铁盒内，首先在底盘上打孔，安装支撑键盘和显示器的8根铜柱。6V电池盒也固定在底盘上，电源线用端子连接（见图4-69）。

接下来制作键盘电路。从电路板的上下方各引出25根杜邦针脚，方便连接跳线（见图4-70）。制作键盘时需要注意一个问题，市面上这种按键开关的一致性不是很好，我买的100个开关里面大概有10%存在手感绵软的问题，个别开关的封装存在瑕疵。这种按键开关一旦焊上去就很难拆下来，一定要在焊接前仔细筛选一遍。另一个问题是正方形的蓝色开关帽扣上去以后会晃动，歪歪扭扭的很不好看，我打算以后把它们全部换成圆帽。ENCODE（编码）/DECODE（解码）标识用碳素笔写在白纸上，上面盖了一块从吹塑包装上剪下来的塑料片，既突出了手工特色，看起来效果也不错。

显示器的制作稍微复杂一点，每个字母需要红绿两个LED，绿色负责加密显示，红色负责解密显示。因为点亮绿色LED需要的电流比点亮红色LED需要的电流稍大，所以加密和解密用了两个阻值不同的限流电阻。一开始绿色LED的限流电阻是2个4.7kΩ电阻并联，加上白纸画成的面板以后感觉显示效果有点暗，后来换成了1个1kΩ的。红色LED的限流电阻也从一开始的10kΩ换成了2.2kΩ。剩下的工作就是焊接连线了，整机大概需要焊130根线、将近300个焊点。显示器的制作过程如图4-71~图4-73所示。字母标识同样用碳素笔写在白纸上，加盖一块塑料片保护。按键的排列顺序与显示器上的字母顺序一致。

最后，我给这台机器起了个名字——DM50。DM是“单码”的声母拼写，50代表用了50根跳线。

我在测试这台机器时使用的密钥是“饺子”，不作移位操作。因为字母I和J

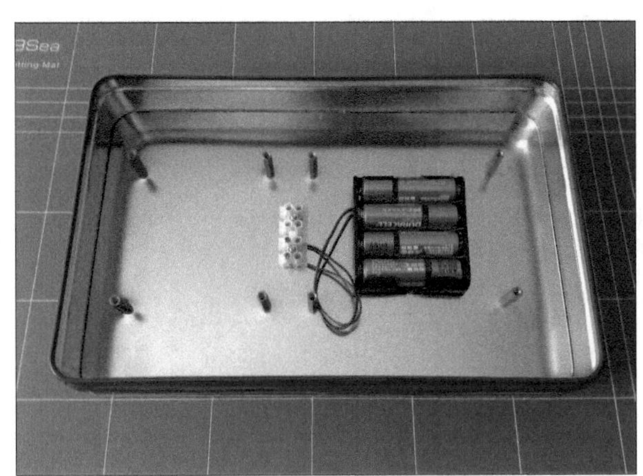

图4-69　用铁盒制作密码机的底盘

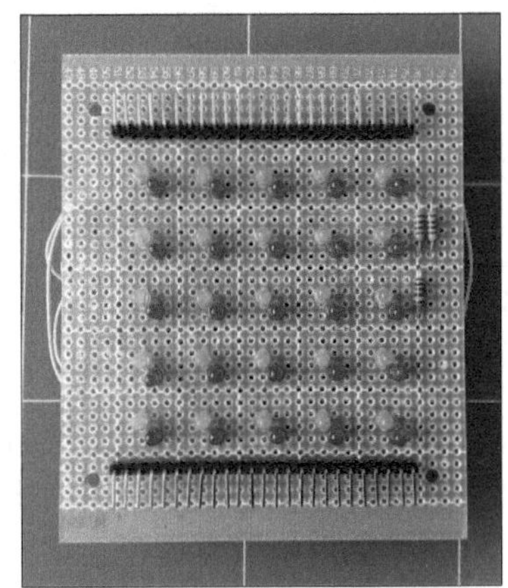

图4-71　制作显示器电路板，同样是从上下方各引出25个杜邦针脚

图4-70　密码机的键盘电路板

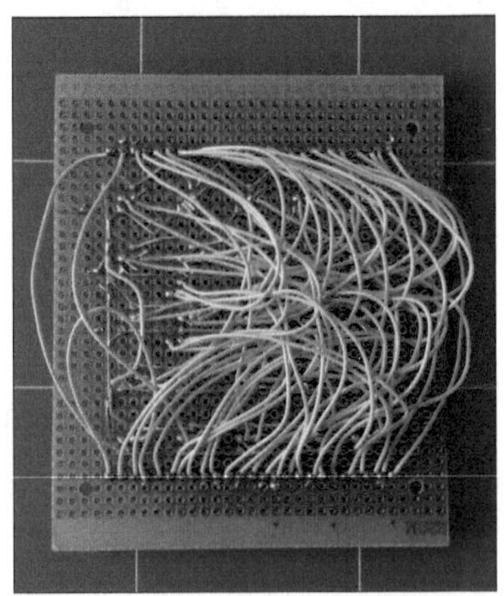

图4-72　显示器电路板的背面，焊接量比较大

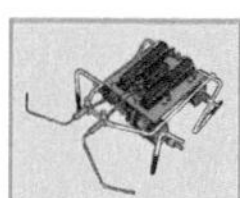

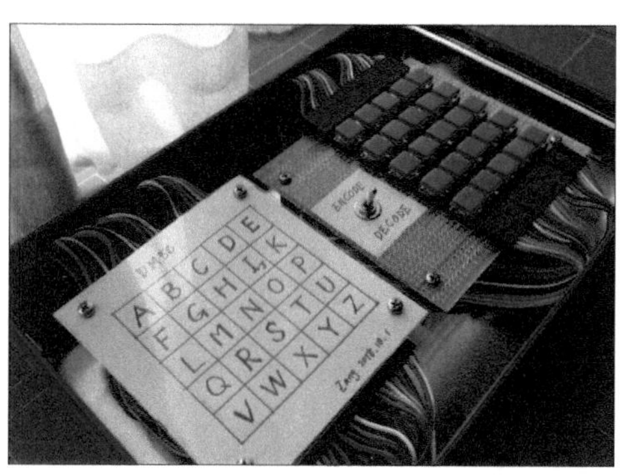

图4-73 制作完成的密码机，注意显示器模块中字母I和J是复用的

图4-74 设置25根解密跳线

复用，拼音JIAOZI写成IAOZ，密码表就成了下面这样。

明码：ABCDEFGHIJKLMNOPQRSTUVWXYZ
密码：IAOZBCDEFGHJKLMNPQRSTUVWXY

密码机的用法是按照选定的算法和密钥，对照密码表设置从键盘到显示器的两组跳线的顺序（见图4-74）。以显示器上方的解密跳线为例，顺序从左往右排列，以密码对明码方式连接。仔细看最左侧的第一根紫色跳线，它来自键盘的I键，连接着字母A所在位置的红色LED。边上的绿线来自A键，连接着字母B所在位置的红色LED。如果是设置加密跳线，就要采用明码对密码的方式连接。比如，键盘的I键就要连接到字母F所在位置的绿色LED。

还是对“爱上机器人”的拼音加密，以第一个字的拼音AI为例，把功能选择开关设置在ENCODE挡，加密的绿色LED显示状态如图4-75、图4-76所示。

也可以用数字编码的形式输出密文。假设显示器的行数为1、2、3、4、5，列数为6、7、8、9、0。AI加密以后就变成了2926。

解密AI用的是另外两条回路，把功能选择开关设置在DECODE挡，红色LED

图4-75 键入字母A，加密输出I

图4-76 键入字母I，加密输出F

表示解密后的明码（见图4-77、图4-78）。

图4-77　键入字母I，解密输出A

图4-78　键入字母F，解密输出I

4.4.4　总结

演示视频

在计算机技术广泛应用的当今世界，文中介绍的这些加密法和密码机早已退出了历史舞台。随着计算机进入量子世界，现实世界中的运算思想也会发生根本性的变化。但不可否认的是，密码法学中的很多思路都带有启发性和借鉴意义，最起码，我们身边又多了一个可以研究、学习和把玩的题材。